MANUEL

THÉORIQUE ET PRATIQUE

DU

SERRURIER,

OU

TRAITÉ COMPLET ET SIMPLIFIÉ

DE CET ART.

D'APRÈS LES RENSEIGNEMENS FOURNIS PAR PLUSIEURS
SERRURIERS DE LA CAPITALE.

RÉDIGÉ

PAR M. LE COMTE DE GRANDPRÉ.

Ouvrage orné de planches.

PARIS,

RORET, LIBRAIRE, RUE HAUTEFEUILLE,
AU COIN DE CELLE DU BATTOIR.

1827.

AVANT-PROPOS.

CE petit ouvrage est bien étranger aux connaissances qui sont ordinairement l'objet des études d'un marin ; et quoique un officier voie beaucoup travailler le fer dans les arsenaux, et qu'il puisse y puiser des lumières sur cette matière, cependant je n'aurai pas la prétention de m'attribuer le mérite du *Manuel du Serrurier* si le public le trouve bon. J'ai beaucoup d'obligations à plusieurs artistes de la capitale, qui ont bien voulu me guider de leurs conseils, et même revoir cet ouvrage avec moi.

Je n'ai sans doute pas tout dit, mais, grâces aux artistes qui m'ont aidé, ce que j'ai dit est exact, et à la hauteur des connaissances du jour. Au surplus, s'il y a des omissions, ce ne serait que dans quelques détails, car du reste, tout est indiqué; et n'y eût-il que le Vocabulaire raisonné qui termine l'ouvrage, il serait lui seul un Manuel presque suffisant. Ce vocabulaire a paru complet.

J'ai retiré peu de choses de Duhamel du Monceau, copié par l'*Encyclopédie*, parce que ces auteurs sont anciens. Des genres d'ouvrages sont tombés en désuétude, des procédés se sont perfectionnés, d'anciens mots ne subsistent plus, de nouveaux les remplacent. Les localités varient les noms, des outils récens ont fait renoncer aux anciens ; il a fallu de nouvelles définitions et de nouvelles descriptions.

Je voudrais bien adresser ici mes remercîmens à M. B... fils, artiste distingué, qui m'a beaucoup aidé ; mais sa modestie s'oppose à ce que je publie son nom, ce qui m'empêche de nommer les autres ; mais je les prie de recevoir l'assurance de toute ma gratitude, pour leur complaisance et les lumières dont ils ont bien voulu m'éclairer.

Quant à la première partie, on s'apercevra sans doute que j'ai beaucoup emprunté à la *Sidérotechnie*, excellent ouvrage de M. Hassenfratz ; je ne pouvais puiser à une meilleure source.

Dans l'état où il est, je crois que le *Manuel du Serrurier* pourra être utile ; c'est dans cette confiance que je l'offre aux amis des arts.

MANUEL

DU

SERRURIER.

INTRODUCTION.

1. Il serait très difficile d'assigner l'époque où la serrurerie prit naissance, cette époque est sans doute très reculée ; les Romains avaient des serrures, *sera ;* les Hébreux devaient en avoir ; le psaume 147 dit *quoniam confortavit seras portarum tuarum.* Le premier qui put dire, ce local m'appartient, dut songer à le fermer pour tout autre que lui. Sans doute ce premier essai fut grossier, comme tout art à son enfance ; on trouve chez les Indiens, chez les Arabes et même chez les Nègres sauvages, une fermeture de bois, qui, à cause de sa simplicité, pourrait bien avoir été une des premières inventées, c'est le clanche ou battant de loquet. Mais cette fermeture était à la disposition de tout le monde, elle dut paraître insuffisante et propre tout au plus à s'opposer au passage des animaux. Peut être eût-on alors recours à de grandes barres de bois, telles qu'on en voit dans les campagnes aux portes des granges, etc. Mais elles étaient bien lourdes et sans doute on les diminua. Alors naquit le verrou qui fait aujourd'hui notre seule

fermeture, mais que nous avons bien perfectionné.
Ce premier verrou fut de bois, et ne dut pas être
très éloigné de ressembler à ceux qu'on trouve
encore dans les montagnes de la Grèce; ils sont
hachés de petites entailles par-dessous, et on les
fait marcher à l'aide d'un crochet de fer qu'on
introduit dans la porte par une petite ouverture
faite exprès. Combien tout cela est grossier! et
cependant voilà visiblement le type de la clef et de
la serrure, car notre pêne n'est qu'un verrou. Enfin
la cupidité, le désir de dérober, forcèrent à chercher les moyens de perfectionner les fermetures. On
imagina la clef, elle fut bientôt imitée; alors on
opposa des obstacles à son mouvement giratoire;
voilà les gardes, les garnitures; ces ouvrages se
compliquèrent, il fallut abandonner le bois comme
trop fragile et recourir au fer. L'art se perfectionna.
Dans peu de temps, la serrure et sa clef, les verroux,
les loquets, les gonds, tout fut de fer; la dureté
de ce métal lui permit de se prêter aux formes et
aux ornemens les plus recherchés; peu à peu la
serrurerie devint un art. Il ne tarda pas à réclamer
l'assistance de beaucoup de connaissances, qui
l'ont poussé au point où il est aujourd'hui. Dès 1411,
il était parvenu en France à un tel degré de consistance, qu'il se forma en corporation. Charles VI
l'établit à Paris en corps de jurande, et lui donna
des statuts.

2. Nous disons que c'est sur le fer que s'exerce
le talent du serrurier; mais pour le travailler, il
faut le chauffer, et c'est à l'aide du charbon. La
première attention du serrurier doit donc porter
sur le métal qu'il met en œuvre, et sur le combustible
dont il se sert pour le chauffer.

3. Le fer est de la plus haute antiquité : fut-il
le premier connu de tous les métaux? C'est une
question qui a exercé quelques plumes, celles entre
autres de MM. Caylus et Fourcroy. Nous pensons
que la découverte de l'or et de l'argent a précédé
celle du fer, parce que le fer ne se trouve guère
natif en Asie ni en Europe, tandis qu'au contraire

l'or et l'argent s'y trouvant natifs en très grande abondance, ont dû être remarqués de prime-abord. La mine de fer n'était pas propre, par son apparence, à fixer l'attention, et quand on l'aurait remarquée, comment imaginer qu'il fallait confier au feu cette substance pour en retirer du fer par la fusion? Peut-être même n'a-t-on dû cette connaissance qu'au hasard; qui aura présenté des masses de fer, fondues par les volcans. Ce qu'il y a de certain, c'est que le fer abonde en Amérique; et cependant les Américains ne le connaissaient pas quand les Pizarre, les Cortès allèrent leur porter la guerre; en revanche ils avaient en abondance de l'or et de l'argent qui firent tous leurs malheurs : la marche de l'esprit humain est partout la même; et si les Américains connurent l'or avant le fer, on peut en penser autant des Asiatiques : mais cette question est d'un assez petit intérêt pour le serrurier

4. Quoi qu'il en soit, le fer est de la plus haute antiquité. La *Genèse* (Ch. IV, verset 23) nous apprend que Tubalcaïn était forgeron. Son père dut naître l'an 3130 avant Jésus-Christ; on peut présumer que le fils travaillait les métaux vers 3070 avant Jésus-Christ, c'est-à-dire, l'an 934 du monde, puisque la Vulgate date l'ère chrétienne de l'an 4004 du monde; or le déluge arriva l'an 1656 du monde; Tubalcaïn aurait donc forgé les métaux 722 ans avant le déluge, ce qui le rendrait contemporain de Mathusalem; la *Genèse* dit : « *Sella quo-* « *que genuit Tubalcaïn, qui fuit malleator et faber* « *in cuncta opera œris et ferri.* » Il est peut-être difficile d'asseoir un jugement bien certain sur les traditions antédiluviennes, à cause de l'interprétation du mot année sur lequel on ne s'entend point du tout : et d'ailleurs Caïn, Tubal-Caïn, Vul-Caïn, tout cela a un grand air de famille; bien des écrivains ont cru ces personnages identiques; ce qui prouverait qu'il ne nous en reste qu'une tradition assez vague, au moins quant à leur époque; toujours est-il certain qu'Isaïe et Jérémie ont parlé du fer de Judée que l'on travaillait au feu de charbon et

à force de bras. On forgeait donc le fer en Judée ; mais il est probable que les Hébreux avaient apporté cet art d'Egypte, car les Egyptiens ont forgé le fer dans la plus haute antiquité; et en effet, que la Crète ait été une colonie d'Egyptiens, ou qu'antérieurement l'Egypte eût été une colonie de Saïtes venus de Crète, toujours faut-il reconnaître très anciennement un contact entre ces deux pays ; et puisque la Crète possédait des forgerons, que Diodore nomme Dactyles, l'Egypte devait en posséder aussi. Ces Dactyles étaient contemporains d'Orphée ; Vulcain dans l'île de Lemnos est bien à peu près de la même époque ; mais Lemnos avait un volcan nommé Mosycle, et le nom de Volcan est bien voisin de Vulcain. Cependant, quoique tout semble jeter sur cette tradition un nuage difficile à percer, il n'en paraît pas moins vraisemblable que les Egyptiens avaient connu le fer très anciennement ; car d'un autre côté Agatarchide dit qu'ils faisaient extraire le minerai par leurs esclaves, et que pour cette extraction ils se servaient de ciseaux de fer. Ils forgeaient donc le fer. Enfin l'on s'accorde à dire que ces Egyptiens exploitaient leurs carrières de granit sous le règne de Tosorthrus : ils ne pouvaient exécuter ces travaux sans le secours du fer et même du fer acéré. Cette date est bien ancienne; Hérodote la place à douze mille ans, et Diodore à quinze mille ans avant Jésus-Christ : même embarras sur le mot année. Toutefois on conclura sans doute que si on ne peut assigner avec précision l'époque de la découverte de ce métal, au moins paraît-il constaté qu'il a été connu dans l'antiquité la plus reculée. Abandonnons ces considérations, et voyons le fer tel qu'il est aujourd'hui connu.

Sous les rapports physiques.

5. Le fer absorbe le gaz oxigène à la température la plus élevée, et décompose l'eau, à l'aide de la chaleur rouge. (*Voyez* 123.) Sa couleur est le gris avec une nuance bleue. Dans la cassure, il présente

des grains, des lames, des fibres, qui ont leur couleur particulière. Sa pesanteur spécifique sous la température moyenne, comparée à celle de l'eau prise pour l'unité, est de 7,788 (Brisson). Le pouce cube de fer, de Berry, pèse 5 onces 28 grains (Brisson); le pied cube, fondu, pèse 497 livres $\frac{40}{10}$, et forgé 580 livres $\frac{1}{50}$ (Bezout).

M. Morizot (vol. III, p. 8) a donné en 1823 des poids tout-à-fait différens. Suivant cet auteur, le pied cube pèse comme suit :

	Livres.	Onces.	Gros.
Fer fondu	504	7	6
Non écroui ou forgé en barres écrouies	545	2	4

Acier.

Ni trempé ni écroui . . .	548	5	0
Ecroui et trempé	547	4	1

Le fer est le quatrième des métaux dans l'ordre de la ductilité et de la malléabilité. Il est infusible au-dessous de la chaleur rouge ; et dans cet état, il est le cinquième dans l'ordre de la fusibilité. Il entre en fusion à 130 degrés du pyromètre de Wedgwood. Mais Makenzie veut une température plus élevée, et la fixe à 158 du même pyromètre.

Le fer est le quatrième dans l'ordre de la dureté et de l'élasticité, et le troisième dans l'ordre de la sonorité. Mais sa dureté est variable, même dans le même fer; il y en a qui sont assez durs pour rayer le verre ; d'autres refoulent sur le cuivre ; d'autres encore sont plus ou moins durs, selon qu'on les refroidit plus ou moins rapidement. Il est le premier dans l'ordre de la tenacité. Cette qualité consiste à supporter un poids sans se rompre. Suivant les expériences de Sickingen, un fil de deux millimètres de diamètre a soutenu un poids de 249 kil. 659.

6. Le fer au foyer du miroir ardent se dissipe en étincelles ou se change en une substance noire. Ce métal a une extrême sympathie avec l'aimant, il prend la vertu magnétique par le frottement ; il la prend même par la juxta-position, quoique plus

faiblement. Il en prend une partie de lui-même et spontanément selon la position dans laquelle il se trouve. La simple percussion, dans l'état de suspension, lui donne la vertu polaire. L'oxide de fer est rouge et teint en rouge beaucoup d'autres substances. C'est lui qui colore la plupart de nos pierres fines : on le trouve dans les cendres de tous les végétaux. On pense généralement qu'il colore les fleurs; on a même soutenu que c'était lui qui colorait le sang des animaux à sang rouge. Ces deux dernières assertions ont été contredites, des analyses ont constaté qu'on n'en avait pas trouvé dans le sang; mais cette preuve n'étant que négative, n'est pas irréfragable ; on lui oppose la possibilité d'expériences mieux faites ou d'instrumens plus parfaits. Enfin on ajoute en preuve positive, les affections magnétiques dont l'espèce humaine est susceptible, et l'effet du safran de mars que la médecine administre avec succès pour rétablir la couleur du sang appauvri ou en dissolution.

7. Le fer décomposé par un alcali, et combiné avec du sang de bœuf, donne le bleu de Prusse. Les astringens le précipitent en une poudre noire, dont on fait l'encre. La limaille de fer fermente avec l'acide sulfurique, et donne l'air inflammable. Il est bon que le serrurier sache que la limaille de fer, combinée avec du soufre, et mise à l'humidité, fait explosion, et peut embraser ses ateliers.

8. Le fer porte une odeur qui lui est propre; elle est très sensible lorsqu'on l'excite avec la lime, ou même avec le simple frottement. Sa saveur est âcre, astringente. Les ouvriers bien versés dans leur art reconnaissent la qualité du fer avec la langue.

9. Le fer est bon conducteur du calorique, et augmente de volume en s'échauffant; cette augmentation est évaluée de 15 à 25 millièmes de sa longueur, en partant de la glace fondante, jusqu'à la température de l'eau bouillante. Cette propriété mérite toute l'attention du serrurier chargé de la confection de grilles, ou autres ouvrages qui doivent rester en plein air. Le garde-corps du pont des Arts,

à Paris, a pris un tel allongement dans les grandes chaleurs, qu'il a repoussé les parapets de pierre des deux extrémités, dans lesquels il était trop hermétiquement scellé (1).

10. Cette dilatation est encore essentielle à connaître par les serruriers sous un autre rapport. Dans les campagnes beaucoup d'horloges leur sont confiées, et même ils sont appelés à la confection de celles des villes, dont ils forgent les principales pièces : il est donc à propos qu'ils sachent qu'en opposant les unes aux autres les dilatations des métaux, on les fait se balancer réciproquement, que par ce moyen on fabrique des balanciers de suspension invariables sous toutes les températures, et qui, par conséquent, battent constamment la seconde quand on leur donne la longueur nécessaire sous la latitude où l'on se trouve.

11. Le fer se comprime sous le coup du marteau, et l'endroit où il va rompre peut se reconnaître à la chaleur qu'il manifeste. Cette expérience est de M. de Prony.

12. Deux morceaux de fer très durs, qui se choquent, font jaillir des étincelles. Ce phénomène a lieu surtout quand le choc se fait sur un quartz ; ce qui se voit journellement dans l'usage du briquet.

13. De tous les métaux le fer est celui qui a le plus d'affinité avec le soufre, et c'est un objet que le serrurier ne doit pas perdre de vue, quand il donne une chaude avec du charbon très sulfureux.

Le serrurier met aussi souvent les métaux en contact, surtout quand il brase. Il doit savoir que les métaux agissent sur le fer différemment les uns des autres : les uns le dilatent, et les autres le compriment. Il augmente de volume en se combinant avec l'étain, le nickel, l'argent et l'or : il diminue avec d'autres, comme dans les expériences suivantes :

---

(1) Les barres de ce garde-corps ont de longueur, 535 pieds 6 pouces ; leur dilatation a été de 28 lignes ½.

Huit grammes de fer, et deux grammes de plomb, ont produit un culot de huit grammes et demi.

Neuf grammes de limaille de fer, et un gramme de zinc, n'ont produit qu'un culot de 9,56 grammes.

Pour toutes les expériences relatives, voir le *Système des connaissances chimiques de Fourcroy*, vol. VI.

14. En général le fer devient fragile en se combinant avec le plomb, le palladium, le mercure, le bismuth, l'antimoine, l'arsenic, le cobalt, le molybdène et le tungstène. Il est sous-malléable avec le zinc, le cuivre, le manganèse et le titane. Cette sous-malléabilité résulte d'épreuves à froid; mais le métal se comporte souvent différemment, quand on le comprime à chaud. (*Voyez* Rouvrain.)

Enfin, les expériences de MM. Vandermonde et Berthollet ont prouvé: 1° que la fonte est un composé de fer, de carbone et d'oxigène; 2° que l'acier est une combinaison de fer et de carbone, et 3° que le fer ductile ne serait que du fer pur, s'il était bien réduit; mais que le meilleur, suivant eux celui de Suède, retient toujours une très petite partie d'oxigène et de carbone.

15. Il n'y a pas conformité d'opinion parmi les écrivains sur cette partie, dans la manière de classer les espèces de fer. M. Haüy, dans son *Traité de Minéralogie*, divise le genre fer en neuf espèces:

Fer oxidulé, fer oligiste, fer arsenical, fer sulfuré, fer carburé, fer oxidé, fer azuré, fer sulfaté, fer chromaté.

Dans son *Tableau comparatif des résultats de la cristallographie et de l'analyse chimique*, ce même auteur divise ce même genre de la manière suivante:

Fer natif, fer oxidulé, fer oligiste, fer arsenical, fer sulfuré, fer oxidé, fer phosphaté, fer chromaté, fer arséniaté, fer sulfaté.

De son côté Werner divise le genre fer de la manière suivante:

Fer natif, pyrite sulfureuse, pyrite magnétique, mine de fer magnétique, fer spéculaire, mine de fer rouge, mine de fer brune, mine de fer spathique, mine de fer noire, mine de fer de gazon, fer terreux bleu, fer terreux vert, émeri. (*Traité de Minéralogie*, vol. 11, fol. 214.)

Dans son art, le serrurier distingue trois classes principales de fer : la première est le fer dur et cassant, c'est le régule; la fonte de fer; le fer cru; le fer fondu; le fer de gueuse. (*Voir* 50.)

La seconde classe est le malléable et mou ; c'est le fer proprement dit, fer battu; fer forgé; fer ductile ; fer en barre; c'est le fer marchand. (*Voir* 75.)

La troisième classe est le fer malléable et élastique; c'est l'acier. (*Voir* 83.)

Avant d'examiner le fer dans ces différens états, voyons-le dans celui de minerai, c'est-à-dire tel qu'il se trouve dans les entrailles de la terre.

PREMIÈRE PARTIE.

SECTION PREMIÈRE.

FER.

Du minerai.

16. On donne le nom de minerai aux roches, pierres, ou terres qui contiennent du fer. Ce métal, dans le minerai, est à l'état d'oxidule, ou d'oxide mélangé de terres, de combustibles, ou d'autres métaux.

17. La manière d'être du minerai, dans la terre, se nomme son gisement, et le lieu où on le trouve est le gîte.

18. Dans les gisemens on distingue les couches, les filons, les masses, les amas et les rognons.

On nomme guangue, ou plutôt gangue, la substance qui accompagne, ou qui enveloppe le minerai. Cette gangue est de pierres ou de terres différentes de celles où le gîte est placé.

19. Le minerai de fer oxidulé se trouve en couches, en filons et en masses.

On l'exploite dans les montagnes composées de serpentine, de talc, de jade, de stéatite, d'asbeste, de schiste micacé, de gneiss, de hornblend, de calcaire, de grenat et de strahl-stein.

20. Le fer oxidulé s'exploite abondamment en Sibirie, en Russie proprement dite, en Suède, Dalécarlie, en Silésie, Hongrie, Bohême, Piémont, Italie, île d'Elbe, France, Chine, Siam, et dans beaucoup d'autres lieux.

21. Le minerai de fer spathique se trouve ordinairement en couches, en filons, ou en masse. Il gîte dans les roches composées de gneiss, de schistes micacés, et de calcaire primitif. On l'exploite en Sibirie, Hongrie, Styrie, Allemagne, Tyrol, dans les Pyrénées, en Piémont, France, Mont-Blanc, etc.; c'est un des minerais qu'on recherche le plus, à cause de la bonté du fer qu'il produit, à cause de l'acier supérieur qu'on en retire, et enfin à cause de la facilité avec laquelle on peut le traiter.

Essai de la mine.

22. Essayer un minerai, c'est reconnaître ce qu'il contient, et dans quelle proportion. On essaie par la voie humide, et par la voie sèche.

23. On essaie par la voie humide en employant des acides et autres agens chimiques qui dissolvent, précipitent, et séparent toutes les substances qui entrent dans la composition du minerai. Cette manière d'essayer est la plus exacte, mais la plus difficile: il faut être bon chimiste pour l'employer.

24. On opère par la voie sèche, en exposant dans un creuset à l'action du feu, avec ou sans fondant, le minerai qu'on veut essayer, afin de le fondre, et d'en séparer le fer qu'il contient.

25. L'analyse du minerai de fer, y a jusqu'à présent trouvé les substances suivantes : Fer, manganèse, cuivre, plomb, zinc, arsenic, chrome, titane, silice, chaux, alumine, magnésie, barite, soufre, phosphore, oxigène, acide carbonique, et de l'eau.

26. Dans le fer spathique, quand il est pur, on trouve une combinaison d'oxidule de fer, d'oxide de manganèse, de magnésie, d'eau et d'acide carbonique.

27. Les détails de ces essais sont inutiles au but de cet ouvrage ; à peine s'ils sont indispensables pour le maître de forges en grand.

28. Pour fabriquer le fer avec le minerai, la première opération est de le dégager, à l'aide du marteau, de sa gangue ; c'est le triage : après quoi on le débarrasse des terres par le lavage. On le grille ensuite

pour vaporiser les substances nuisibles et augmenter la porosité des fragmens. Quand ces fragmens sont trop gros, il convient de les briser en petites parties. Il y a donc quatre opérations principales que doit subir le minerai, avant d'être porté au fourneau de fonte : ce sont le triage, le lavage, le grillage et le bocardage : cette dernière opération est celle qui le concasse.

Triage.

29. L'opération du triage a lieu quand le minerai dans le gîte est mêlé avec des pierres de différentes natures; le triage s'exécute communément sur le fer oxidulé, sur le spathique, sur le fer oxidé, sur les oxides concrétionnés et compactes. Quand on peut distinguer, à la couleur, les pierres, de l'oxide de fer, on les sépare à la main, ensuite on casse le minerai avec des masses prismatiques ou en forme de coin, pour le diviser et le séparer facilement de sa gangue.

Lavage.

30. Après le triage, le minerai doit être lavé pour le nettoyer de la terre et de la boue dont il peut être souillé. Cette opération se fait dans deux ou trois bassins creusés dans un cours d'eau. On y jette le minerai et on le remue avec un rabot; l'eau entraîne toutes les parties qui y restent suspendues. Le minerai plus lourd, composé de plus gros grains, de parties moins ténues que la terre, se précipite, et l'eau entraîne le reste. Cependant il arrive souvent que le lavage est insuffisant; alors on a recours au tamisage. On emploie pour tamiser, des chaudrons percés, des paniers, des tamis de fil de fer, et souvent l'égrapoir. Toute cette opération a pour but de nettoyer le minerai, afin de le mettre en état d'être porté au fourneau de grillage.

Grillage.

31. Le grillage a pour but de vaporiser les sub-

stances nuisibles au fer, et que le minerai contient, surtout le soufre et l'arsenic.

Il y a des minerais que l'on fond crus; mais quand on les a bien grillés, ils produisent un fer plus pur et exigent moins de combustible pour se fondre.

On grille avec de gros bois, ou avec des fagots, ou avec du charbon de bois, même avec du charbon de terre.

On distingue quatre sortes de grillage: 1°. à l'air libre; 2°. dans une aire fermée ou couverte; 3°. sous des hangars; 4°. dans des fourneaux de réverbère.

32. Pour griller à l'air libre, on dresse une aire que l'on rend parfaitement sèche, et si le terrain s'y refuse, on le recouvre de gravier ou de résidus de précédens grillages. On place ensuite sur le terrain le combustible et le minerai par couches superposées. Si on emploie du charbon de bois, on en fait une couche de 5 ou 6 pouces d'épaisseur. On met par-dessus une couche de minerai de 7 à 8 pouces d'épaisseur, et ainsi successivement jusqu'à ce que le tas ait 6 ou 7 pieds de hauteur. On recouvre le tout de fraisier ou même de charbon.

33. Si l'on grille avec du bois, la première couche inférieure est du bois, elle a jusqu'à 15 pouces d'épaisseur, et la première couche de minerai a jusqu'à 20 pouces; les autres vont en diminuant.

34. Si l'on grille avec du charbon de terre, la première couche sur le terrain est de charbon, la deuxième est de minerai, etc. La première couche de charbon varie de 5 à 8 pouces, et celle du minerai de 15 à 20 pouces; les autres vont en diminuant. On allume le grillage par le bas, s'il est en bois ou en charbon de terre; mais s'il est en charbon de bois, on met le feu à la couche du milieu avant de la couvrir de minerai.

35. Le grillage à l'air libre doit être conduit avec soin. Il convient de profiter d'un temps calme, ou s'il vente un peu, il faut abriter le grillage par des paravents.

36. Pour griller dans une aire fermée ou cou-

verte, on forme une sorte de fourneau dont le plus simple n'est composé que de deux murs parallèles. D'autres ont un troisième mur qui les réunit à angles droits, ne laissant qu'une face ouverte. Quelques unes de ces aires sont quadrangulaires, d'autres sont rondes ou ovales. Il y en a dont les murs sont percés de petits trous pour laisser le courant d'air y pénétrer. Les plus recherchées ont le fond composé de plaques de fonte perforées, posées sur de petits murs d'appui d'un pied de hauteur. C'est sur ce fond qu'on place le minerai. En général, on cherche par des issues libres à donner passage à l'air. La grandeur de ces fourneaux varie selon la quantité de minerai et le combustible dont on fait usage.

37. Mais comme cette opération, telle qu'on vient de l'esquisser, est exposée aux intempéries de l'air, on prend dans les grandes usines la précaution de couvrir les fourneaux par un toit, un appentis, un hangar, qui n'a d'ailleurs aucune influence sur la forme de l'aire ou du fourneau, et dont le seul objet est de les mettre à l'abri de la pluie ou de la neige. L'élévation de ces couvertures est telle que la fumée puisse librement s'échapper sans qu'elles s'y opposent.

38. Enfin, on peut griller le minerai dans des fourneaux à réverbère propres à augmenter l'intensité de la chaleur.

Dans cette construction, la flamme, en partant du foyer pour arriver à la cheminée, parcourt un espace qu'elle échauffe, et qui par sa forme réfléchit une chaleur rayonnante sur les matières en combustion. Mais les avantages de ce fourneau ont à peine compensé les frais de sa construction.

39. Tous les minerais ne doivent pas recevoir le même degré de grillage, cet objet est du ressort du maître de forge et non de celui du serrurier; il suffit à ce dernier de savoir que le minerai trop grillé, lui donne de très mauvais fer, c'est-à-dire produit une fonte inégale, très blanche et très oxigénée, qu'il est très difficile d'affiner.

Bocardage ou *cassage*.

40. Il est nécessaire, pour accélérer la fusion du minerai, qu'il soit réduit en petits fragmens de la grosseur d'une noix ou à peu près ; en conséquence, on le casse après le grillage, soit à la main ou avec des marteaux, même avec une machine qu'on nomme *bocard*, composée de plusieurs pilons : cette machine est, autant qu'on le peut, mise en mouvement par des moyens hydrauliques.

SECTION II.

FONTE.

41. Le minerai après avoir été trié, lavé, grillé, concassé, est en état d'être porté au fourneau pour en retirer, par la fusion, le fer qu'il contient et qu'on obtient en état de fonte.

42. On emploie pour fondre le minerai trois sortes de combustibles, selon leur abondance et la facilité de se les procurer : ce sont, le bois réduit en charbon, la tourbe, et le charbon de terre.

43. Le charbon de bois est de plusieurs espèces ; on les divise en trois classes, charbon de bois dur, charbon de bois tendre, et charbon de bois résineux.

44. Les bois durs sont le châtaignier, le chêne, le charme, le noyer, l'érable, le sycomore et l'orme. On les emploie pour fondre les minerais dans les hauts fourneaux ; les charbons de bois tendre s'emploient dans les affineries.

L'ordre de bonté des bois pour faire des charbons se range comme suit, selon le *Journal des Arts et Manufactures* : le châtaignier, le chêne, le noyer, le hêtre, l'érable d'Amérique, le sycomore, l'orme, le pin de Norwége, le saule, le frêne, le bouleau, le pin d'Écosse, le pin, l'aune, le tremble, le sapin ; ces derniers sont les seuls dont on fasse ordinairement usage en Suède.

45. Le serrurier qui peut employer dans sa forge du charbon de bois reconnaîtra qu'il est bon et bien cuit, s'il est dur, compacte, sonore, brillant, en gros morceaux qui se rompent facilement et dont la cassure est couleur d'iris.

46. Si le charbon n'est pas assez cuit, on le nomme fumeron ; sa couleur est grisâtre, sa flamme est blanche ; il se rompt avec peine et fume en brûlant ; si au contraire il est trop brûlé, il est d'un noir terne, très tendre, n'est pas sonore, et ressemble beaucoup à la braise.

47. On préfère pour le haut fourneau, ainsi que pour l'affinerie, les charbons gros comme le poignet.

A l'égard du charbon de terre, voyez son article n° 170.

Fondans.

48. Pour fondre le minerai on lui ajoute des fondans ; les plus en usage sont la chaux, ou une marne que l'on nomme castine, ou bien encore de l'argile qu'on nomme harbue ou herbue ; on en pourrait employer divers autres, mais ceux-là ont la préférence. (Voyez *castine*, voy. *herbue*.)

49. La température du fourneau pour réduire en fusion le minerai en état de bain est de 120 à 150° du pyromètre de Wedgwood ; le minerai fondu coule dans des moules qui lui donnent la forme d'un lingot qu'on nomme gueuse.

50. Lorsque la fonte est obtenue, on la divise en trois classes, 1°. fonte blanche ; 2°. fonte truitée ; 3°. fonte grise.

La fonte blanche est dure, cassante, difficile à travailler ; elle n'est entamée ni par la lime ni par le ciseau. La fonte grise est douce, ductile, attaquable à la lime et au ciseau. La fonte truitée a des qualités moyennes entre les deux autres.

51. Réaumur a trouvé que la fonte augmente de volume en refroidissant.

52. Bergmann a trouvé que la densité et le poids de la fonte étaient comme suit :

	densité.	pied cube.
Blanche pauvre. . .	6601	462 livres.
Grise riche.	6859	480
Noire superfaturée.	7268	508

		densité	pied cube.
Suivant Buffon.	Blanche épaisse.		457
	Blanche fluide.		462
	Grise		485
	Plus grise, tenue plus long-temps en bain. . .		512

53. Lorsque le fer est fondu, et qu'on veut le réduire en barre pour le livrer au commerce, il faut l'affiner et le comprimer, c'est-à-dire le forger.

Affinage.

54. On affine le fer pour le purifier, en retirer les terres, l'oxigène et le carbone, qui s'y trouvent en excès : on livre à l'affinage, de la fonte de fer, des minerais riches, mêlés à de la vieille ferraille et des limailles.

55. Cette opération consiste à exposer l'objet qu'on veut affiner, à l'action du feu, pour séparer du fer les matières qui lui sont étrangères, et l'obtenir dans le plus grand état de pureté possible; ces matières sont, l'oxigène, le carbone, des terres vitrifiées ou vitrifiables, du phosphore, du soufre, et même des substances métalliques diverses. (*Voy.* 24.)

56. On exécute cette opération dans des fourneaux particuliers avec du charbon de bois ou de la houille, et même quelquefois on y ajoute des agens chimiques propres à séparer les diverses substances que le métal impur renferme, ainsi que le laitier qui nage à sa surface quand il est en état de liquéfaction.

57. On se sert pour affiner la fonte de trois sortes de fourneaux, moyens fourneaux ouverts, bas fourneaux ouverts, fourneaux à réverbère.

58. Lorsque la fonte est liquéfiée dans le creuset, on la laisse s'affiner d'elle-même par le seul repos de la masse, ou bien on accélère l'affinage en la tra-

vaillant continuellement, en l'avalant avec un ringard. L'affinage se fait de plusieurs manières, à la française, à la vallonne, par bouillonnement, etc.

59. Il y a deux manières de juger de l'affinage, 1°. par les scories; 2°. par la couleur de la flamme du foyer.

Pour distinguer l'état des scories on y plonge un ringard, autour duquel il se réunit une épaisseur de matière qui y adhère avec plus ou moins de force. Si ces scories sont tenaces; si autour du ringard elles sont grises, tirant sur le brun plus ou moins; si le coup de marteau de plus en plus fort ne peut les détacher du ringard; alors le fer est dur et carburé; il faut le travailler davantage devant la tuyère ou bien y ajouter, soit des battitures, soit des scories oxidées mêlées avec de la fonte dure, afin de brûler du carbone et rendre le fer plus doux.

Lorsqu'au contraire les scories sont très liquides, vert noirâtre ou rouge, si un léger coup de marteau le détache du ringard, le fer est cassant et n'est pas assez affiné.

60. Lorsqu'on juge l'affinage par la couleur de la flamme, il faut observer qu'en sortant du foyer, elle se présente sous une couleur qui varie du rouge au blanc brillant. Cette flamme est rougeâtre à mesure que la fonte se liquéfie, et peu à peu elle prend la couleur blanche à mesure que le fer se brûle, car la combustion du fer donne une flamme blanche, semée d'étincelles brillantes; mais à la forge, cette couleur blanche, et les étincelles brillantes, annoncent la chaude blanche.

Lorsque la flamme est rouge tirant sur le jaune, elle annonce un fer dur et carburé. (*Voyez* 59.)

Lorsque la flamme est jaune clair, blanc bleuâtre, ou blanc brillant avec une légère teinte incarnat, elle annonce que la fonte est bien affinée; lorsqu'il se trouve du cuivre combiné avec le fer, la flamme est quelquefois verte au-dessus du charbon.

Cette épreuve par la flamme ne doit être consultée qu'à la fin de l'opération, lorsque l'affinage est prè d'être terminé.

61. On affine par une, ou deux, ou trois opérations, selon la qualité de la fonte.

La fonte blanche, c'est-à-dire trop oxidée, ne s'affine que par une opération, ainsi que la fonte truitée; la fonte grise se traite en une, deux et même trois opérations.

62. Il y a plusieurs méthodes d'affinage; on distingue la méthode française, et on la préfère à beaucoup d'autres; la méthode allemande, celle de Laurwig, la méthode styrienne, la méthode à la catalane, celle à la bergamasque, c'est la moins estimée; enfin l'affinage connu sous le nom de mazéage. De toutes ces méthodes, la styrienne paraît la plus avantageuse; elle n'a qu'une seule opération, n'exige que du mauvais charbon, par conséquent elle est économique, demande peu de travail, et ne force pas *d'avaler* la fonte. Avec onze ou douze parties de charbon et onze parties de fonte, elle donne dix parties de fer pur, tandis que cette même quantité de fer pur ne s'obtient, dans la manière française, qu'avec douze à vingt parties de charbon et douze à quinze parties de fonte, et dans la méthode allemande, avec dix-huit à vingt-six parties de charbon et onze à quinze parties de fonte.

Le fer obtenu par l'affinage styrien est doux, pur, et de bonne qualité.

Ce court exposé suffit au serrurier pour prendre une idée des préparations que subit le fer jusque-là; il trouvera tous les détails qu'il pourra désirer sur toutes ces opérations, dans les ouvrages de Bergmann, Vauquelin, Gerhard, Grignon, et surtout Hassenfratz, etc.

63. Après toutes les opérations dont nous venons de parler, le fer est obtenu, mais il diffère de qualités; les meilleurs auteurs le divisent en six classes:

1°. Malléable, tendre et mou;

2°. Malléable et dur;

3°. Cassant à froid;

4°. Brisant à chaud ou rouverain;

5°. Aigre qui casse à froid et à chaud;

6°. A grains.

En général, dans le commerce, les deux premières classes sont regardées comme excellentes. La première est celle du fer le plus pur ; mais il est trop mou pour bien des ouvrages. Dans d'autres il est excellent, surtout quand il doit plier sans s'endommager, comme dans les clous à ferrer les chevaux, la ferblanterie, les tôles, etc.

La seconde qualité, qui retient un peu de carbone, s'altère moins au feu, se rouille moins aisément, et convient pour faire des socs de charrue, des bandes de roues, même du fil de fer.

La troisième espèce est bonne pour faire les ouvrages qui ne demandent pas un grand effort, comme les grilles de décoration ; il a cet avantage, qu'il se soude bien et se travaille facilement à chaud.

La quatrième espèce, ou le fer rouverain, est bon quand il faut le travailler froid, mais il est difficile à forger ; cependant, quand on a le talent de le bien conduire à la chaude, on en peut tirer bon parti.

La cinquième espèce, ou le fer aigre, est mauvais, on le rejette avec raison, et dans bien des cas on lui préfère le fer fondu et moulé.

La sixième espèce est la plus mauvaise.

64. En général, le fer exposé long-temps et souvent à la chaleur, perd son nerf et devient cassant ; c'est ce qui se voit dans les grilles des fourneaux, dans les cuisines des vaisseaux : le fer, dans cet état, est corrodé à sa surface, sa cassure présente des grains, il devient lamelleux ; on peut lui rendre toutes ses qualités en le forgeant de nouveau.

65. Les fers imprégnés d'arsenic sont toujours fragiles dans tous les états.

66. Gerhard avait prétendu que le fer bien imprégné de sel devenait brisant à chaud ; une expérience consignée dans la Siderotechnie de Hassenfratz prouve le contraire.

67. On a pensé que le plomb ne se combinait pas avec le fer ; cette opinion a été confirmée par des expériences ; mais la nature opère dans des creusets plus vastes et avec de plus grands moyens, et le fait

est qu'il y a des mines, dans le nord de la France, où le minerai de fer est mélangé de plomb. Ce mélange bien traité donne un fer doux.

68. Au surplus, les pyrites diverses, mêlées avec le minerai de fer, l'altèrent plus ou moins; les cuivreuses et les arsenicales lui sont très préjudiciables, et le grillage qui enlève le soufre n'enlève pas les autres substances métalliques. Le cuivre rend le fer rouverain.

69. On est parvenu, dit le *Journal de Physique*, *année* 1783, *tome* 11, *p.* 151, à convertir du fer de Suède, brisant à chaud, en tôle et barres de bon fer, en le traitant avec une addition de terre calcaire et de terre argileuse.

70. On parvient aussi à corriger les fers cassans en les traitant avec la chaux.

SECTION III.

DE LA COMPRESSION DU FER.

71. La ductilité du fer est une de ses plus précieuses qualités, puisque c'est elle qui le rend susceptible de se prêter à toutes les formes qu'on veut lui imprimer à la forge. Cette propriété est le résultat de la compression qu'il éprouve en le cinglant ou en le forgeant.

72. Si le fer est trop chauffé, la compression désunit ses molécules et détruit leur cohésion; et s'il est trop froid, les particules du métal, cédant à la compression, glissent les unes sur les autres; elles rompent leur adhésion, mais c'est dans le sens de leur glissement, la masse s'allonge dans ce cas et diminue d'épaisseur; alors ces particules forment, dans le sens de la longueur, des filamens qu'on nomme nerfs. Trop de nerf rend le fer cassant.

Ainsi, quand on étire le fil de fer, le métal prend du nerf; mais plus le nerf allonge, plus la ténacité diminue; il est un terme où le nerf ne pouvant plus allonger, le métal casse. On y remédie en chauffant de nouveau.

73. On cingle avec d'énormes marteaux, mus par des chevaux, des moyens hydrauliques ou à vapeur. On soumet à l'action de ces marteaux la loupe obtenue à l'affinage : on réduit la loupe en pièce; c'est un prisme quadrangulaire dont les angles ont un petit chanfrein. La pièce subit un nouveau martellage qui lui donne une nouvelle compression, l'aplatit et l'étend; le fer est alors malléable.

Cette opération se fait aussi fort bien au cylindre; cette méthode est plus expéditive : on a, pour cet effet, des cylindres ébaucheurs, préparateurs et étireurs. Ce procédé est surtout propre à réduire le fer en barres.

Du fer marchand.

74. Dans tout ce qui précède, le serrurier a pris une connaissance légère à la vérité, mais suffisante pour lui, des préparations du métal sur lequel son art s'exerce. Nous allons lui donner quelques détails sur le fer rendu à l'état propre à ses travaux.

Selon la Siderotechnie.

75. On verse le fer dans le commerce sous les noms de fer marchand, fer de fenderie, fer de batterie, fer de filerie.

On donne au fer marchand trois formes différentes,

1°. Carré ou barreau;

2°. Méplat, dont la largeur est double de l'épaisseur;

3°. Demi-plat ou lame, dont la largeur est plus que double de l'épaisseur.

Le fer marchand se divise en gros, moyens et petits échantillons.

Gros échantillons.

Carré, depuis 13 jusqu'à 30 lignes de grosseur.

Plat, de 25 à 60 lignes, sur 6 à 8 d'épaisseur.

Court-bandage, de 28 à 36 lignes, sur 8 à 15 d'épaisseur. Ces fers sont coupés aux deux bouts.

Maréchal, depuis 16 jusqu'à 18 lignes, sur 7 à 8 d'épaisseur.

Cornet, de 6 à 8 pouces, sur 5 à 7 lignes.

Moyens échantillons.

Carré, 10 à 12 lignes de grosseur.

Court-bandage, 9 pieds de longueur et 5 à 7 lignes d'épaisseur, sur 28 à 30 lignes de largeur. Coupé aux deux bouts.

Maréchal, 13 à 14 lignes de largeur, sur 6 d'épaisseur.

Plat, 21 à 24 lignes de large, sur 5 à 7 d'épaisseur.

Petits échantillons.

Carré, de 9 à 10 lignes de grosseur.

Plat, 15 à 20 lignes de large, sur 4 lignes $\frac{1}{2}$ d'épisseur.

Maréchal, 12 lignes de large, sur 6 d'épaisseur.

Fer de martinet.

76. Le fer de martinet se divise en trois classes, petits, moyens et gros échantillons.

Petits échantillons.

Fer rond, 4 à 5 lignes de diamètre.

Bandelettes, de 5 à 6 lignes, sur 2 lignes $\frac{1}{2}$.

Carillons en bottes, de 4 à 5 lignes.

Moyens échantillons.

Fer rond, 6 à 7 ou 8 lignes de diamètre.

Bandelettes, de 7 à 8 lignes, sur 2 lignes $\frac{1}{2}$.

Carillons en bottes, de 6 à 7 lignes.

Gros échantillons.

Fer rond, de 9 à 15 lignes de diamètre.

Bandelettes, 9 à 15 lignes, sur 2 lignes $\frac{1}{2}$ à 3 lignes.

Le martinet est un marteau mu par des moyens hydrauliques, que l'on ne manquera pas de remplacer par les moyens à vapeur, afin d'être maître de l'emplacement sans s'assujettir au voisinage d'une chute d'eau.

Fer de fenderie.

77. Ce sont les verges, les fers aplatis, les lames.

La verge est carrée, depuis 3 jusqu'à 12 lignes de grosseur.

Fer aplati	En bottes	de 14 à 16 lig. de larg. sur 2 lig. ½ d'ép.
		de 18 à 24 lig. de larg. sur 3 lig. d'épaiss.
		de 12 à 17 lig. de larg. sur 2 lig. d'épaiss.
	En barres	de 24 à 26 lig. de larg. sur 5 à 7 lig. d'ép.

Fer en lames, 9 à 12 lignes de largeur, sur 3 lignes d'épaisseur.

Le fer travaillé dans les fenderies n'a pas autant de qualités que celui étiré au martinet.

Les verges prennent les noms de vitrières, coulières, solières, moyennes, fantons, feuillard.

Fer de batterie.

78. Les batteries sont des usines, où l'on bat, on forge, on amincit, on étend le fer avec des marteaux : ces usines prennent le nom de tôleries et casseries.

79. La tôlerie réduit le fer en feuilles plus ou moins épaisses; en cet état il reçoit le nom de fer noir ou tôle.

La tôle se distingue :

1°. En tôle à étrille;

2°. Tôle à serrure;

3°. Tôle à réchaud;

4°. Tôle à palastre, à enseigne, à cric.

5°. Tôle pour le fer-blanc, les couvercles, les poêles, les poêlons, etc., etc.

La tôle à étrille, a de 10 à 11 pouces de largeur, sur 30 à 32 de long; on l'arrange en paquets de 16 ou 18 feuilles qui pèsent 50 livres.

La tôle à serrure varie de dimensions.

La tôle à réchaud, 6 à 7 pouces de large, sur 20 à

21 de long; on les met en paquets de 20 ou 21 feuilles qui pèsent 5o livres.

La tôle à palastre, de 9 à 14 pouces de large, sur 4 à 10 pieds de long; on en garnit le bas des portes-cochères.

La tôle à cric, de 4 à 6 pouces de large, sur 4 pieds de long, sert pour les équipages.

La tôle à enseigne, de 13 à 14 pouces de large, sur 18 de haut et une ligne d'épaisseur; mais ces proportions ne sont pas constantes.

La tôle ordinaire se vend en baril de 3oo feuilles; ce fer se fait avec des marteaux ou avec des laminoirs.

Lorsque la tôle est étamée, elle est fer-blanc. (*Voyez* 169 (*f*), pour les mêmes détails, par M. Morizot.)

Fer de casserie.

80. Ce mot vient de casse ou caisse, en anglais case ou cash.

La casserie fait des vases, des chaudières, des poêles, des poêlons.

Cet objet n'a nul rapport avec l'art du serrurier.

Fer de filerie.

81. La filerie étire le fer en fils de diverses grosseurs.

Le fil de fer s'étire en le passant dans les trous de la filière : cet instrument est une plaque d'acier sauvage (sorte de fonte), de 18 à 36 pouces de long, sur 2 ou 4 pouces de large, et 12 à 16 lignes d'épaisseur; on y perce en échiquier plusieurs trous coniques de diverses grosseurs; la troncature de ces trous est d'acier.

La filerie se fait dans deux usines : la première se nomme tréfilerie; les fils les plus gros qu'on y fabrique vont en décroissant depuis 5 jusqu'à 2 lignes de diamètre; le plus gros se désigne par le n° 30; on donne le n° 20 au plus petit.

82. L'autre usine se nomme tirerie; les fils qu'on

3

y fabrique ont des diamètres décroissáns depuis 2 lignes jusqu'à $\frac{1}{3}$ de ligne ; ce dernier est ce qu'on appelle passe-perle: les autres portent les nos depuis o jusqu'à 12, et ont des diamètres depuis $\frac{1}{3}$ de ligne jusqu'à $\frac{1}{33}$.

Un kilogramme pesant du n° 12, a une longueur de 10,000 mètres; on est parvenu à en faire de bien plus mince; MM. Mouchel en ont fait de tels que le kilogramme pesant avait 100,000 mètres de longueur; son diamètre devait avoir $\frac{1}{77}$ de ligne.

Nous donnons ici le tableau des grosseurs et des numéros des fils de fer en usage dans le commerce, ainsi que leur poids relatif pour 100 mètres de longueur, et les longueurs d'un kilogramme pesant; le serrurier y trouvera les détails nécessaires pour le guider dans ses achats.

Numéros des fils.	Diamètres exprimés en millimètres.	Poids de 100 mètres de longueur.	Longueurs d'un kilo-gramme pesant.
		kilog.	mètres.
30	14,00	115,500	0,64
29	12,50	92,072	1,08
28	11,00	71,303	1,4
27	9,65	54,706	1,8
26	8,55	42,763	2,3
25	7,70	34,916	2,8
24	7,00	28,875	3,4
23	6,35	23,838	4,2
22	5,70	19,611	5,1
21	5,10	15,321	6,5
20	4,50	11,877	8,4
19	3,90	8,580	11,6
18	3,40	6,429	15,6
17	2,90	4,950	20,2
16	2,50	3,667	27,5
15	2,20	2,852	35
14	1,98	2,381	42
13	1,80	1,905	52,4
12	1,64	1,596	62,7
11	1,56	1,324	75,5
10	1,38	1,169	85,5
9	1,27	0,949	105,4
8	1,17	0,819	122
7	1,09	0,700	143
6	1,02	0,612	163
5	0,95	0,533	187
4	0,88	0,468	213
3	0,81	0,386	259
2	0,74	0,332	301
1	0,68	0,272	364
Passe-perle.	0,62	0,226	442
0	0,56	0,187	533
1	0,51	0,152	658
2	0,46	0,128	785
3	0,41,5	0,105	952
4	0,37	0,086	1162
5	0,33	0,068	1470
6	0,29	0,053	1887
7	0,25	0,043	2326
8	0,22	0,034	2941
9	0,20	0,027	3704
10	0,18,5	0,020	5000
11	0,17	0,015	6666
12	0,16	0,010	10000

Voyez au n° 169 (*a*) les diverses qualités de fer marchand livré au commerce, suivant Morizot.

SECTION IV.

ACIER.

83. La connaissance de l'acier et des opérations qu'il doit subir, son emploi, la manière de le travailler, sont du ressort de la serrurerie, et nous allons en donner connaissance à l'ouvrier.

Acier de fer forgé.

Brûler l'oxigène, donner et retirer plus ou moins de carbone au fer, voilà tout ce qui constitue l'aciération et le recuit.

L'acier est une combinaison de fer et de carbone (14); il s'y trouve par fois un peu de terre qui vient des laitiers, ou des verres terreux contenus dans la fonte. On ne peut dire si la connaissance du fer a précédé celle de l'acier, c'est-à-dire, sous lequel de ces deux états ce métal a d'abord été connu. Il semblerait que ce hasard auquel on doit presque toutes les découvertes, aurait présenté aux hommes le fer en état d'acier avant qu'ils l'aient trouvé en état de fer doux, ou même avant qu'ils l'aient su reconnaître en état de minerai, ou en état natif. Nous avons dit, n° 4, que les Hébreux et les Grecs ont connu le fer dans la haute antiquité; il paraît qu'ils ont aussi connu l'acier; soit qu'il y ait eu du fer, que le feu aura converti en acier dans les environs des volcans de Sinaï, d'Ararat, et du lac Asphaltite; soit que ces volcans aient mis en fusion du fer qui de lui-même s'est converti en acier, par la seule raison qu'il était enfoui. Et, en effet, Diodore (1), Suidas (2), Plutarque (3), s'ac-

---

(1) L. C. v. 33. — (2) P. 510 μαχαιρα.
(3) De Garrul. vol. 2, fol. 510.

cordent à dire que l'on enfouissait dans la terre le
fer pour en obtenir de l'acier. Il y restait jusqu'à
ce qu'il fût en partie couvert de rouille ; alors on en
détachait l'oxide, et on forgeait ce qui n'était pas
oxidé, pour en faire des armes tranchantes, qui pouvaient fendre les casques et autres armes défensives.

84. Swedenborg dit que les Japonais ayant mis le
fer en barres, le plongent dans des lieux marécageux,
jusqu'à ce qu'il soit en grande partie mangé par
la rouille. Alors ils le battent de nouveau et le
remettent dans les marais pendant huit ou dix ans,
jusqu'à ce que l'eau en ait dissous tous les sels.
Ce qui en reste, dit-on, ressemble à de l'acier et
on l'emploie comme tel. Ce qu'il y a de certain,
c'est que ces peuples font d'excellens sabres.

Quant à Bécher (1), il attribue entièrement au
feu la conversion du fer en acier.

Vanaccio, dans sa Pyrotechnie, indique un autre
procédé qui s'est trouvé confirmé par Réaumur et
Rin-mann ; il consiste à tenir en fusion une certaine
quantité de fonte. On plonge dans ce bain du fer
forgé ; on l'y laisse tremper quelque tems, et on le
retire en état d'acier. Tous ces procédés, ainsi que
ceux indiqués par Agricola, sont plus ou moins vrais
et bons ; on se réunit aujourd'hui à n'employer que
la cémentation.

85. Le mot de cémentation vient de *cementum*,
ciment, sorte de mortier employé dans la maçonnerie. En effet, pour convertir le fer en acier par
la cémentation, on l'enveloppe d'une sorte de mortier
diversement composé, dans lequel on l'expose à
une très haute température, et comme le but chimique de cette opération est de combiner du fer
et du carbone, les céments ont toujours le charbon
pour partie principale.

86. Plusieurs métallurgistes ont vainement essayé
d'autres céments, il a toujours fallu en revenir au
charbon comme agent principal. Le charbon de bois

_____

(1) *Physique souterraine*, liv. I, sect. 5, chap. 3.

fait un très bon cément , et suffit pour obtenir de
l'acier ; plusieurs mines de Suède et d'Angleterre
n'en emploient pas d'autre. Cependant , plusieurs di-
recteurs d'ateliers emploient , par habitude , diverses
substances propres à vicier l'acier plus qu'à l'amé-
liorer. C'est ainsi que plusieurs ajoutent au charbon
de bois pilé , les uns des cendres , de la suie ,
diverses substances animales , des fientes de bœuf ,
de cheval et de mouton , des crotins de poule ou de
pigeon ; d'autres de l'huile , de l'ail , des alcalis , du
nitre , et des muriates de soude ou d'ammoniaque ,
de l'arsenic et du savon. Tous ces ingrédiens sont
dans le fait plus nuisibles qu'utiles.

87. Quant à la qualité de charbon propre à la
cémentation , on donne en Suède la préférence au
charbon de bouleau ; mais ce pourrait bien être à
cause de l'abondance de cet arbre et de la rareté des
autres hautes futaies dans ce climat. Les meilleurs
auteurs se résument à conseiller le charbon seul
pour cément , et de préférence le charbon de bois
tendre.

88. Des six espèces de fer que nous avons signalées
n° 63 , les deux premières , c'est-à-dire les malléables ,
tendres et mous , et les malléables et durs , ou , si l'on
veut , les fers doux et mous , les doux et durs , doivent
seuls être convertis en acier ; on aura soin de re-
jeter ceux qui auraient des pailles ou des gerçures.

89. L'ouvrier sait bien que pour reconnaître si
les fers sont doux , il faut qu'on les tourmente,
qu'on les plie à chaud et à froid sans les rompre ;
mais comme le fer doux et dur est déjà combiné
avec le carbone , on doit sentir que la durée de la
cémentation de ce fer doit être plus courte que celle
du fer mou.

90. Mais , indépendamment de ce moyen, le serrurier reconnaîtra immédiatement la qualité du fer
mou ou dur, par la trempe ou bien par des acides.

Après avoir chauffé à blanc du fer doux , si on
le trempe dans l'eau très froide , le fer mou restera
noir , recouvert à peu près uniformément d'une couche oxidulée. Le fer dur se tachetera de gris blanc

et de noir ; et les taches blanches seront d'autant plus grandes et nombreuses que le fer sera plus dur.

Pour essayer, par les acides, quand le fer a été trempé, on donnera quelques coups de lime sur les taches blanches pour s'assurer de leur dureté ; on y mettra avec précaution une goutte d'acide sulfurique, ou, à son défaut, de l'acide muriatique ou nitrique. Cet acide produira une tache blanche sur le fer mou, et grise ou noire sur le fer dur.

91. Lors donc qu'on a reconnu la qualité du fer propre à transformer en acier, on le stratifie dans des caisses avec de la poussière de charbon, que l'on comprime de manière que chaque couche de fer en soit bien enveloppée dans tous les sens ; quelques ouvriers l'humectent, d'autres s'y refusent.

On doit apporter un soin particulier à ce que les caisses puissent hermétiquement se fermer, qu'elles n'aient ni fentes ni crevasses ; enfin on doit faire tout ce qu'il faut pour que l'air n'y pénètre pas.

92. La caisse peut être de tôle, de fonte, de terre à creuset, de briques, de grès, ou autres pierres qui résistent au feu.

Pour les petits objets on fait usage de petites caisses de tôle, ou d'argile avec laquelle on fait les creusets ; c'est un composé de silice et d'alumine. La meilleure doit contenir de 0,15 à 0,30 d'alumine.

Les caisses de briques sont bonnes et économiques pour cémenter de gros barreaux.

93. Après avoir bien pulvérisé et tamisé les matières dont on veut faire le cément, on place dans une grande caisse une couche de 10 lignes ou un pouce de cément, ensuite on place les barreaux de fer de telle sorte qu'ils soient éloignés de 8 lignes à peu près des parois intérieures de la caisse, et qu'il y ait entre chaque barreau une épaisseur de 2 lignes, pour empêcher qu'ils ne se soudent ensemble. Sur la première couche de barreaux on place une autre couche de cément, de 5 ou 6 lignes d'épaisseur, ensuite des barreaux, et ainsi jusqu'à ce que la caisse soit remplie. Pour assurer la solidité de cet assemblage, il convient que chaque couche de bar-

reaux soit en travers sur celle de dessous, de manière à les croiser à angles droits.

94. Quelque soin qu'on doive apporter à tenir les caisses ou creusets bien hermétiquement fermés, on a cependant soin d'y ménager de petites ouvertures carrées par lesquelles on fait pénétrer, depuis l'extérieur du fourneau, des morceaux de fer qui atteignent jusque dans le cément. Ces morceaux de fer se nomment éprouvettes; on les place à diverses hauteurs; elles subissent le même sort que le fer renfermé dans la caisse, et servent à faire connaître quand l'acier est fait et quand il faut mettre terme à la chaleur. On a soin de les faire pénétrer à peu près 10 pouces dans le cément; on les enduit ensuite en dehors d'une forte couche de bonne argile, afin que le feu ne les attaque pas. L'éprouvette doit avoir le même échantillon que les barreaux soumis à l'aciération.

95. La chaleur à laquelle on doit pousser le fourneau est de 80 à 90° du pyromètre de Wedgwood.

La caisse doit être recouverte d'une épaisse couche de terre argileuse assez mobile pour suivre l'affaissement qu'éprouve le cément après les premières heures de feu; cette disposition est nécessaire afin que l'affaissement du cément ne laisse pas de vide.

Lorsque les éprouvettes indiquent que l'aciération a pénétré jusqu'au centre du barreau, on cesse de mettre du combustible au foyer. Le feu s'éteint, on ouvre toutes les issues du fourneau et l'entrée de la caisse pour refroidir lentement (*Voyez* 100).

96. Lorsque les barreaux sortent de la caisse, ils sont recouverts de diverses grosseurs qu'on nomme ampoules; d'où vient qu'on donne au fer cémenté le nom d'acier poule. C'est celui que souvent bien des acheteurs préfèrent, parce que les ampoules le font reconnaître et qu'on ne peut les tromper.

97. Les barreaux, en sortant du fourneau, ont augmenté de poids et de volume dans l'opération, en proportion de ce que le carbone les a pénétrés. L'augmentation de poids varie de $\frac{1}{110}$ à $\frac{1}{30}$; il n'y

a pas de règle pour apprécier laquelle de ces proportions peut indiquer le meilleur acier.

98. Réaumur a observé qu'une barre qui, dans la
cémentation, a augmenté de $\frac{1}{116}$ de son poids, avait
augmenté de $\frac{1}{120}$ sur sa longueur.

99. La durée de la cémentation n'a rien de fixe ;
quelquefois trois ou quatre jours suffisent, d'autres
fois elle dure huit ou dix jours, cela dépend de la
forme du fourneau, du combustible et de la température à laquelle on pousse la chaleur. L'éprouvette
indique quand la cémentation est parvenue au centre
des barreaux, et c'est à cela qu'il faut s'attacher.

100. Lorsqu'on retire l'éprouvette on la casse,
et l'on remarque alors dans la cassure un cordon
composé de lames grises, arrangées avec ordre; à
mesure que la cémentation avance, le cordon s'é-
largit et le gris devient plus foncé ; quand enfin ce
cordon est parvenu jusqu'au centre, la cémentation
est finie.

Acier obtenu de la fonte.

101. On obtient de l'acier avec la fonte; cet acier
porte les noms d'acier de forge ou d'acier naturel, et
d'acier fondu ou acier de fusion; ces deux espèces
vont être succinctement indiquées.

102. Pour fabriquer de l'acier avec la fonte, on
choisit de préférence celle qui est grise et grenue ;
cependant, en Styrie, et en quelques autres endroits,
on se sert de fonte blanche obtenue du minerai de
fer spathique. En Suède, au Tyrol et ailleurs, on
emploie de la fonte noire. Et si, dans quelques forges,
on n'obtient que de la fonte blanche, il faut choisir
celles dont le tissu a le grain fin, ou bien celles dont
les taches blanches deviennent noires quand on y
verse une goutte d'acide.

103. Le procédé pour obtenir de l'acier de forge
diffère peu de la fabrication du fer; dans l'un on
brûle le carbone pour affiner la fonte, dans l'autre
on le conserve pour obtenir l'acier.

104. L'acier de fer forgé, ainsi que l'acier de

forge, ont un défaut, c'est que le même barreau, le même morceau n'est pas également aciéré. L'acier cémenté est plus acier à la surface qu'au centre; l'acier de forge est tout aussi inégal dans différentes parties de la même barre.

105. C'est pour remédier à cette irrégularité qu'on a imaginé l'acier fondu; on a attribué cette découverte à l'Angleterre, en 1750; cependant des échantillons envoyés de l'Inde portent à croire que cet acier était connu en Asie depuis bien long-temps.

Acier fondu obtenu par la fusion de l'acier.

106. On convertit l'acier en acier fondu; il suffit pour cela de le fondre; et quoique l'acier fonde très bien seul, on peut cependant aider l'opération avec un flux composé de quatre parties de verre à bouteille et d'une partie de chaux.

Acier fondu obtenu avec du fer forgé.

107. MM. Clouet et Chalut ont prouvé, en 1788, qu'on pouvait fabriquer directement de l'acier fondu avec du fer forgé, sans être obligé de le cémenter.

Ces expériences, continuées par Clouet, ont été soumises à l'Institut. Voyez *le Journal des Mines*, *tom.* 9, *fol.* 3. Ce savant a fait de l'acier, en fondant directement dans un creuset de Hesse, en premier lieu, du fer avec un trente-deuxième de son poids de charbon; secondement, en fondant du fer, du verre et du charbon; depuis $\frac{1}{10}$ jusqu'à $\frac{1}{20}$ du poids du fer, cette fraction était la dose du combustible.

Troisièmement, une partie d'oxide de fer mêlée à une partie et demie ou deux parties (en volume) de poussière de charbon.

Quatrièmement, en fondant ensemble une partie d'oxidule de fer et quatre parties de fonte grise.

Cinquièmement, trois parties de fer, une de carbonate de chaux et une d'argile cuite, et de préférence celle qui provient de vieux creusets; enfin, il est parvenu à faire rétrograder l'acier, c'est-à-dire à le ramener à l'état de fer, en fondant ensemble une partie d'oxidule et six d'acier.

Sur ces expériences, il est à observer dans les trois premières, que si l'on augmente la proportion du carbone, l'acier devient plus faible, et passe à l'état de fonte; si dans la quatrième on augmente la proportion d'oxidule de fer, la fonte devient fer.

108. Il n'est pas inutile de dire que les procédés proposés par M. Maschet, dans les fonderies de Clyde, près de Glascow, sont les mêmes que ceux de M. Clouet.

Acier fondu obtenu avec de la fonte.

109. Dans cette première partie, nous signalons au serrurier plusieurs objets qui ne font pas absolument partie de son art, mais qui tiennent à la connaissance théorique du fer; nous croyons devoir nous borner à lui indiquer l'existence de ces objets, sans entrer dans le détail des procédés employés pour les obtenir. C'est dans les ouvrages des auteurs qui ont traité ces matières en grand qu'il prendra une connaissance exacte de tout ce qui concerne les mines, leur exploitation, les minerais qu'on en retire, et la manière de les traiter.

Cet article est du nombre de ceux que nous ne faisons qu'indiquer.

Pour obtenir de l'acier directement de la fonte, on mêle des fontes grises et blanches dans la proportion convenable à l'espèce d'acier qu'on veut faire.

Quelquefois aussi l'on mêle à la fonte grise seule, ou bien aux deux fontes quand elles sont mêlées, des battitures, des roublons ou riblons (ce sont des rognures d'acier), et encore de la ferraille et des rognures de fer.

C'est-à-dire qu'on mêle et on fond ensemble de la fonte grise trop carburée et de la fonte blanche trop oxidée. C'est ainsi qu'on obtient en Angleterre les deux aciers dont l'un se nomme Marschall et l'autre B. Huntzmann.

Une des propriétés qu'on désire le plus dans l'a-
cier, c'est d'être bien soudable.

Enfin, M. Schmolder a fait de l'acier fondu (1) par
le procédé suivant.

288 parties de vieille fonte de fer concassé.
16 parties de limaille de fer.
32 parties de vieux fer forgé.
48 parties de minerai de fer oxidé bien calciné et
    concassé.
32 parties de pierre à chaux.
2 parties de cornes ou pieds d'animaux (très
    divisées).
7 parties de charbon de bois en poudre.
___
425

Ces 425 parties de matière mélangées, produisent
320 parties d'acier, qui revient à peu près à 13 cen-
times la livre.

Ces matières se placent dans un creuset de fusion
les unes sur les autres; on les recouvre de débris de
creusets pilés; ensuite on les met dans un fourneau à
courant d'air, chauffé avec du charbon de terre. La
fonte s'opère en deux heures ou deux heures et demie.

Acier obtenu directement du minerai de fer.

110. Cette opération était connue du temps d'A-
gricola; elle se fait encore dans les Pyrénées, et se
nomme méthode à la catalane: on en fait usage aussi
en Styrie et en Carinthie; c'est ce qu'on y nomme
méthode à l'allemande.

Les procédés employés pour cette fabrication sont
les mêmes que pour obtenir le fer, avec quelques légères différences, dont le but est de combiner du
carbone immédiatement au fer; nous n'en rendrons
pas compte ici, afin d'abréger cette esquisse: il suffit d'ailleurs au serrurier de savoir qu'il trouvera cet
acier dans le commerce, et quel usage il en peut faire.

_____

(1) *Bulletin de la Société d'Encouragement*, *dixième
année, septembre* 1811, *fol.* 225.

SECTION V.

SOUDURE DE L'ACIER ET DU FER.

111. La soudure est un commencement de fusion : dans cet état les métaux ont la propriété d'adhérer fortement, de ne faire plus qu'un.

Pour souder deux métaux il faut qu'il n'y ait aucun oxide entre les deux surfaces en contact; et pour empêcher efficacement que cet oxide ne s'y trouve, il faut chauffer à une température capable de dissoudre l'oxide interposé; mais il est difficile que le fer ne s'oxide pas en s'échauffant, et que les surfaces à souder restent bien exemptes d'oxidule. Ainsi, pour prévenir tout, on amène la chaude au point de dissoudre l'oxidule. L'expérience a appris que cette température est celle de la chaude blanche, et bien des ouvriers donnent la chaude suante. Quelle que soit donc la nature des corps ferreux qu'on veuille souder, il faut les amener au rouge blanc. Mais lorsque la pièce est grosse, par exemple un gros essieu, il n'est pas facile de faire pénétrer la chaude égalementment partout dans l'intérieur. L'extérieur peut être au blanc quand le centre n'est encore qu'au rouge cerise; l'ouvrier ne craint point alors de pousser son fer jusqu'à la chaude suante: la soudure n'en vaut que mieux; car, nous l'avons dit, la soudure est un commencement de fusion, et la chaude suante est la plus voisine de la fusion, puisqu'elle est à 95° du pyromètre (*voir* 123), et que la fusion est à 130° (**124**). Voilà pourquoi le fer fondu est si difficile à souder, parce qu'il ne peut être forgé au rouge blanc.

112. L'acier de forge est facile à souder avec le fer, comme avec de l'acier; il en est de même de l'acier cémenté, qui se soude bien avec le fer, quand lui-même il n'est pas trop dur.

113. Lorsque l'acier ou le fer ne peuvent, par quelque cause particulière, être amenés au rouge blanc, on emploie divers moyens pour les y amener sans risque : on place les deux objets à souder l'un sur l'autre, et on les lie ensemble avec des fils de fer, ou des lames de fer très doux, à moins qu'on ne puisse les bien tenir avec des tenailles. On les couvre ensuite avec de l'argile fusible et délayée : dans cet état on peut les mettre au feu, et les chauffer au blanc. Si pendant la chaude une portion de l'argile se détachait, il faudrait recouvrir promptement sa place avec du sable, ou des terres fusibles ; et si un accident emportait toute l'argile, il faudrait retirer la pièce, la laisser refroidir, et la couvrir de nouveau avec de l'argile.

114. Il est rare que les ouvriers, en général, suivent les mêmes procédés pour obtenir les mêmes résultats : il en est peu d'ailleurs qui puissent bien étudier ce que la théorie leur enseignerait. Il arrive que beaucoup d'entre eux se laissent conduire à l'esprit de routine, à des traditions : d'autres emploient le même procédé indistinctement dans tous les cas, et presque toujours leur habitude, leur tact, leur réussissent. J'ai vu souder des pièces qui avaient rompu dans leur service, et l'ouvrier les jugeant de fer aigre, sans chercher à s'en assurer, couvrait d'une couche assez épaisse d'argile grasse les deux surfaces à mettre en contact, après les avoir amorcées : dans cet état, il donnait la chaude suante, et la soudure réussissait au mieux. D'autres attendent que la chaude soit presque donnée ; alors, avec une palette, ils saupoudrent l'endroit à souder avec de la terre franche en poudre, ou bien avec du sablon fin et bien sec, ou du grès pilé ; ils replacent le charbon autour de la pièce, et continuent la chaude.

Nous reviendrons sur cet objet dans la partie pratique.

115. L'acier est d'autant plus difficile à forger, qu'il est plus dur, plus aciéreux, plus carboné. Il faut, suivant son degré de dureté, lui donner des chaudes différentes. L'expérience a appris qu'on peut donner :

Aux fers et aciers mous, la chaude suante ;

Aux moyens, la chaude blanche;

Aux plus durs, le rouge rose;

Aux très durs, le rouge cerise;

Aux extrêmement durs, le rouge brun, ou couleur bronze.

116. Il est à observer qu'une chaude suante ne doit pas avoir moins de 4 pouces de longueur, et très peu davantage : la chaude blanche ne doit pas s'étendre au-delà de 6 ou 7 pouces de long, et le rouge cerise tout au plus un pied. L'ouvrier doit porter une attention bien particulière à la manière dont il présente sa pièce à la tuyère; elle doit être placée bien transversalement, et le vent doit être dirigé au-dessous du milieu de l'espace qu'on veut chauffer : l'action du vent ne s'étend pas au-delà de 4 pouces, quand la tuyère est d'un gros calibre. Ainsi, l'attention de l'ouvrier doit être de promener sa pièce avec précaution vis-à-vis l'orifice de la tuyère, de manière à bien égaliser la chaude.

117. Enfin, lorsqu'on connaît pour très aigres les fers ou les aciers qu'on veut souder, on réussit bien en plaçant entre deux aciers une lame de fer très doux, et d'acier très doux entre des fers aigres.

SECTION VI.

TREMPE DE L'ACIER.

Ce que nous allons dire pour la trempe s'applique au fer comme à l'acier, sauf les petites modifications qui seront expliquées.

118. Tremper l'acier, c'est lui donner une forte chaude, et le faire passer très brusquement de cette température élevée, à une température très basse, soit en le plongeant dans l'eau, soit dans une autre substance. Cette opération durcit beaucoup l'acier; mais aussi elle le rend bien plus fragile.

119. Il est à remarquer que la trempe augmente

le volume de l'acier. Ce fait a été constaté par Réaumur. Ce physicien célèbre a fait chauffer également
deux morceaux ou barreaux, l'un de fer, l'autre d'a-
cier, d'un pied de longueur : le fer a allongé de deux
lignes à la chauffe, et l'acier de trois lignes. Ces deux
barreaux, trempés à l'eau froide, se sont comportés
bien différemment. Le fer a repris sa première dimension, mais l'acier est resté allongé d'une ligne;
le volume a donc augmenté, comme le cube de 145
au cube de 144, ou comme 49 à 48, c'est-à-dire $\frac{1}{48}$.

120. Dans la trempe, l'acier acquiert de la dureté, comme nous venons de le dire; on s'en assure
à la lime. Il devient plus fragile; on le reconnaît en
le cassant. Son grain varie : on le voit en examinant
la cassure.

121. L'acier prend du grain à la trempe; la grosseur de ce grain varie avec le refroidissement. Plus
ce refroidissement est vif, plus le grain est gros; et
plus il a de dureté, plus l'adhésion des molécules est
augmentée.

122. Mais cependant la tenacité est en raison inverse de la grosseur du grain. En effet, les expériences
de Mussenbroek ont fait voir que la tenacité moyenne
de l'acier mou étant de 1170, celle résultante de la
trempe des couteaux est de 1350; celle de la trempe
des rasoirs, de 1500, et celle d'une très forte trempe,
de 1120. Ce même acier mou, dont la tenacité est de
1170, est à celle du fer comme 1170 à 715, d'où il
suit que l'acier le plus fortement trempé est moins
tenace que l'acier mou, ou non trempé, puisqu'il n'est
que :: 1120 : 715.

123. On donne à l'acier la trempe que l'on veut;
c'est-à-dire on le trempe au degré de dureté qu'on
veut lui donner. Pour obtenir la plus grande dureté,
il faut le refroidir plus brusquement, et lui faire parcourir un plus grand nombre de degrés de température; c'est-à-dire le faire chauffer à une très grande
température, et le tremper dans une substance très
froide. On reconnaît la température de la chaude par
la couleur. Nous les rangerons ici par ordre de chaleur :

	Pyromètre de Wedgwood	Réaumur.
1°. Le rouge brun,	o	478
2°. Le rouge cerise,	36 à 45	
3°. Le rouge blanc,	72 à 80	
4°. La chaude suante,	90 à 95	5678 à 5967

On peut tremper à divers degrés de dureté dans toute cette échelle de gradation, en prenant diverses couleurs, comme rouge vif, et rouge rose, entre la seconde et la troisième ci-dessus. (142-143).

124. Au surplus, puisque nous parlons de chaude, il n'est pas inutile de dire au serrurier à quelle température les métaux entrent en fusion. Nous en dressons ici le tableau.

Plusieurs expériences ont donné pour résultat que les métaux se fondent aux températures suivantes :

	Réaumur.	Wedgwood.
Mercure.	32	— 8,5
Etain.	168	— 5,3
Bismuth	205	— 4,7
Plomb	250	— 4
Zinc.	296	— 3,1
Antimoine.	345	— 2,3
Laiton.	1692	+ 21
Cuivre.	2039	+ 27
Argent.	2096	+ 28
Or.	2327	+ 32
Fonte de fer.	7970	+ 130
Platine.	10566	+ 174,5

125. Une opinion accréditée veut que certaines eaux aient plus ou moins la vertu de bien tremper l'acier; d'où vient que certaines coutelleries étant en grande réputation, on a attribué leur supériorité aux sources, aux eaux, aux rivières qui arrosent les pays où elles sont établies; c'est une erreur: la dureté de la trempe dépend de la rapidité du refroidissement et de l'échelle de température parcourue dans le refroidissement. Cette dureté peut être poussée au point de réduire l'acier en poussière.

D'autres ont composé tout aussi inutilement des eaux qu'ils croyaient propres à la trempe, ils y ont infusé des plantes, fait dissoudre des sels, jeté des substances animales, des bêtes venimeuses; la trempe qui en est résultée, bien examinée, n'a pas offert de différence avec celle obtenue à l'eau froide.

126. Il n'en est pas de même des acides, ils trempent plus dur que l'eau; l'acide nitrique surtout (eau forte) lui donne une très grande dureté; le vinaigre ne durcit pas plus que l'eau; l'acier trempé dans les acides devient très blanc et sort de la trempe très bien décapé.

127. On trempe bien l'acier en le plongeant rouge dans le plomb, dans l'étain, dans le bismuth, dans l'antimoine, dans le mercure. Ce dernier trempe plus dur que l'eau. Réaumur dit que les autres ne trempent pas plus que l'eau.

128. Les huiles, l'essence de térébenthine, trempent mou, ainsi que le suif, la cire, la résine. On peut s'en servir avec succès pour donner une trempe molle après une chaude très élevée.

129. L'eau-de-vie trempe comme l'eau, et plus que l'alcohol.

130. Il y a cependant du danger à tremper dans les corps gras après une chaude très élevée, parce que l'acier enflammerait cette substance; cette opération demanderait de très grandes précautions, si on voulait tremper de grosses pièces; mais on peut l'employer avec succès pour les petits objets, comme coutellerie ou horlogerie.

131. Lorsque l'acier est trempé brusquement, c'est-à-dire quand il parcourt trop rapidement une très grande échelle de température, alors il est sujet à se tourmenter à la trempe, non seulement il s'y fait des fentes, des gerçures, mais encore il se *voile*, c'est-à-dire, il se courbe, il se déforme; ce qui n'arrive pas avec les corps gras.

132. On peut encore tremper dans le sable, dans la terre, dans les cendres; ces substances ne refroidissant le métal que lentement, il conserve de la mollesse, et la trempe est douce.

133. Enfin, on peut tremper à l'air, et on donne cette trempe, douce ou dure, à volonté. Elle dépend de deux causes, la rapidité du courant d'air et

sa température, parce que le calorique a la propriété de rayonner dans les fluides élastiques, et que
la portion de ce calorique enlevée par la rayonnance,
est d'autant plus grande que la température de l'air
est plus basse ; de plus, comme la surface du métal
est constamment touchée par une couche d'air nouveau qui emporte une portion de la chaleur ; il suit
que la portion de calorique enlevée par le mouvement de l'air est d'autant plus grande, que le mouvement de l'air est plus rapide.

Quant à la température de l'air, on ne s'attache
pas ordinairement à la faire baisser pour tremper ;
ainsi, on la prend comme elle est. Sa variation de
l'hiver à l'été ne varie que de 30 à 40 degrés à Paris.

L'ouvrier donne la vitesse à volonté en agitant
son acier rouge à l'air libre plus ou moins vivement.

134. La trempe de damas, si renommée, se fait,
dit-on, à l'air, et l'on profite du moment où le vent
souffle du nord. Deux murailles élevées, ouvertes au
nord, vont en convergeant et se réunissent en faisant un angle aigu terminé par une ouverture, devant laquelle on place la pièce rouge ; on lève alors
une soupape, et le vent engagé dans cette sorte
d'entonnoir, sort avec vélocité par la soupape, et
donne cette trempe connue partout comme admi-
rable pour les armes tranchantes. Cette trempe est
si dure que l'acier y devient extrêmement fragile.

135. Quelque précaution que prenne le serrurier pour tremper en chauffant l'acier à la forge,
cette opération a toujours deux inconvéniens ; 1°. de
voiler l'acier, de le tourmenter comme nous venons
de le dire 131 ; 2°. lorsque la pièce a été travaillée,
limée, toutes les surfaces limées se pâment du plus au
moins, c'est-à-dire se désaciérisent par la combustion du carbone qui s'y trouve, et dans tous les cas,
l'acier des surfaces est plus mou qu'au centre ; pour
éviter ces vices, on a imaginé de préserver l'acier
du contact du feu, en l'enveloppant d'un cément ;
c'est ce qu'on nomme tremper à paquet.

136. Tremper à paquet, c'est placer l'acier dans

une boîte, comme nous l'avons dit (91 et suivans), enveloppé d'un cément de charbon de bois. Lorsque la pièce a acquis la chaleur voulue, on la retire et on la trempe ; cette chaleur se prend plus lentement et plus uniformément dans le cément qu'à nu à la forge ; et le carbone qui environne les surfaces se combinant avec elles, empêche qu'elles ne se pâment ; elles contractent même plus de dureté par cette combinaison.

137. On a indiqué une foule de céments, qu'on a cru propres à augmenter la bonté de la trempe ; mais ces procédés n'ont prouvé aucune supériorité ; on est revenu à regarder le charbon de bois comme le meilleur.

138. Malgré les avantages que procure la trempe en paquet, il est cependant très difficile d'obtenir une pièce qui ne soit pas un peu voilée.

139. Il y a de ces pièces qu'on ne peut pas planer au marteau après la trempe, telles sont les aiguilles de boussole ; le martelage peut leur donner un faux pole naturel différent de celui de la touche ; on empêche ces aiguilles de se tourmenter en les enveloppant d'un cément lié, composé de craie ou blanc de Paris. Nous avons vu faire cette opération avec succès à Toulon, et cependant nous ne la conseillons point comme infaillible.

140. On peut faire rétrograder l'acier après la trempe, et le remettre à l'état qu'il avait avant la trempe, en le ramenant dans le feu à la température qu'il avait au moment où il a été trempé, et en le laissant ensuite refroidir lentement. Cette marche rétrograde étant progressive, il est clair que la trempe ne s'enlevera qu'en proportion de la chaude qu'on fera subir à l'acier trempé. On peut donc lui retirer autant de dureté qu'on le veut, en le chauffant de nouveau. C'est cette opération qu'on nomme le recuit.

SECTION VII.

RECUIT.

Recuire, c'est brûler l'excès de carbone que contient l'acier.

141. On commence par tremper à une température convenue; et, en général, c'est le rouge cerise; ensuite, pour recuire, on juge de la chaude du recuit par la couleur que prend l'acier en le chauffant.

142. Le fer, ainsi que l'acier, en passant dans une température plus élevée, prennent une couleur différente; ces couleurs suivent l'ordre suivant, jaune paille, jaune orange, rouge, violet, bleu, vert d'eau, gris; d'après cela on reconnaît la chaleur du recuit à la couleur que prend l'acier chauffé. Cette couleur appartient à la légère couche d'oxide qui se forme à la surface (*Voyez* 123); le rouge brun est le bronze.

143. Thomson, dans son Système de Chimie, tom. 1, fol. 269, indique ces couleurs avec leurs températures; ainsi, dit-il, « la première teinte s'obtient quand la chaude est à 221° centigrades; la seconde teinte, d'un jaune très pâle, commence à 232°; elle devient jaune paille à 257°; et enfin à 304° elle est au bleu foncé ». Le serrurier voit maintenant ce que c'est qu'on entend par revenir au bleu.

144. Il y a deux manières de donner le recuit, c'est d'abord de tremper l'acier au rouge cerise, de le laisser ensuite refroidir, de le chauffer ensuite jusqu'à ce qu'il ait pris la dureté indiquée par la couleur qu'on veut obtenir.

La seconde manière est de chauffer la pièce au rouge cerise et de la laisser un peu refroidir immobile dans l'air, ensuite de la plonger dans l'eau.

La première manière est plus exacte, l'ouvrier juge mal dans la seconde le degré du refroidissement;

il juge mieux dans la première le degré de la chaude.

145. Il est bon d'observer qu'à mesure que l'acier refroidit, l'oxidation continue à sa surface, et que la teinte va toujours en avançant vers la couleur grise, qui est la dernière; l'ouvrier ne manque pas de terminer le recuit avant que la pièce soit rendue à la couleur voulue, bien sûr qu'elle y arrivera en se refroidissant.

146. Il est d'usage de blanchir la pièce à la lime, ou à la meule, ou sur le grès, avant le recuit; d'autres ouvriers ne la blanchissent pas, et d'ailleurs on ne peut pas la blanchir si elle est façonnée ou travaillée, si elle a des reliefs et des enfoncemens. D'autres enfin ne veulent pas, ou ne savent pas bien juger du recuit par la couleur; ils préfèrent enduire d'huile ou de graisse la pièce à recuire, alors ils la retirent quand le combustible s'enflamme; d'autres enfin mettent sur la pièce à recuire, du papier, ou de la plume, ou du bois, et regardent le recuit comme suffisant quand ces objets s'embrasent; tout cela ne vaut pas le procédé par la couleur.

147. Lorsque l'acier a été bien trempé et bien recuit, au degré qu'on a voulu lui donner, il reste subordonné à cinq qualités principales et différentes:

1°. Son homogénéité; on la reconnaît en polissant après la trempe;

2°. Le plus ou moins de facilité à se travailler; on s'en assure en le travaillant à chaud;

3°. La dureté acquise par la trempe; on s'en assure en examinant les grains après la trempe et en l'essayant sur des substances dures, depuis le verre jusqu'au diamant;

4°. Le corps de l'acier après la trempe; on s'en assure en déterminant les forces qui peuvent le rompre;

5°. L'élasticité; on s'en assure par la facilité avec laquelle l'acier reprend la forme qu'on lui a fait quitter en lui appliquant un effort, forme qu'il reprend dès que l'effort n'existe plus; ainsi, une lame droite que l'on courbe avec effort, redevient droite dès que cet effort cesse, si elle est bien élastique.

148. Lors donc qu'un serrurier achète de l'acier, il doit s'assurer de son corps et de son élasticité à diverses trempes, pour savoir quel est l'ouvrage auquel il doit l'employer; il peut faire facilement cet essai en fabriquant des ciseaux à froid de cet acier et s'en servant pour couper du fer. Si l'acier est trop mou, le ciseau refoule; si, au contraire, l'acier est trop dur, le ciseau s'égrène; mais si l'acier a le corps et la dureté convenable, le ciseau coupe bien le fer, sans paraître avoir souffert. Dans cet essai on peut poser le ciseau perpendiculairement ou obliquement; plus le choc sera oblique, plus le morceau enlevé sera gros : et aussi plus l'acier sera dur, plus la coupure sera nette, vive et brillante; mais cet essai doit être fait par une main exercée, car un ouvrier maladroit égrène un ciseau, quand une main adroite le fait résister. Sur toute cette matière un ouvrier qui veut bien connaître son art fera bien de consulter le rapport de M. Gillet-Laumond à la Société d'encouragement, septembre 1811.

Il serait à désirer que les aciers bien essayés fussent marqués d'une marque particulière invariable, pour guider l'artiste dans l'achat et dans l'emploi; c'est l'opinion d'auteurs recommandables.

149. Alors on pourrait ranger les aciers en deux classes générales, c'est-à dire homogènes et hétérogènes.

On entendrait par homogène celle dont la composition est la même dans toutes les parties.

Et par hétérogène celle qui contient différens degrés d'aciération.

150. L'acier homogène et dont le grain est fin, serré, est propre à prendre un beau poli.

L'acier hétérogène n'est point propre au poli, il laisse voir des fibres, des grains, gros, inégaux, séparés par des vides, et sa surface est cendreuse.

L'acier homogène convient aux pièces d'horlogerie, parce que le frottement les use également; il convient encore aux ressorts de montres; on l'emploie aussi dans les machines de compression, telles que les laminoirs, les coins de la monnaie, les étampes.

L'acier homogène convient aussi aux ouvrages qui exigent de la dureté et du corps, comme la fine coutellerie, les outils de graveur, de serrurier et de menuisier, tels que les burins, échoppes, brunissoirs, grattoirs, limes et râpes.

L'acier hétérogène convient aux ouvrages qui demandent de la dureté et de l'élasticité, comme les armes blanches, les fleurets et les ressorts de voiture : on est même quelquefois dans le cas d'augmenter la flexibilité de l'acier en soudant des lames de fer entre des lames d'acier.

151. Il faut que l'acier puisse se souder et se travailler facilement pour être employé dans la coutellerie et la taillanderie, pour faire des pannes de marteaux et des enclumes.

Si l'on veut faire des canifs, des rasoirs, il faut un acier susceptible d'une trempe dure et fine.

Les faux, qui s'aiguisent au marteau, demandent un acier capable de recevoir une trempe molle.

152. L'acier fondu se polit bien, et convient à tout ouvrage d'un beau poli.

L'acier cémenté peut, comme l'acier fondu, s'employer pour les ressorts de montres, les outils et les rasoirs; il convient seul, pour les laminoirs, les coins et les étampes.

L'acier de forge entre en concurrence avec les deux premiers pour les outils ; il s'emploie, comme l'acier cémenté, pour faire les limes, râpes et ressorts de pendules, et seul, pour la coutellerie, la taillanderie, l'armurerie et l'arquebuscrie.

SECTION VIII.

DU POLI.

153. Polir l'acier ou le fer, c'est faire disparaître par le frottement les aspérités qui couvrent sa surface; ces aspérités viennent du martelage ou de la lime, ou de la meule, ou de toutes les matières

qu'on a employées pour le travailler. Il n'y a point
de poli parfait pour un bon microscope, on y voit toujours les petites stries occasionnées par les substances avec lesquelles on a opéré le frottement.
Le meilleur poli est celui sur lequel l'œil nu n'aperçoit rien, ni raies, ni traces du passage d'aucun corps.

Plus les aspérités à la surface de l'acier sont grosses
et dures, plus la substance qu'on emploie doit être
grosse et dure pour les ronger dans le frottement ;
et plus ces aspérités sont fines, plus la substance
employée doit être fine. Il en résulte, qu'il faut dégrossir avec des matières à gros grains, et aller
ainsi progressivement jusqu'à la poudre la plus fine,
qui ne doit laisser sur l'acier aucune trace visible ;
lors donc qu'on a blanchi une pièce et qu'on l'a re-
passée à la lime douce, on emploie pour la polir de
l'émeri et de l'oxide de fer.

La roche dont on retire l'émeri, contient des fragmens plus durs que l'acier, et qui, par conséquent,
peuvent l'attaquer : on y trouve du quartz, du
feldspath, même du grenat et du corindon.

L'oxide de fer, dont on se sert en dernier lieu pour
achever le poli, est une poudre amenée à la plus
grande finesse.

154. Pour former l'émeri, on broie la pierre et
on la lave dans un réservoir ; les parties les plus
grosses se précipitent, les plus fines restent suspendues ; on décante l'eau, sans attendre long-temps,
dans un second réservoir ; elle y repose, et les parties les plus grosses de la poudre se précipitent encore. On continue à décanter l'eau dans un troisième
vase ; alors, si elles y séjournent, il se précipite un
émeri plus fin que dans les autres opérations. En
continuant de décanter on obtient un émeri de plus
en plus fin, et on se sert de celui auquel on voit le
degré de finesse qu'il faut employer, suivant l'état
de la pièce qu'on veut polir.

155. Quant à l'oxide de fer, qu'on emploie pour
donner le dernier poli, il prend le nom de potée ou
rouge d'Angleterre ; la manière de le préparer est
restée secrète.

Ce rouge d'Angleterre peut s'imiter, et on en fait de bien des manières.

Le résidu de la distillation des eaux fortes étant un mélange d'argile, d'oxide de fer et de sulfate de potasse, on le délaie en versant beaucoup d'eau dessus; cette première opération dissout les sels : on s'aperçoit de cette dissolution quand l'eau est devenue insipide; alors on délaie encore, et on laisse précipiter les parties les plus grossières, l'eau reste trouble et se décante en cet état, et la terre ocreuse qui se précipite sert à faire des bâtons de terre pour polir.

156. Des marchands vendent une poudre rouge, nommée *colcotar*, et qu'ils mettent dans le commerce sous le nom de terre à polir, après l'avoir lavée et moulée; on l'obtient en exposant dans une marmite de fer, à l'action du feu, du sulfate de fer, que dans le commerce on nomme couperose verte : ce sulfate entre en fusion et devient blanc sale; on le détache des parois, on le triture et on augmente le feu; alors la couleur devient jaune, ensuite elle rougit; c'est le colcotar.

Tous les résidus ocreux et les détrimens de pyrites peuvent faire du rouge propre à polir. L'éthiops martial, ou oxide noir, est encore très bon, et, en général, l'oxide propre au dernier poli, doit être amené à son plus grand degré de finesse et de dureté. L'oxide rouge est excellent.

157. Ce n'est pas la couleur rouge qui est la meilleure pour le rouge d'Angleterre; on préfère la couleur violette : plusieurs personnes ont pensé que cette poudre était le résultat d'un état entre l'oxidation rouge et la noire.

Dans la minéralogie de M. Haüy, le minerai métalloïde oxidulé, octaèdre, donne une poudre noire, et le minerai oligiste rhomboïde donne une poudre noire rougeâtre, c'est-à-dire violette, ce qui a fait croire que le rouge d'Angleterre violet est un oxide de fer oligiste. Enfin, M. Hassenfratz pense que le rouge d'Angleterre, de couleur violette, est un mélange d'oxide et d'oxidule de fer, à diverses proportions.

158. Tous les oxides de fer peuvent être employés avec succès pour polir, même la rouille qu'on trouve sur les fers qui ont été exposés à un feu violent. Quand on est parvenu, à l'aide du feu, à donner aux particules de ces oxides le plus haut degré de dessication et de dureté, on les pulvérise, on lave cette poudre, on la sèche et on l'obtient très fine : on fait encore de très bon rouge à polir, avec du minerai pur de fer spathique calciné, broyé et lavé.

159. Quelques ouvriers ont cru faire de bon rouge en jetant de la limaille de fer dans de l'urine. On en obtient un oxide qu'on calcine fortement ; ensuite on le broie, on le lave et on le sèche, et l'on en obtient une poudre fine, qu'on croit propre au poli.

On n'emploie pas toujours le rouge à polir ; souvent on n'emploie que l'émeri, en commençant avec du gros, et finissant avec du fin.

160. Pour polir convenablement, on emploie divers instrumens, selon les objets qu'on veut polir : lorsqu'on polit des surfaces planes, on se sert de meules de bois, ou d'étain, ou de plomb, sur lesquelles on met l'émeri, ou le rouge ; d'autres recouvrent leur meule avec du papier, et donnent ainsi leur dernier poli : mais lorsque les surfaces ne sont pas planes, lorsqu'il y a des proéminences ou des creux, on les polit avec des brosses. Ces brosses sont plus ou moins dures ; plus le poli est avancé, plus la brosse est molle. Dans les grands ouvrages, on emploie des brosses circulaires, au nombre de trois ; l'une sert à l'émeri, l'autre au rouge, et la troisième au blanc d'Espagne. Lorsqu'on ne polit pas au rouge, alors les deux premières servent à l'émeri, à l'huile, et la troisième à l'émeri très fin.

161. Il y a tout lieu de croire qu'on n'emploie le blanc d'Espagne que pour dégraisser les pièces après le poli ; on le délaie dans l'eau, et souvent dans du vinaigre : on enduit le poli de cette pâte, qu'on laisse sécher ; ensuite on passe les pièces à la brosse. Enfin, le dernier poli, le plus fin, le plus délicat pour les ouvrages d'un grand prix, se donne à la

main seule : les femmes y réussissent on ne peut mieux, par la douceur de leur main, par leur soin et leur patience.

162. Les Anglais ont commencé les premiers à faire de beaux polis, et à fabriquer de la bijouterie d'acier ; c'est de là que vient cette réputation des aciers anglais, qui passèrent long-temps pour ce qu'il y avait de plus parfait : depuis lors nous les avons au moins égalés, si nous ne les avons surpassés ; mais leurs établissemens sont montés de manière à ce que leurs aciers polis sont encore à meilleur marché que les nôtres ; ce qui leur conserve un reste de préférence. (*Voyez* au Vocabulaire, *Trait Picard.*)

SECTION IX.

DES LIMES.

163. De tous les instrumens de la serrurerie, la lime est, sans contredit, le plus indispensable ; il tient essentiellement à l'art, et sans lime point de serrurerie. L'ouvrier devra donc voir avec plaisir que nous entrions dans quelques détails pour les lui faire connaître.

Avant l'invention de cet instrument, on se servait de différens corps durs pour ronger le fer ou l'acier, tels que des pierres, des gres, du bois, ou un métal recouvert de substances très dures.

La lime est une petite masse d'acier, ou une petite masse de fer recouverte d'acier. Ses surfaces sont couvertes d'aspérités très dures et tranchantes, qui rongent et usent les corps sur lesquels on les frotte.

Les limes se divisent en deux classes, limes pour le fer et limes pour le bois ; ces dernières se nomment râpes.

Les limes sont hachées avec des ciseaux qui tracent sur les surfaces des lignes parallèles et croisées, sur lesquelles s'élèvent des parallélipipèdes pointus, qui usent et rongent les métaux.

Les râpes, au contraire, sont hachées avec des poinçons triangulaires, qui creusent des trous de la même forme, et lèvent des aspérités triangulaires à la base, et terminées en pyramides.

164. L'acier est, sans contredit, ce qu'il y a de meilleur pour faire les limes ; cependant il y en a qui sont d'abord préparées en fer, que l'on cémente ensuite pour le durcir. Les râpes qui proviennent de ce procédé ont leurs aspérités aigres, cassantes, et résistent peu.

165. Les limes diffèrent beaucoup dans leurs formes, comme dans leurs entailles : les unes sont propres à dégrossir, d'autres sont faites pour finir les ouvrages. Il y en a donc de rudes, de bâtardes et de douces : les unes sont destinées à limer des surfaces planes, on les fait plates ; d'autres doivent inciser par les angles, on les fait demi-rondes, ou triangulaires ; quelques-unes doivent limer l'intérieur des ouvertures, elles sont rondes ; quelques-unes de ces rondes doivent s'insinuer dans de petits trous, on les fait en queue de rat. Les plus grosses, destinées au premier dégrossissage, sont carrées, et se nomment carlets ; enfin, on peut les fabriquer de toutes les formes qu'on veut, selon les ouvrages auxquels on les destine.

Les grosses limes, que l'on peut tremper en paquet, peuvent être d'acier commun, et pour les faire, on se sert communément d'acier de forge ; mais pour les petites limes on emploie l'acier le plus fin, surtout l'acier fondu ; et quant aux limes moyennes, on les fait avec de l'acier cémenté.

On commence par les forger, ce qui les ébauche, ensuite on les finit dans des matrices ; quand elles sortent de la matrice, elles sont raboteuses : on les dresse sur la meule. Après avoir passé à l'émouleur, on taille celles de fer ; mais pour celles d'acier on les chauffe au moins au rouge cerise, et on les laisse refroidir lentement d'elles-mêmes, afin de les amollir. Dans les usines où l'on travaille en grand, on les met sur une grille, ou dans un fourneau. Cette méthode d'amollir l'acier par une chaude le désaciérise, et force à tremper en paquet pour leur rendre du carbone et les durcir.

166. Un des bouts de la lime se nomme la queue; ce bout est pointu pour l'emmancher dans une poignée de bois. Le tailleur commence près de la queue ses hachures, qui consistent à lever d'un coup de ciseau un petit copeau de fer adhérent par sa base; la force du coup détermine la profondeur, et le copeau est plus ou moins aigu, selon l'inclinaison de l'outil sur lequel se donne le coup de marteau. Quand la lime est ainsi taillée jusqu'au bout, l'ouvrier recommence près de la queue, en croisant de nouvelles entailles, qui font, avec les premières, un angle donné. Chaque coup de marteau enlève un copeau plus ou moins élevé, plus ou moins aigu, selon que l'instrument est tenu plus ou moins obliquement, et que le coup de marteau est plus ou moins fort; c'est ainsi que chaque copeau, coupé par le croisement d'un nouveau, présente une suite de petites portions de copeaux ou d'aspérités rhomboïdales, adhérentes obliquement par un de leurs angles, hérissant ainsi toute la surface de la lime de petits angles relevés, aigus et tranchans. Par conséquent, le grain de la lime dépend de l'écartement, des lignes de la hachure, de l'inclinaison de l'instrument hachant, et de la force du coup de marteau; les deux dernières demandent un ouvrier très adroit. Il s'ensuit que l'ouvrier donne à sa lime le degré de grosseur ou de finesse qu'il juge à propos. Ainsi, des copeaux éloignés, levés très obliquement par un fort coup de marteau, font une très grosse lime; des entailles rapprochées, faites avec un outil peu incliné, sous un petit coup de marteau, font une lime fine; c'est là le talent de l'ouvrier.

167. Quand une face de la lime est finie, on la retourne pour hacher l'autre surface; mais on la pose sur un morceau de plomb, afin que le coup de marteau sur l'autre côté, ne fasse pas émousser les pointes qu'on vient d'élever, ce qui aurait lieu si on

la posait sur une substance dure. Ce morceau de plomb est creusé, rond ou plat, suivant la surface de la lime qu'on veut y placer, de manière à y noyer une partie de son épaisseur, pour qu'elle y soit solidement établie, et qu'elle ne bouge pas sous le coup de marteau.

168. On a fabriqué des machines pour éviter de hacher les limes à la main : les limes sorties de ces machines ont une belle apparence et séduisent au coup d'œil, mais leurs dents cassent facilement, et sont de suite hors de service. Ce travail fait à la main est mieux fait, parce que l'ouvrier sent, sous son ciseau, le plus ou moins de dureté de l'acier, et règle son coup de marteau en conséquence; ce qui est d'autant plus à propos, qu'un barreau d'acier ou même de fer, n'est jamais partout également dur.

169. Quand on chauffe les limes pour les tremper, il faut les préserver du contact de l'air, de peur qu'en s'oxidant le taillant de leurs aspérités ne s'altère. En conséquence, on trempe en paquet toutes les petites limes dans un cément de charbon; quand elles sont au rouge cerise, on ouvre les boîtes, et l'on jette dans l'eau froide les limes et le cément.

On préfère cependant employer un autre procédé, qui consiste à couvrir les limes d'une substance un peu liquide, et de les chauffer en cet état; cette trempe vaut mieux et empêche l'acier de se voiler.

On lit, dans le *Voyage métallurgique*, que les Anglais trempent leurs limes dans de la lie de bière, et qu'on les passe ensuite dans un mélange de sel et de corne brûlée.

L'*Encyclopédie*, par ordre de matière, conseille de faire une bouillie pour enduire les limes avant la chaude, et de la composer de huit parties de charbon de corne, ou de pates d'oiseaux, une partie de suie et de sel marin, le tout humecté de sang de bœuf, jusqu'à consistance de bouillie.

Lorsque les limes sont achevées, on enveloppe les petites avec du papier, et les grosses avec de la paille, pour les livrer au commerce.

L'acheteur fait bien de les essayer pour s'assurer

de leur dureté, et même de leur durée, en limant des fers et des aciers très durs.

Il en est des limes comme de l'acier poli : l'Angleterre a passé et passe encore pour fournir les meilleures. Elle partage cette réputation avec l'Allemagne; mais c'est encore une affaire de mode. On fait à Paris des limes qui valent toutes les autres.

SECTION X.

PRIX DES FERS.

169 (a). Nous avons donné aux numéros 74 et suivans, jusqu'au 82ᵉ inclus, l'état des fers livrés au commerce, selon les détails donnés par l'excellent ouvrage de M. Hassenfratz, publié sous le nom de *Sidérotechnie*, en 1812. Un ouvrage publié en 1823, par M. Morizot, donne aussi des explications sur les différens fers; mais elles sont bien plus abrégées que celles de *la Sidérotechnie*, dont l'auteur puisait, dans son grade d'inspecteur du corps des mines, les moyens immédiats de s'assurer de l'exactitude de ses détails : néanmoins, comme l'ouvrage de M. Morizot est dans les mains de tous les serruriers, et qu'il indique quelques prix ; que d'ailleurs tous les noms ne sont pas précisément les mêmes, nous allons faire connaître ce que cet auteur a publié sur la matière.

Les fers, suivant M. Morizot, se divisent en quatre classes, quant à la qualité :

La première comprend le fer superfin ;

La seconde, le fer de roche doux ;

La troisième, le fer demi-roche ;

La quatrième, le fer commun, aigre ou cassant.

La Sidérotechnie n'ayant point donné de division par qualité, on fera bien d'admettre celle-ci.

169 (b). M. Morizot ajoute que les forges divisent leurs fers ouvrés en trois classes :

1°. Fers en barres, plats ou carrés ;

2°. Fers à martinet ;

3°. Fers de fenderie, et fers laminés.

Cette division n'est plus la même que celle de *la Sidérotechnie*, et renferme deux classes de moins.

M. Morizot comprend dans la première classe tous les fers carrés, depuis 9 jusqu'à 30 lignes de gros ; les fers plats, de 18 à 60 lignes de large, sur 4 à 8 lignes d'épaisseur ; il y comprend les fers à bandage et les fers à maréchal, ainsi que les fers de cornet, qui portent 6 à 7 lignes de largeur, sur 5 à 7 lignes d'épaisseur.

La seconde classe, ou fers à martinet, se compose :

Des fers carillon en barre, de 7 à 8 lignes carrées. Des fers carillon en botte, de 4 à 7 lignes carrées. Des fers platinés, de 3 à 4 lignes d'épaisseur et de 14 à 18 lignes de large. Du fer à bandelettes depuis 5 à 15 lignes de large, sur 2 à 4 lignes d'épaisseur. Et enfin, les fers ronds ou la tringle, de 4 à 15 lignes de diamètre.

La troisième classe, ou fers de fenderie, comprend :

Les fers en verge et en botte nommés fanton et côte de vache, depuis 3 à 4 lignes de gros, jusqu'à 5 à 12 lignes. Les fers aplatis et en bottes nommés fer coulé, de 12 à 24 lignes de large, sur 1 à 5 lignes d'épaisseur. Des fers aplatis et en barre aussi coulés, de 24 à 26 lignes de largeur, sur 4 à 6 lignes d'épaisseur. Enfin du fer en lame nommé fer à seau, de 9 à 12 lignes de large, sur ½ ligne à 1 ligne d'épaisseur. Ce dernier est le feuillard.

169 (*c*). Dans les forges, dit M. Morizot, tous ces fers, dans la livraison au commerce, se réduisent à trois prix à qualité égale, conformément aux trois classes expliquées ci-dessus, sauf cependant les remises accordées sur certains échantillons, et qui peuvent aller à 4 au cent.

169 (*d*). C'est, dit cet auteur, le prix de la gueuse qui détermine celui de la fonte en plaque, et celui du fer marchand ; ce dernier détermine le prix du fer à martinet échantillon ordinaire. De sorte que, connaissant le prix de la gueuse, on ajoutera à ce prix les deux tiers en sus pour avoir le prix de la fonte

en plaque, rendue à destination ; mais il faut observer que c'est à partir des forges de la Champagne; il y aurait différence dans les charrois et faux frais en partant de plus loin. Si l'on triple le prix de la gueuse on a le prix du fer marchand, et à ce dernier, en ajoutant un quart en sus on a le prix du fer à martinet gros échantillon.

Quoi qu'il en soit de ses évaluations, nous allons donner les principaux prix des fers dans le commerce, d'après M. Morizot.

TABLEAU DU PRIX DES FERS DE ROCHE

AU COURS DU COMMERCE.

Fers en barres, plats et carrés, dits fers marchands.

	LE QUINT.	LA LIV.
	f. c.	f. c.
169 (e). Les fers plats, de 18 à 48 lignes de largeur, sur 4 à 8 lignes d'épaisseur, ainsi que les fers à bandage et fers de cornet, de 6 à 7 pouces de large, sur 5 à 7 lignes d'épaisseur.	31 50 —	» 32
Le fer plat à maréchal, de 11 à 15 lignes de large, sur 5 à 8 lignes d'épaisseur.	36 50 —	» 37
Les fers carrés, de 11 lignes à 30 lignes de grosseur.	31 50 —	» 32
Les fers carrés, de 9 à 10 lignes de grosseur.	36 50 —	» 37

Fers dits à martinet.

Fer carillon en barres, de 7 à 8 lignes de grosseur.	39 50 —	» 40
Fer carillon en botte, de 4 à 7 lignes de grosseur.	41 50 —	» 42
Petit fer plat, platiné, de 12 à 18 lignes de large, sur 3 à 4 lignes.	40 00 —	» 40
Petit fer plat, bandelettes en botte,		

de 10 à 15 lignes de large , sur 2 à 3
lignes d'épaisseur.   42 00 — » 42
   Le même, de 6 à 8 lignes de large ,
sur 2 à 3 lignes d'épaisseur.   42 00 — » 42
   Fer rond, de 10 à 15 lignes de dia-
mètre.   39 00 — » 39
   Fer rond, de 8 à 19 lignes de diamètre. 42 00 — » 42
   Fer rond en botte, de 6 à 7 lignes de
diamètre.   43 50 — » 44
   Fer en botte, de 4 a 5 lignes de diamètre.   51 00 — » 51

Fers de fenderie , aplatis au laminoir, dits coulés.

   Fers aplatis en barres, de 24 à 26
lignes de large , sur 3 à 4 et 6 à 9
lignes d'épaisseur.   35 00 — » 35
   Fers aplatis en botte, de 12 à 14
lignes de large, sur 2 à 3 lignes d'é-
paisseur.   36 50 — » 37
   Fers aplatis en botte, de 9 à 12 lignes
de large sur 1 à 2 lignes d'épaisseur.   38 50 — » 39
   Fers aplatis en botte, ou fers à seau
(Feuillard).   52 50 — » 53

      Fers de fenderie en botte.

   Fers de fentons ou verges de 4 à 6
lignes , sur 3 à 4 lignes.   36 00 — » 36
   Fers côte de vache, de 7 à 10 lignes ,
sur 5 à 7 lignes.   36 00 — » 36

   Nota benè. Les fers demi-roche , valent deux
francs de moins par quintal (le commun).
   Les fers du Berry , de Sibérie, de Russie, dits
superfins, valent 5 francs de plus par quintal (le
doux).
   169. (*f.*) Tôle à porte-cochère.
(*Voyez* 79.)   52 50 — » 53
   Cette tôle a de 2 à 3 lignes d'épais-

seur ; le pied carré pèse 8 livres.

Tôle ordinaire coupée à l'équerre.   54 50 — » 55
  Cette tôle a ½ ligne d'épaisseur ; le pied
carré pèse 34 onces.

  Grande tôle douce de Liége, ou façon
de Suède, laminée, pour étuve.   57 50 — » 58
  Cette tôle a ¼ ligne d'épaisseur, le
pied carré pèse 1 livre.

Fonte.

  Fonte de Champagne, plaques et
foyers de cheminées.   15 00 — » 15
  Pour tour, creuse.   17 50 — » 18
  Fonte de Normandie pour plaques
et foyers de cheminées.   16 00 — » 16
  Fonte légère pour fourneaux et pois-
sonnières, avec ou sans grille de fonte. 25 00 — » 25
  Grilles de réchauds en fer.   80 00 — » 80
  Fonte de Champagne pour tuyaux
de descente.   19 00 — » 19
  Fonte de Normandie pour *idem*.   21 00 — » 21
  Fonte de Champagne pour poêles,
cloches ou bornes.   20 00 — » 20
  Fonte douce pour des lances de grilles. 40 00 — » 40
  C'est ce que nous avons nommé fer
de casserie (80).

169. (g) Nous ajoutons ici le poids d'un pied
courant, de fer brut, en barres de diverses lar-
geurs et épaisseurs, ainsi que l'a publié M. Morizot,
troisième volume, page 6 et suivantes. Nous ob-
servons que cet auteur n'est point d'accord avec
MM. Brisson et Bezout, sur le poids du pied cube.
Il n'est pas même d'accord avec lui-même, puisqu'il
fixe ici le poids du pied cube à 576, tandis qu'ailleurs
il le fixe bien différemment (*Voyez* n° 5, Introduction). La table suivante est calculée sur le pied
de 576 livres le pied cube.

Épaisseur des fers.	Largeur des fers.	POIDS D'UN PIED DE LONG.			Épaisseur des fers.	Largeur des fers.	POIDS D'UN PIED DE LONG.		
Lign.	Lign.	Liv.	Onces.	Gros.	Lign.	Lign.	Liv.	Onces.	Gros.
1	1	0	0	3	4	19	2	1	6
1	2	0	0	7	4	20	2	3	4
1	3	0	1	2	4	21	2	5	3
1	4	0	1	6	4	22	2	7	1
1	5	0	1	10	4	23	2	8	7
1	6	0	2	5	4	24	2	10	5
1	7	0	3	1	4	25	2	12	3
1	8	0	3	5	4	26	2	14	2
1	9	0	4	0	4	27	3	0	0
1	10	0	4	3	4	28	3	1	6
1	11	0	4	6	4	29	3	3	4
1	12	0	5	2	4	30	3	5	3
2	7	0	6	2	5	25	3	7	4
2	8	0	7	1	5	26	3	9	6
2	9	0	8	0	5	27	3	12	0
2	10	0	8	7	5	28	3	14	2
2	11	0	9	6	5	29	4	0	4
2	12	0	10	5	5	30	4	2	6
2	13	0	11	4	5	31	4	4	7
2	14	0	12	3	5	32	4	7	1
2	15	0	13	2	5	33	4	9	2
2	16	0	14	1	5	34	4	11	4
2	17	0	15	1	5	35	4	13	6
2	18	1	0	0	5	36	5	0	0
3	13	1	1	3	6	31	5	2	5
3	14	1	2	5	6	32	5	5	3
3	15	1	4	0	6	33	5	8	0
3	16	1	5	3	6	34	5	10	5
3	17	1	6	5	6	35	5	13	3
3	18	1	8	0	6	36	6	0	0
3	19	1	9	3	6	37	6	2	6
3	20	1	10	5	6	38	6	5	4
3	21	1	12	0	6	39	6	8	1
3	22	1	13	3	6	40	6	10	6
3	23	1	14	5	6	41	6	13	4
3	24	2	0	0	6	42	7	0	0

En partant de cette table, on voit que trente-six lignes carrées pèsent une livre ; il faut donc carrer deux dimensions, c'est-à-dire, multiplier la largeur par l'épaisseur pour avoir des lignes carrées, qui, divisées par trente-six, poids d'une livre, donneront au quotient le poids d'un pied de long. Ainsi, une barre de 10 pieds de long, 6 lignes d'épaisseur et 42 de large pesera, 70 livres.

$$\text{car } 6 \times 42 = \frac{252}{36} = 7 \times 10 = 70$$

Le fer rond suit une autre proportion dont M. Morizot donne aussi un tableau comme suit, en calculant le rapport du diamètre à la circonférence comme 7 : 22.

Diamètre de la tringle.	POIDS D'UN PIED DE LONG.			Diamètre de la tringle.	POIDS D'UN PIED DE LONG.		
Lignes.	Liv.	Onc.	Gr.	Lignes.	Liv.	Onc.	Gr.
1	0	0	3	13	3	9	2
2	0	1	3	14	4	2	3
3	0	3	0	15	4	12	1
4	0	5	3	16	5	6	5
5	0	8	4	17	6	1	6
6	0	12	2	18	6	13	5
7	1	0	5	19	7	10	1
8	1	5	6	20	8	7	2
9	1	11	4	21	9	5	2
10	2	1	7	22	10	3	6
11	2	9	0	23	11	3	0
12	3	0	6	24	12	2	7

M. Morizot établit le poids du pied cube du fer comme nous l'avons dit n° 5.

SECTION XI.

CHARBON DE TERRE.

170. Le charbon de terre est une substance minérale, inflammable, noire, dont la base est le bithume. Ce charbon est plus ou moins solide ou friable, tantôt compacte, et tantôt feuilleté ; il se trouve dans la terre en grands dépôts qu'on nomme mines de charbon de terre ; l'abondance de ces mines est extrême.

Considéré sous les rapports chimiques.

171. On reconnaît dans le charbon, un mélange de plusieurs matières. L'une des plus frappantes à la vue est la pyrite ; c'est à elle qu'on attribue toutes les exhalaisons inflammables, si communes dans les mines de charbon. Cette pyrite est variée ; il y en a de sulfureuses, d'arsenicales, de martiales et de cuivreuses. La pyrite martiale a bien pu causer une partie des grands incendies souterrains qui ont désolé la surface du globe (1). M. Henkel (2) est d'avis, qu'entre la pyrite et le charbon de terre il y a une sorte d'affinité. Selon d'autres métallurgistes la pyrite est un fer sulfuré.

On trouve du soufre dans le charbon de terre ; cela doit être, puisqu'il s'y rencontre des pyrites sulfureuses ; mais il y en a cependant qui n'en contiennent pas ; il y en a d'autres aussi qui en contiennent en nature. Celui-là est sans contredit le plus mauvais, puisqu'il peut rendre au fer, chauffé à une haute température, une partie du soufre dont on l'a débarrassé par le grillage du minerai. Le fait est que le charbon chargé de soufre, ronge et grésille le fer, et que le fer chauffé avec ce char-

(1) *Voyez* notre *Géographie physique.*
(2) *Origine de la pyrite.*

bon, ne se soude pas si bien (*Encyclopédie*). Dans le Cumberland, à White-Haven, les côtés du schiste qui forme l'enveloppe des mines de charbon, sont entièrement incrustés de soufre, et d'ailleurs, des expériences bien faites ont fait voir que le charbon d'Angleterre, en général, contient du soufre. (1)

Indépendamment du soufre, le charbon de terre contient aussi des sels résultant de la décomposition des pyrites; ce sont des sels neutres, produits de l'acide vitriolique, combiné à une terre crétacée; ou de l'acide sulfurique uni à une terre métallique.

On y trouve aussi de l'alun; tantôt visible à sa surface, tantôt on le retire de la poussière dans laquelle se résolvent plusieurs sortes de charbons exposés en plein air. Dans plusieurs mines le charbon est uni à une terre argileuse, qui contient du vitriol martial, ce qui fait que dans bien des charbons on trouve de l'acide vitriolique.

Indépendamment de toutes ces substances on y trouve encore du sel de glauber, du sel marin et du sel ammoniac. En Silésie, à Nicolaï, c'est le sel marin qui domine dans le charbon. Si l'on en croit Libavius, le charbon de la Zélande doit contenir du sel marin. Celui de Newcastle contient du sel ammoniac. En général, le charbon de terre contient une matière bitumineuse, une sorte de résine terrestre qui a rapport au naphte, au pétrole. Cette matière, qui fait la base du charbon de terre, concourt efficacement à son inflammabilité, et c'est sans doute ceux qui en contiennent le plus qui font flamme en brûlant, et qui se collent ensemble, tandis que d'autres ne se collent pas, et ne donnent pas de flamme.

A Champagné, en Franche-Comté, on retire de l'huile du charbon de terre; enfin, dans les mines de charbon, il y a une substance bitumineuse qui s'attache aux galeries et qu'on nomme pleurs des mines; cette matière n'est pas toujours dans le charbon au même degré de consistance; il y a des

(1) *Transactions philosophiques*, ann. 1713, *f.* 12 et 1733.

endroits où elle coule des montagnes, il y en a en Auvergne ; on la nomme *pege* ou poix liquide.

On voit combien de principes de combustion renferme le charbon de terre, et combien son inflammation est facile ; aussi a-t-il causé bien des désastres. Le vrai nom de cette substance est charbon minéral ; mais l'habitude a prévalu de le nommer charbon de terre.

Huit livres de charbon d'Écosse traité par la distillation, ont offert 13 onces d'une liqueur ou esprit, de couleur rousse, dont l'odeur et la saveur étaient celles de la suie ; plus, 1 once de sel volatil, ressemblant à un sel urineux ; plus, 6 onces d'huile noire, d'une odeur de pétrole noir, et 6 livres ½ de *caput mortuum* ; enfin, des solutions de mercure et d'argent, ce qui annonce du soufre.

Les charbons d'Angleterre, de Silésie, de Wettin, traités à feu nu, sans intermèdes, ont donné un esprit alcalin volatil, une huile fluide et ténue, semblable au pétrole, un peu de sel ammoniac, d'odeur urineuse ; plus, un esprit acide vitriolique, une scorie martiale, une terre argileuse brûlée, et une base martiale.

171 (*a*). Enfin, il paraît certain que le charbon de terre a une origine ligneuse ; et, en effet, le bois fossile trouvé dans le comté de Nassau, est rangé dans la terre par couches, et dans la même direction que le charbon minéral ; et en fouillant plus bas on trouve du charbon minéral. En 1761, près de Lons-le-Saunier, on a trouvé une forêt de bois fossile ; le charbon dans lequel ce bois est engagé est excellent pour souder le fer ; ce mélange a semblé confirmer le premier exemple.

Dans bien des pays, on n'emploie pour se chauffer que le charbon de terre ; c'est une grande ressource pour les pays privés de bois. Ce serait une grande économie pour ceux qui veulent conserver les leurs, et qui commencent à s'en appauvrir ; la France retirerait de grands avantages de ce combustible pour chauffer ses appartemens.

Dans le pays de Liége, on donne le nom de houille au charbon de terre. Les mineurs de ce pays

la distinguent en houille grasse et houille maigre ;
c'est ce qu'on peut nommer charbon gras ou
maigre. Le charbon gras est dur, compacte, noir
luisant, il ne s'enflamme pas très aisément, mais
une fois enflammé il brûle bien, donne une flamme
claire, brillante, une fumée fort épaisse ; c'est l'espèce qu'on regarde comme la meilleure.

Le charbon maigre est fort tendre, friable, se
décompose à l'air, s'allume aisément, mais ne
donne qu'une flamme passagère ; on regarde cette
espèce comme moins bonne. C'est cette différence
qui a fait donner à la première espèce le nom de
charbon de pierre, parce qu'il est en masse dure,
semblable à une pierre ; plus le charbon est profond
et plus il est gras; le charbon qui est à la superficie
est plus léger, pulvérulent, mais il est désulfuré
par le contact de l'air, ce qui fait que les marchands
intelligens ont soin de tenir leur charbon au grand
air pour laisser vaporiser le soufre.

On peut encore désulfurer le charbon, en l'en-
flammant et en l'éteignant dans l'eau ; dans cet état
il est sonore, brillant, s'enflamme plus aisément
et donne moins de fumée.

Toutes ces connaissances sont utiles au serrurier pour
amener son charbon au point que peut exiger le plus
ou moins de délicatesse de l'ouvrage qu'il veut chauffer.

Les charbons gras ou forts se forment en veines
irrégulières; ils sont d'une couleur noire, plus décidée,
plus frappante que les maigres ou faibles ; ils sont
onctueux sous le doigt ; ils chauffent très bien,
pénètrent promptement et également toutes les
parties du fer, et même réunissent celles qui ne
seraient pas assez liées (1) : on est souvent obligé
de jeter de l'eau dessus.

Le charbon maigre ou faible se trouve à la superficie du sol ou aux extrémités d'une veine ; comme
il est peu sulfureux, il chauffe peu, mais il n'est
pas prouvé que ce soit à cause de l'absence du soufre.

----

(1) Morand.

Considéré sous les rapports de consommation.

172. Les Anglais reconnaissent plusieurs espèces de charbons dans l'usage habituel et dans le commerce. Ils ont le charbon commun ou charbon de poix, de pierre, de mine, et de Newcastle ; c'est celui qu'on brûle dans les cuisines et dans les usines pour chauffer les métaux, c'est le charbon de forge. Il est très répandu, même en France sur nos côtes, où il arrive par mer ; le port de Honfleur en reçoit beaucoup. Il est ferme, compacte, sa couleur est d'un beau noir ou brun noirâtre, luisant dans la cassure ; il est doux et ne donne pas de scories ; mais d'autres auteurs prétendent que ce charbon, quoique bon, est léger, qu'il se consume trop vite, et qu'il grésille le fer. Pour en tirer parti plus avantageusement, en France, on le mêle avec celui d'Auvergne ; ce dernier est terreux et seul, ne ferait pas toujours un feu assez actif.

La seconde espèce des charbons anglais vient d'Écosse ; c'est celui dont les gens riches se servent pour chauffer leurs appartemens ; il est rare ; il est livré en grosses masses bien solides, d'une texture fine ; il n'est pas si luisant dans la fracture ; il est très bitumineux, brûle bien, donne un feu clair et tombe en cendres.

La troisième espèce se nomme, en anglais, *culm* ; ce charbon est très léger, d'une texture moins serrée ; il est moins pesant et à filets capillaires ; il n'est pas sulfureux, ou du moins l'est très peu, et cependant il brûle bien, fait un feu vif, ardent et âpre ; c'est le plus convenable pour la forge ; ce qui prouve que le soufre n'est pas nécessaire pour que le charbon chauffe bien.

Enfin, il en est une autre espèce que les Anglais nomment charbon chandelle, il ne contient pas de pyrite, il est si pur, si doux, qu'on en fait des ouvrages de tabletteries ; son feu est clair, blanc comme celui d'une bougie, il brûle bien et se réduit en cendres.

On consomme à Paris des charbons anglais et surtout de Newcastle, en petite quantité; beaucoup de charbons de Mons et de Valenciennes, et des charbons français du Forez (Saint-Etienne), de Moulins, d'Auvergne, de Bretagne et de Normandie. Nous venons de les citer dans l'ordre de leur bonté et du degré d'estime dont ils jouissent.

Considéré sous les rapports d'abondance.

175. Cette matière est si généralement répandue qu'il y en a plus de cent puits en exploitation dans les seuls environs de Liége.

Il y en a en Suède, dans la province de Scanie, une mine, surtout près d'Elsimborg, et dans la Westrogothie.

On en trouve dans l'Amérique septentrionale ainsi que dans la méridionale; il y en a en Suisse; l'Angleterre paraît reposer sur un massif de cette substance; le Sommerset, le Glocester, le Cumberland, le Lanca'shire, le comté de Derby, Nottingham, Northumberland, Yorkshire, Shropshire, le Leycester, le comté de Durham, le Straffordshire, Buckingham-shire, la province de Galles, l'Ecosse, l'Irlande, sont pleins de mines de charbons.

Il en est de même en Allemagne; il y en a en Haute-Saxe, dans le duché de Magdebourg, la Thuringe, la principauté d'Anhalt, tout le Haut-Rhin, la Basse-Saxe, le duché de Mecklenbourg, la Bohême, à Tépliz, le comté de Glatz, en Silésie, en Franconie, Haut et Bas-Palatinat, duché de Brunswick, Westphalie, le pays de Juliers, Aix-la-Chapelle, comté de Namur, le Hainaut; tous ces pays abondent en charbons.

Dans le Hainaut français, on trouve le charbon partout, il vient jusqu'aux remparts de Valenciennes, près la porte dite de Tournay; tout ce quartier n'est que charbon, depuis Haine-Saint-Pierre jusqu'à Mons.

Quant à la France, Buffon ne craint pas de dire

qu'on y pourrait ouvrir plus de quatre mille mines de charbon; et, en effet, il y en a dans le Cambresis, dans la Lorraine, l'Alsace, la Franche-Comté, la Bourgogne, la Bresse, le Lyonnais, le Dauphiné, la Provence, le Languedoc, la Guyenne, le Rouergue, le Limousin, l'Auvergne, le Forez, le Bourbonnais, le Nivernais, la Touraine, l'Anjou, le Maine, la Bretagne, la Normandie et l'Ile-de-France; dans toutes ces provinces il est en exploitation.

Le charbon a causé plusieurs incendies spontanés; en Forez il y en a un qui brûle encore à la Ricamois, près Saint-Étienne; il y a près de Fougerolles deux petites buttes qui ne faisaient jadis qu'une montagne. Le charbon, en brûlant, l'a séparée en en deux. *Ab uno discite omnes.* (*Voyez* notre *Géographie physique,* 2e partie, *Volcans.*)

Considéré sous le rapport de salubrité.

175 (a). L'habitude d'employer le charbon expose ceux qui en font usage aux mêmes maladies que celles éprouvées par les mineurs; sans doute en moindre quantité et moins d'intensité; mais toujours éprouvent-ils à la longue plus ou moins les mêmes effets : c'est à l'usage de ce combustible qu'on a attribué le spleen dont les Anglais sont attaqués.

· Les effets produits sur le règne animal par la combustion du charbon sont différens, selon que l'acide sulfureux ou vitriolique pénètre par la respiration dans la poitrine, dans l'estomac par la salive, et dans toute l'habitude du corps par les vaisseaux inhalans, ou bien selon que cet acide sera un acide pur, qui ne produira qu'une légère irritation sur les fibres de l'estomac, ou selon que son acrimonie n'agira que légèrement sur la trachée-artère et sur les poumons.

Considéré sous les rapports de commerce à Paris.

174. Le commerce de Paris retire des charbons d'Angleterre; c'est celui de Newcastle, quelquefois mélangé avec celui d'Ecosse (Morizot); Morand, au

contraire, prétend qu'on le mêle à celui d'Auvergne.

Selon M. Georget, le meilleur charbon en usage à Paris, est celui de Mons et de Valenciennes; selon d'autres, c'est celui du Forez. Chacun jugeant d'après l'usage qu'il en fait et les effets qu'il en obtient, il en résulte que personne n'est d'accord à cet égard, et nous ne pouvons ici que consigner les diverses opinions.

On s'accorde généralement à beaucoup estimer le charbon de Saint-Etienne en Forez; après lui on estime celui de Moulins; on l'a long-temps retiré de la terre de Fins en Châtillon, à quatre lieues de Moulins; il est en beaux morceaux solides entremêlés de spath.

Après ce charbon, vient celui d'Auvergne. On a regardé comme le meilleur celui qui vient des environs de Bressager, village dépendant de Bressac, près Brioude sur l'Allier, à neuf lieues de Clermont-Ferrand.

Ensuite on en retire de Bretagne et de Normandie; ces deux dernières qualités sont inférieures.

Tout ce charbon arrive à Paris par la Seine, et dans la Seine par le canal de Briare, et par l'embouchure du fleuve; on le place dans des dépôts dans le voisinage des ports; on nomme port, à Paris, les endroits des rives où l'on a pratiqué des débarquemens faciles.

Le charbon se vend à Paris au muid ou à la voie.

Selon les nouvelles mesures actuelles, le muid ou la voie de charbon se divise en trente demi-hectolitres, dont chacun a 15 pouces de hauteur et 15 pouces de diamètre, ce qui fait 22 pouces cubes à peu près; or, la voie actuelle est de 55 pieds cubes, et vaut livrée sur le port .... 75 fr.   c.

Les frais sont évalués pour rendre en place à 5

Ainsi la voie revient, rendue chez l'acheteur, à 80

Ce qui porte le pied cube à 1 46

Les variations dans le prix se balancent pendant l'année.

DEUXIÈME PARTIE.

SECTION PREMIÈRE.

ATELIER.

175. APRÈS avoir indiqué au serrurier, dans notre première partie, les connaissances qu'il doit posséder avant de travailler, nous allons entrer dans son atelier, voir sa forge et ses outils, ainsi que l'emploi qu'il en doit faire.

176. L'atelier du serrurier doit être assez vaste pour qu'on puisse chauffer à deux soufflets sans nuire au travail des établis. Il doit en outre être éclairé d'une manière qui lui est propre, c'est-à-dire qu'il convient que le plus grand jour donne sur les établis; un jour moyen sur l'enclume; quant à la forge, elle est mieux dans un lieu sombre, afin de pouvoir bien distinguer la couleur du fer en chauffant; cette condition est plus indispensable encore dans le recuit, parce qu'on ne peut le juger que par la couleur.

177. La forge proprement dite est un parallélogramme de maçonnerie; on les fait le plus souvent en briques et en plâtre; on pourrait les faire massives; mais pour employer moins de matériaux et ménager de l'espace en dessous, on l'évide à volonté, et dans les vides on place le baquet à charbon, l'auge avec le goupillon pour mouiller, quand on le désire; l'ensemble de cette maçonnerie est lié de barres de fer plat et de traverses, retenues les unes aux autres, à crochet.

La surface de la forge n'est pas de niveau, elle creuse au milieu; cette profondeur peut être de

quatre pouces à partir des trois faces abordables,
jusqu'au foyer, qui s'élève sur la quatrième face
où il est maintenu par un petit mur de refend,
derrière lequel passe le tuyau qui conduit le vent
du soufflet ; ce tuyau prend ici le nom de tuyère ;
il est souvent de cuivre. C'est l'orifice de cette
tuyère qui traverse le foyer. Des maîtres serruriers conseillent de faire ce foyer avec des ardoises
superposées et liées avec de l'argile bien pure ; d'autres ont un foyer de fonte, et quand le travail de la
forge a tellement agrandi la bouche de la tuyère
qu'elle soit hors de service, ils retournent la plaque
de fonte, sur les autres faces de laquelle on a ménagé à la fonte d'autres ouvertures pour la tuyère.
Des serruriers qui forgent beaucoup, prétendent
que le foyer de fonte consomme trop de charbon,
et préfèrent la brique. La bouche de la tuyère ne
doit pas être au niveau de l'âtre de la forge, elle
doit être un peu élevée ; le bord de la paroi inférieure doit être à 18 lignes tout au plus au-dessus de
l'âtre. Ainsi, la bouche entière de la tuyère a tout
son diamètre, plus 18 lignes d'élévation. Cette disposition a pour objet de faire passer le vent, un pouce
à peu près au-dessous de la pièce qu'on veut forger.
Derrière le mur auquel s'adosse la forge, passe le
canal de la tuyère qui part du bout du soufflet ;
lorsque le local le permet, on place le soufflet aussi
haut que possible afin de ménager l'espace, et passer librement au-dessous sans gêner le service.

Le soufflet est à deux vents, nous l'avons décrit au
vocabulaire.

178. Tout auprès de la forge, c'est-à-dire à peu
près à 6 pieds, se trouve placée l'enclume. Cet espace
est nécessaire à l'ouvrier pour se retourner avec la
pièce qu'il retire du feu et qu'il doit poser sur l'enclume.

L'enclume du serrurier est la bigorne. Il est
bon que l'une des cornes soit en pointe, et que
l'autre soit terminée par une droite transversale.
On ménage à l'un des bouts de la table un petit
trou carré dans lequel on met au besoin la queue

d'une petite tranche que l'on nomme quelquefois tranchet, ou d'un casse fer, ou d'une petite étampe, pour casser, couper ou rouler de petits fers.

179. Pour manœuvrer le fer dans le feu, la forge doit être fournie de tenailles et de tisoniers. (*Voyez* ces mots et outils.)

180. Quand le fer est chaud, il faut pour les compagnons des marteaux lourds (à devant) à panne, à traverse, à tête carrée ou ronde. Pour couper le fer à chaud, le percer, le rouler, il faut des tranches emmanchées, des tranchets à queue, des perçoires, des châsses, des poinçons ronds, carrés, plats ou ovales, en losange; des mandrins, ronds, carrés, ovales, losanges et triangulaires pour forger dessus.

La hart, quoique abandonnée, peut cependant être utile au besoin; il est bon d'en être muni.

181. Dans la partie la plus claire de l'atelier, doit se trouver l'établi, fait d'un épais madrier bien fortement supporté et scellé dans la maçonnerie. Il doit être inébranlable. On peut le garnir d'autant de grands étaux qu'on peut y placer d'ouvriers sans se gêner mutuellement. Au-dessus d'un des étaux doit se trouver la machine à forer (*V. la fig.*). Des ouvriers qui ont par fois de grandes pièces à limer, désirent que les grands étaux soient tellement alignés, qu'on puisse placer une longue pièce entre les mâchoires de plusieurs étaux à la fois. D'autres blâment cette disposition, parce qu'elle est gênante pour travailler à la fois de moyennes pièces, l'une devant incommoder celle de l'étau voisin. En conséquence, ils détournent leurs étaux à droite ou à gauche.

On peut choisir entre ces deux manières de fixer les étaux, et nous conseillons de les détourner, s'ils sont placés près à près à un seul établi, et de les aligner, s'ils sont loin à loin. Si on a un second établi, il suffira qu'un seul ait ses étaux alignés.

182. Sur l'établi, on doit trouver de petites bigornes à talon que l'on place dans l'étau quand cela est nécessaire, de petits étaux à main. Entre les grands étaux, on en plaçait autrefois de moyens, à vis par des

7

sous : ces étaux sont aujourd'hui relégués dans les très petits ateliers. Auprès de l'établi, on doit trouver des mordaches. Sur l'établi, il faut placer une ou plusieurs règles de fer, des équerres, des fausses équerres de 30, 45 et 60°, des sauterelles, des compas de diverses sortes, à branches droites, courbes, semi-courbes (*Voyez la fig.*) et en 8; des cloutières rondes, carrées et ovales, et des poinçons de toute espèce. Il faut des cisailles, des ciseaux à froid, des chasses carrées, rondes et demi-rondes, des marteaux de toutes grosseurs et figures, des pinces de toute espèce, des tenailles à chanfrein et autres, des chandeliers fixes, et à branches, volans ou simples, des bois à limer, de l'huile dans un petit vase garni de plumes pour enduire. Il faut aussi toute espèce de limes, de gros carreaux et des carelettes grosses et petites, des limes plates, des limes rondes, des queues de rat, des limes ovales et des demi-rondes, des triangulaires ou tiers-point, des limes à bouter, des limes à fendre avec un dosseret; et toutes ces mêmes limes sur de petites proportions. On doit aussi trouver sur l'établi, des limes à fendre de plusieurs sortes, des limes dont une seule face soit à entailles et les autres tout unies, afin de ne point mordre sur ce qu'on veut ménager; enfin, des limes douces, des brunissoirs, et tout ce qui peut servir à donner le poli. A tous ces outils, il faut joindre des forets de toutes les grosseurs avec des boîtes volantes pour recevoir les mêches dont on veut se servir, quelques archets garnis de leur corde et une ou deux palettes d'estomac; une machine à forer, des poinçons plats pour piquer les rouets des serrures, des perçoires pour percer avec des poinçons, des griffes, des tourne-à-gauche, des tournevis à main et à fût, des vilebrequins, des vrilles, des ciseaux à bois de plusieurs espèces, comme ciseaux plats, gouges et bedans (bec d'âne). Il faut, non loin des étaux, des chambrières suspendues, pour soutenir le bout des pièces longues dont une partie est prise dans l'étau. Non loin de là, on doit trouver une meule de grès montée sur son auge, et sur l'établi il faut trouver des pierres à aiguiser. Enfin, dans l'endroit le plus clair de l'établi, on doit placer un tour avec toutes ses dépendances. (*Voyez* le mot *outils* au Vocabulaire.)

Les serruriers intelligens fabriquent par fois des outils propres à la circonstance pour faire quelqu'ouvrage important ou délicat; nous ne pouvons les décrire ici; nous avons indiqué les principaux; et avec ceux-là, on peut entreprendre bien des travaux.

Chauffer le fer à la forge.

183. Le fer suit une gradation régulière d'amollissement, depuis sa dureté à froid jusqu'à sa fusion. Entre ces deux points extrêmes, il va toujours en s'attendrissant. L'art de l'ouvrier consiste à le prendre dans l'état de mollesse qui lui convient, pour lui imprimer, avec le marteau, la forme qu'il veut lui donner; c'est un tact, un véritable talent, qui ne s'acquiert que par l'expérience; car pour céder au coup du marteau, sans se briser, il faut bien que le fer soit pénétré de chaleur, mais il ne faut pas qu'il soit brûlé. Cette chaleur doit pénétrer le fer jusqu'au centre, ce qui ne peut se faire tout-à-coup, quand la pièce a un certain volume; par conséquent, il ne faut pas que tous les fers soient également chauffés. Un petit fer peut, sans inconvénient, être mis à un feu vif, parce qu'il en est tout de suite pénétré, et si on a l'attention de le retirer promptement, il n'a pas le temps de se brûler; mais un gros fer, exposé tout à coup à un feu très vif, brûlerait à sa surface, avant que la chaleur eût pénétré jusqu'au centre, et il ne pourrait se bien forger. Il faut donc commencer par chauffer doucement un gros fer, et ne pousser la chaude que quand on le voit se pénétrer de la chaleur. On peut juger de la chaude par la couleur de la flamme et des étincelles (*Voyez* 60). Un fer aigre ou rouverin doit être moins chauffé qu'un fer doux. (*Voyez* 72, 116, 123.)

Une autre considération de l'ouvrier qui chauffe, c'est de bien connaître la qualité du charbon qu'il

emploie, afin de ne pas grésiller le fer; nous ne ré-
péterons pas ici ce que nous avons dit sur le charbon. (*Voyez* 171 et suiv.)

Le fer qu'on chauffe doit être placé au-dessus du
courant d'air qui sort de la tuyère, afin que le vent
ne porte pas dessus; il faut aussi qu'il n'en soit pas
éloigné, car, s'il se trouvait du charbon entre les
deux, il serait lancé par le vent sur le fer, et le brûlerait en cet endroit, quand le reste ne serait pas
assez chauffé. La perfection du chauffage, est de
mouiller avec adresse le charbon de manière qu'il
s'agglutine et qu'il forme une voûte au-dessus du fer,
ce qui fait rayonner la chaleur, comme dans un
fourneau à réverbère. Un talent dans l'ouvrier, c'est
de savoir proportionner la quantité du charbon et
la force du vent à la grosseur du fer qu'on veut
chauffer, et il faut proportionner la grosseur de la
tuyère à la quantité du feu qu'on veut. Le petit fer
demande donc une petite tuyère. Et dans un atelier
de serrurier bien monté, il convient d'avoir deux
foyers avec deux tuyères de calibres différens; ceux
qui ne sont pas dans ce cas y suppléent par leur talent, en modérant le jeu du soufflet et la quantité
du feu.

Si on chauffe du fer aigre ou rouverin, il convient,
quand il est près d'être chaud, de le découvrir
avec précaution et de jeter dessus du sablon sec;
alors on attise de nouveau, et l'on achève la chaude,
qu'il faut avoir bien soin d'interrompre le moins
possible.

Quand on retire le fer de la forge, il faut bien se
garder qu'il touche le frasil, il faut l'enlever de
suite; mais comme il est rare qu'il ne s'y soit pas
attaché quelque crasse, on le frappe de proportion
contre le billot de l'enclume, afin de faire tomber
cette crasse avant de poser sur la table de l'enclume,
pour qu'elle ne soit pas incorporée au fer par le
martelage.

Si le serrurier a de l'acier à chauffer, il doit savoir qu'il est d'autant plus difficile à forger, qu'il est
plus dur, plus aciéreux, plus carboné, et qu'il faut,

suivant son degré de dureté, lui donner des chaudes différentes. (*Voyez* 115.)

Les fers et aciers mous peuvent éprouver une chaude suante pour être forgés. L'acier moyen peut être chauffé au rouge blanc.

L'acier plus dur peut être chauffé au rouge rose.

L'acier très dur seulement au rouge cerise.

Et l'acier extrêmement dur, ne doit être chauffé qu'au rouge brun, ou à la couleur bronze. (*Voyez* 115, 116, 125, 142, 145, couleur, intensité.)

Forger le fer.

184. Lorsque l'ouvrier a obtenu au feu la chaude qu'il désire (*Voyez* 60, 115 et suivans), il s'occupe de forger sa pièce, c'est-à-dire de la frapper sur l'enclume avec le marteau. Celui qui dirige le forgeage est le maître, ou il en fait l'office. Il tient la pièce de la main gauche : si elle est trop petite, il la soude au bout d'un ringard ; si elle peut se bien tenir avec une tenaille, il la prend avec la tenaille ; ainsi, il tient de la main gauche, ou la tenaille, ou le ringard, ou la pièce, et de cette main, il la pose sur l'enclume, il la frappe de la main droite avec un marteau à main d'à peu près 4 livres. Son objet est moins de marteler que d'indiquer où il faut marteler. Le nombre de compagnons qui forgent avec lui dépend de la force de la pièce ; mais on ne forge pas à plus de trois marteaux à devant, sans compter le maître, quelquefois à deux, mais assez souvent à un seul marteau avec le maître.

La grande attention du compagnon est de frapper exactement où le maître frappe, et de diriger son coup absolument comme le maître et dans le même sens, afin de bien étirer, ou bien afin de refouler, ou bien enfin pour aplatir.

La force du coup se mesure aussi sur celui du maître ; c'est lui qui tourne, retourne, promène la pièce sur l'enclume, et quand il veut observer de près l'état du martelage, il donne son coup sur l'enclume ; c'est un signal pour les compagnons qui

cessent de frapper, jusqu'à ce que le maître recommence. On voit, d'après cela, qu'il dépend du maître
de donner à son ouvrage la forme et la dimension
qu'il juge à propos, soit que cette forme soit ronde,
plate ou carrée; enfin, il dépend de lui de conserver les vive-arêtes; tout consiste à présenter, retourner et promener sa pièce sur l'enclume à propos,
pour lui faire recevoir à propos le coup de marteau.

On doit commencer à frapper le fer rouge à petits
coups, pour détacher l'écaille : on augmente de
force aussitôt qu'elle est détachée. Il faut forger tant
que la pièce est assez chaude, afin de chauffer le
moins souvent possible (*Voyez* 64, 72). Quand la
pièce est froide, on peut en effacer les inégalités à petits
coups, mais il ne faut pas alors la marteler à grands
coups, car cela serait sans autre effet que de rendre
le fer pailleux, c'est-à-dire à paillettes.

Il est d'ailleurs à observer que les fers aigres et les
rouverins ne doivent pas être aussi fortement forgés
que les fers doux.

Souder le fer.

184 (*a*). (*Voyez* ce que nous avons dit à la première partie, n° 111 et suivans.—*Voyez* aussi 60.)
Si la pièce est un peu forte, on forge à deux marteaux devant. Le maître voyant une de ses pièces
au blanc, la retire du feu et la pose sur l'enclume, en
disant *là :* cette syllabe avertit les compagnons. Le
maître les voyant prêts, donne un petit coup de son
marteau à main sur l'extrémité de la pièce dont il
leur présente le bout; ils frappent alors horizontalement pour refouler le métal. Lorsque le maître le
juge assez refoulé, il frappe dessus pour le faire arrondir s'il doit être rond, ou équarrir s'il doit être
carré, ou aplatir s'il doit être plat. Dans tous les
cas, il le dresse et l'unit grossièrement; il prend ensuite une tranche et la pose de la main droite à l'endroit qu'il veut couper, et dans l'inclinaison qu'il
juge à propos; les compagnons frappent, et la pièce
est coupée en biseau dans deux coups de marteau.

(Cette opération ne se fait qu'aux gros fers; le biseau se fait au marteau, si le fer est petit.) Le maître jette alors sa tranche et reprend vivement son marteau à main pour profiter de la chauffe (*Voy.* 64 et 72). Il amorce, c'est-à-dire il forge en bec de flûte: on donne à ce bec deux pouces ou deux pouces et demi de longueur; et frappant ensuite sur les bords, on lui donne une forme creuse comme une gouge.

On fait la même opération sur l'autre pièce; alors les chauffant toutes les deux à la chaude suante, on les pose l'une sur l'autre sur la table de l'enclume, et on les forge ensemble jusqu'à ce qu'elles soient bien pétries et bien unies ensemble.

Limer le fer.

185. Le serrurier fait un très grand usage de la lime (*Voyez* 163 et suivans). Il travaille des deux mains ou d'une seule: si la pièce est forte, il la dégrossit à deux mains, en la plaçant d'abord fortement et solidement dans un grand étau. Alors l'ouvrier prend un carreau, se place devant l'étau, la jambe gauche en avant, la main droite au manche de la lime et la main gauche à la pointe : on voit que dans cette position il mène son carreau, des bras, du corps et des jambes. Cette lime est fort dure à pousser, et la jambe droite fait ressort pour pousser le corps en avant afin de donner l'impulsion à la lime que les bras guident. Ce n'est guère qu'en poussant, que la lime ronge le fer; le mouvement contraire ne sert qu'à la ramener.

L'ouvrier se donne de la facilité en poussant son carreau dans une direction oblique à la position de sa pièce; il est bon que cette obliquité soit celle des hachures du carreau. Quand la pièce est un peu dressée, il est à propos de la retourner pour croiser les traits de la lime par d'autres traces; mais l'attention la plus grande de celui qui lime, est de tenir toujours son carreau bien parallèle à la face limée, autrement il ne limera pas carré, il limera en biseau.

Une seconde attention, c'est de peser également des deux mains à la fois; car une oscillation de la lime ferait limer rond ou en dos d'âne, au lieu de limer plan.

Si le serrurier doit limer carré ou losange, il doit très souvent présenter l'équerre ou la fausse équerre, et la promener sur la pièce, pour voir s'il observe bien la direction des faces; il doit pareillement présenter la règle pour s'assurer que la pièce est plan.

La pièce ayant reçu son premier dégrossi, on continue avec une carelette, et quand elle est tout-à-fait dégrossie, la forme est assurée; il ne faut plus que finir avec des limes de plus en plus douces, dont l'objet est de faire disparaître les traces les unes des autres.

Une précaution utile pour limer plan et bien carré, c'est de placer la pièce le plus rigoureusement possible, horizontale dans l'étau, qui lui-même, par conséquent, doit être verticalement fixé à l'établi, afin que ses mâchoires soient horizontales; et lorsque la pièce peut être saisie par deux étaux à la fois, on peut la limer de bout en bout, sans qu'elle vacille et sans reprendre.

Une pièce qui n'est pas droite, qui est contournée, qui présente des inégalités qu'il faut ménager, est très difficile à limer; car l'ouvrier ne peut quelquefois mener son carreau que d'une main, alors il est forcé de placer sa main gauche sur sa main droite. Cette manière de limer fatigue et elle est moins sûre, parce qu'alors on lime plus du talon que de la pointe, c'est-à-dire que le talon de la lime baisse plus que la pointe, et on est exposé à limer en biseau; mais comme quelquefois on ne peut pas faire autrement, c'est le talent de l'ouvrier qui doit corriger le vice de la position de sa main.

Souvent la pièce est petite, ou elle ne doit pas se travailler fixe; alors l'ouvrier la tient de la main gauche ou dans une pince à anneau, ou dans un étau à main; il l'appuie sur un bois à limer, la tourne et la promène à volonté sous la lime que la main droite net en mouvement. Mais toutes les fois qu'il lime, l'ouvrier doit prendre garde à la qualité du fer qu'il travaille; car si le fer a de la chair, une lime trop forte l'enlevera comme une feuille, et la pièce peut être perdue, ce qui fait voir qu'il faut toujours proportionner la lime à l'objet limé.

Lorsque l'ouvrier travaille auprès d'un endroit qu'il faut épargner, il se sert d'une lime unie du côté de l'endroit à ménager, soit filet ou ornement, afin de ne pas l'endommager.

Nous ne parlerons point du tout du relevage, ce genre d'ouvrage est tout-à-fait en désuétude; les ornemens qui se relevaient jadis, se font aujourd'hui en fonte ou en laiton, qu'on dore quand on le veut.

Nous avons dit dans la première partie (n° 118 et 140, et au Vocabulaire) tout ce qui concerne la trempe et le recuit, nous y renvoyons ici. Voyez ces paragraphes et ces mots.

Couper le fer.

186. On coupe à froid les tôles minces avec des cisailles, et les petits fers à l'aide du ciseau à froid; mais dès que la pièce est un peu forte, on coupe à chaud. Si la pièce est très forte, on la pose rouge ou blanche sur l'enclume; le maître tient le manche de la tranche et la place à l'endroit qu'il veut couper, un compagnon frappe à deux mains avec un fort marteau sur la tête de la tranche, et le fer se coupe; il suffit quelquefois d'un seul coup.

Si, au contraire, la pièce est petite, on place un tranchet à queue dans le trou carré qui est pratiqué à l'un des bouts de la table de l'enclume, on pose la pièce rouge sur ce tranchet et on coupe en frappant sur la pièce.

Il est des circonstances où l'on coupe dans l'étau avec des burins.

S'il faut couper une pièce un peu finie, ou telle qu'on ne puisse ni la chauffer ni la couper à coups de marteau, alors on fait usage d'une scie, sorte de lime

très mince, striée sur les deux faces plates, et conso-
lidée par un dosseret.

Tarauder et percer le fer.

187. On perce le fer à chaud et à froid, mais on ne
perce rien de délicat à chaud ; cette opération se fait
sur l'enclume avec un poinçon : cela n'a guère lieu
que pour de gros ouvrages. Pour percer ainsi, on entame le trou des deux côtés ou même d'un seul, en
posant la pièce sur une perçoire ; si le fer est mince,
il se coupe sur les lèvres de la perçoire, dans le trou
de laquelle le poinçon fait entrer le morceau emporté.
On retourne la pièce, et si le morceau coupé n'est
pas tout-à-fait détaché, on le fait sauter d'un coup
de marteau ; il faut ensuite planer la pièce sur l'enclume, car le poinçon la fait toujours un peu bomber.
Si, au contraire, la pièce est forte, on entame le trou
des deux côtés avec la tranche à chaud, en faisant
attention de faire coïncider les deux entames, on
achève le trou avec des poinçons. Pour peu que le
trou soit gros, il se fait un refoulement du fer vers les
faces latérales, et si l'on veut faire disparaître ce
refoulement, il faut l'aplatir sur le mandrin.

Mais si l'on veut un trou renflé, comme on les fait
dans les traverses des grilles, on perce à chaud avec
des poinçons de plus en plus gros, et l'on arrondit
sur la face latérale le renflement qui s'y opère. Il
est des ouvrages dans lesquels on veut des trous renflés en losange ; on comprend qu'il est facile à la
forge de conserver cette forme au renflement. Quelques ouvriers entament le trou renflé avec la tranche,
d'autres l'attaquent tout de suite avec le poinçon. Il
est bon d'observer qu'une suite de trous renflés dans
une barre, l'accourcissent et changent les mesures
prises à l'avance ; cet effet a dégoûté de percer à
chaud dans bien des cas. (*Voyez* grilles, section III,
195.)

Pour percer à froid, on se sert du poinçon ou du
foret ; le premier pour la tôle ou les petits fers plats,
et le second pour les autres cas.

Pour percer au foret, la pièce peut être telle ou placée de telle manière que le coup de foret doit se donner horizontalement, ce qui a souvent lieu hors de l'atelier; alors le serrurier se sert du foret avec son archet et sa boîte. Il appuie la palette sur son estomac, et conduit son archet de la main droite; la gauche sert à poser la pointe du foret et à le contenir pendant l'opération.

Autant qu'on le peut, on fait usage de la machine à forer (*Voyez* ce mot au vocabulaire). La pièce serrée dans les mâchoires de l'étau, se trouve verticalement placée sous la branche de la machine à laquelle on ajoute le foret, qu'on tourne avec un trepan ou fût. (*Voyez* section V, 199.)

188. Souvent le trou foré est destiné à recevoir un pas de vis; alors on le fait un peu plus petit que la grosseur voulue, afin qu'il atteigne cette grosseur quand il sera taraudé.

Pour le tarauder, on prend un taraud du numéro convenable dans la filière, et on le force de passer dans le trou avec un tourne-à-gauche ou clef. Il y fait son chemin, et trace le pas de la vis; lorsqu'ensuite la petite broche dont on se propose de faire la vis est faite de la grosseur voulue, on la présente au trou de la filière du même numéro que le taraud dont on s'est servi. Cette broche, forcée de passer dans le trou de la filière, s'y convertit elle-même en un taraud dont le pas est parfaitement semblable à celui qu'on a fait dans le trou, et la vis est finie; il est à remarquer que si après avoir fait un trou au foret, on présentait une broche de calibre et tout unie, et qu'ensuite on taraudât la broche, le taraud de son numéro se trouverait beaucoup trop mince pour le pas de vis, et vice versa.

Il faut se réserver les moyens de mettre la vis en place; en conséquence, on lui épargne une tête en la forgeant. Cette tête doit être saillante ou noyée; si elle est noyée, le trou doit être fraisé, et le dessous de la tête est conique, le dessus reste plat et forme plan avec la surface de l'ouvrage; si, au contraire, la tête reste saillante, le dessous est plat et le dessus est rond. Dans les deux cas, cette tête est fendue d'une entaille pour recevoir le tournevis qui ne tarde pas à l'user et à lui faire des bavures. Le tournevis est à main ou dans un fût; cette dernière manière est préférable. Les écrous se font de la même manière; souvent on veut que la vis ne soit pas à la disposition du premier venu; alors on la perce de deux petits trous, dans lesquels on introduit les deux pointes d'une clef faite exprès; on nomme ces pointes tetions, et la clef, tournevis à tetions.

Nous ne parlerons ici, ni de la manière de tremper le fer, ni du recuit, ni du poli, ces articles sont traités en détail à la première partie, 118, 140, 153. (*Voyez* le Vocabulaire.)

SECTION II.

VOITURES.

189. Il entre beaucoup de fer dans la confection d'une voiture de luxe; les ouvrages qui en résultent sont assez considérables pour avoir fait créer une branche de serrurerie distincte et séparée; l'ouvrier qui les exécute se nomme serrurier charron; il faut bien se garder de le confondre avec le charron.

Le serrurier charron ne fait point de serrures, ses ouvrages ne sont ni aussi finis, ni aussi délicats que ceux du serrurier proprement dit, ou serrurier en bâtimens. C'est un forgeron perfectionné, qui tient le milieu entre le forgeron proprement dit et le serrurier en bâtimens. C'est lui qui ferre les roues, les trains des voitures de luxe, et qui leur ajoute des ressorts de suspension qui adoucissent les mouvemens de cahotage.

La ferrure de la caisse rentre dans la serrurerie en bâtimens; celle du train n'a rien de particulier, ce sont des boulons rivés, fraisés, à écroux, des mains de fer, des fers coudés, soudés, percés, etc.; tous ces ouvrages ont été décrits plus haut; mais dans le train, il y a deux pièces principales dont la confection appartient exclusivement au serrurier charron. Ce sont les ressorts et les cous-de-cygne; nous allons les faire connaître.

Les cou-de-cygnes marient l'avant-train à l'arrière-train. Leur objet est de former une courbe assez élevée, pour permettre aux roues de l'avant-train de passer dessous. Au moyen de cette disposition, l'avant-train pivote presque indéfiniment sur sa cheville ouvrière, et permet à la voiture de tourner court comme si elle n'avait que deux roues.

Autrefois, et même encore quelquefois aujourd'hui, on mettait deux cous-de-cygne entiers, de bout en bout, à chaque voiture. La mode a prévalu de faire partir de l'arrière-train une flèche de charronnage qui se marie sous la voiture aux deux cous-de-cygne.

190. Le cou-de-cygne est composé de deux barres de fer de roche, au milieu desquelles on met une barre de fer doux du Berry; ces trois barres sont bien forgées, soudées ensemble à la chaude suante, bien corroyées et amenées à une grosseur qui, suivant la force de la voiture destinée, peut avoir depuis 20 jusqu'à 26 lignes d'équarrissage. On fait le cou-de-cygne en deux parties, celle de devant et celle de derrière. Quand ce forgeage est bien fait et fini, le serrurier les cintre, et la flèche de cette courbe est subordonnée à deux conditions, la forme de la caisse de la voiture par devant, et la hauteur des roues qui doivent passer par dessous; après cela, on soude les deux parties. Pour parfaire ce travail, il a fallu mouiller partiellement certaines parties afin de les refroidir tandis qu'on voulait profiter de la chaude de l'endroit voisin; il en résulte un état inégal dans le fer de toute la pièce. On égalise cet état par le recuit, dans lequel on amène la chaude au rouge cerise. Le cou-de-cygne est alors forgé; on le donne au ciseleur qui pousse dessus des moulures, feuilles, et autres ornemens avec des ciseaux et des burins. Le bout du cou-de-cygne porte un épaulement au-delà duquel il est taraudé pour un fort écrou.

8

191. Un ressort de voiture est un composé de plusieurs lames d'acier flexibles, et d'une élasticité telle, que, quoique l'une appuie l'autre, il reste à leur ensemble une oscillation qui ne doit pas être au-delà de deux lignes.

Les anciens ressorts sont abandonnés, et tout ce qu'on a écrit sur leur forme, sur les coins de ressort, est aujourd'hui sans objet.

(*Pl. 2, fig. 2.*) La forme du ressort est une portion de cercle. La partie élevée ressemble à un C, d'où lui vient le nom de ressort en C. La suspente ne lui est pas accrochée, elle l'enveloppe et vient se roidir à un petit cric, attaché au patin, derrière le ressort. Une voiture est suspendue sur quatre ressorts.

Le ressort est composé de plus ou moins de feuilles, selon la force de la voiture qu'on veut suspendre ; les petits ont cinq feuilles, les forts en ont jusqu'à dix, et même plus, si cela est jugé nécessaire.

Les feuilles du ressort sont d'acier doux ; on préfère l'acier fondu obtenu avec de la fonte (109) ; on emploie aussi de l'acier fondu, obtenu de la fusion de l'acier (106) ; enfin, on se sert d'acier fondu, obtenu du fer forgé (107). Paris en tire de la Bourgogne. On le vend au commerce en longues barres plates, qui ont l'épaisseur nécessaire pour les ressorts, c'est-à-dire, depuis une ligne jusqu'à deux, et même deux et demie.

Lorsque le serrurier a fixé le diamètre de la courbe de son ressort, et la longueur de sa queue, il détermine la longueur de la grande feuille.

Après l'avoir écrouie et amincie par les deux bouts, après avoir arrondi ses extrémités, l'avoir limée de largeur et arrondi les chanfreins, il place sa barre sur une étampe, et, avec un burin, il forme un petit bouton qu'on nomme tetion (*fig.* 1.), dont la longueur peut avoir de 3 à 4 lignes, et la largeur une ligne et demie à 2 lignes. Ce tetion se fait à quelques pouces du bout de la barre ; la seconde feuille, plus courte que la première, se pose dessus ; on lui fait, au milieu de sa largeur, une mortaise longitudinale de 15 ou 16 lignes de longueur, dans laquelle doit entrer le teton de la première feuille. A une petite distance, en dedans de cette mortaise, on fait un teton destiné à traverser la feuille suivante; et ainsi toutes les feuilles sont unies par un petit teton pareil, dont l'objet est d'empêcher la feuille d'avoir un mouvement latéral, mais de lui laisser celui de l'oscillation; le teton se trouve au milieu de la longueur de la mortaise.

A peu près au tiers de la longueur de la grande feuille, à partir du bout de la queue, on fait un trou qui traverse toutes les feuilles posées à leur place sur la première.

(*Fig.* 1.) C'est là que se trouvera le collier qui doit les unir; depuis le collier jusqu'au bout de la queue, trois autres trous sont percés au travers des feuilles qui s'y trouvent à des distances prises sur le train, afin de se trouver sur les pièces avec lesquelles elles seront boulonnées; ces trous sont tous les quatre destinés à recevoir des boulons, comme nous allons le dire plus bas. La figure 1 fait voir les feuilles superposées les unes sur les autres, avec la place de leurs boulons, et la figure voisine les montre à plat.

Quand toutes les feuilles sont ajustées et finies, on cintre la maîtresse feuille, de manière que le collier soit à 5 ou 6 pouces de l'isoire, et que le bout de la queue arrive sur la traverse de support. Le serrurier a déterminé d'avance le diamètre de la courbe qu'il veut donner au ressort, qui reste d'autant plus solide qu'il est moins élevé. Les autres feuilles se modèlent sur la première, et quand elles sont toutes bien cintrées, blanchies, parfaitement ajustées, on les trempe à paquet au rouge cerise; on les recuit légèrement pour égaliser la trempe, et on les ramène tout au plus au rouge brun. Cela fait, il faut les poser; prenons pour exemple un des ressorts de devant.

192. (*Fig.* 2.) Le ressort se pose sur la face antérieure de l'isoire, avec un patin qui monte jusqu'au

collier. C'est le patin qui porte le crio.; le patin est attaché à l'isoire par deux et même par trois boulons. Le collier embrasse la totalité des feuilles; il est placé à 5 ou 6 pouces de l'isoire; il est traversé par un boulon qui traverse toutes les feuilles ; la tête en est fraisée, et le bout est à taraud et écrou. Un second boulon traverse le ressort au-dessous du collier, et passe au travers de la main de la palette du cocher, dont le bout recourbé en dedans, fait arc-boutant au ressort et pose sur l'isoire où il est attaché. Un tirant marie l'isoire à la traverse du support ; ce tirant a une double branche coudée qui soutient la queue du ressort, auquel elle est attachée par un boulon à tête ronde mis par-dessus, et à taraud et écrou par-dessous. Enfin, l'extrémité de la maîtresse feuille et de la seconde, est attachée sur la traverse de support avec un boulon semblable.

A l'extrémité supérieure du ressort, il y a une menotte cintrée qui passe dans la seconde feuille du ressort, et porte un rouleau sur lequel passe la suspente.

Dans les voitures d'aujourd'hui, le siége du cocher ajoute au poids supporté par les ressorts, car il est porté par deux branches de fer qui partent de la caisse. Et même dans les voitures de route, les ressorts sont encore chargés du poids d'une demi-caisse de voiture placée derrière, et destinée à recevoir les domestiques. La ferrure de tout le train des voitures est préservée de la rouille par une bonne peinture à l'huile, qui le met en harmonie avec le vernis de la caisse.

Il est une espèce de ressorts qu'on nommait autrefois ressort à talon ; il se mettait sous la voiture, qui le comprimait de son poids : ce ressort avait la figure de deux coins adossés l'un à l'autre (Voyez Coins). Il en est de ce genre qu'on a conservés, et que l'on place sous quelques grandes diligences; mais comme leur usage se borne là, et que ces cas sont rares, nous croyons pouvoir nous dispenser, sans inconvénient, d'entrer dans les détails de leur fabrication, notre ouvrage n'étant qu'un Manuel.

SECTION III.

GRILLES.

193. Les grilles, les rampes d'escalier et les balcons, sont au nombre des ouvrages considérables dont les serruriers sont chargés. Les grilles appartiennent aux bâtimens religieux ou civils : les premiers sont des grilles de chœur, des balustrades de sanctuaire, des rampes de chaire de prédication, et des châssis de vitraux.

On a détruit bien des chefs-d'œuvre de ce genre. Il reste encore à Paris la grille du chœur de Saint-Germain-l'Auxerrois; elle est de fer poli, avec des ornemens en relevage. On cite aujourd'hui les grilles du chœur de Notre-Dame, et la rampe de la chaire de Saint-Roch : ces deux ouvrages sont neufs, de fer poli, et laissés à couleur naturelle. La grille de Notre-Dame est composée de barreaux ronds, ornés d'embases et chapiteaux de cuivre doré, et de rosaces de même. Ces barreaux sont surmontés de deux traverses, dont l'intervalle forme une sorte de frise remplie d'ornemens de cuivre doré. Le talent de l'ouvrier est de disposer avec art de petits tenons, sur lesquels les ornemens sont attachés avec des vis. La perfection de ce travail est que le tenon soit si bien caché par l'ornement, et que la tête de la vis soit si bien dorée, et si adroitement placée, que l'un et l'autre soient invisibles quand tout est posé.

194. Les vitraux d'église sont disposés par grands carreaux d'assemblage, contenus dans un châssis carré, qui s'emboîte et s'attache lui-même dans le grand châssis, c'est-à-dire dans la grande grille à carreaux qui occupe toute la fenêtre, et qui est scellée dans les pierres de la maçonnerie.

Cette grille est formée de montans en nombre proportionnel à la grandeur de la fenêtre, c'est-à-dire depuis trois jusqu'à cinq ou six, et même, si la fenêtre est étroite, il n'y en a que deux. Ces montans sont croisés de barres transversales, avec lesquelles ils sont assemblés par des boulons taraudés et serrés par des écroux. Indépendamment de ces grandes traverses, il y en a de petites, assemblées avec les grandes et avec les montans, et maintenues par de petites bandes plates à vis, posées par dehors, et érasantes en dedans.

Ce sont ces petites traverses qui sont destinées à recevoir les châssis vitrés.

Pour établir ce vitrage, on attache sur les petites traverses, avec des vis, une lame de fer assez mince. Le châssis vitré s'introduit entre ces lames et les petites traverses; il est supporté et contenu par le corps de la vis, et serré par elle, et par la petite lame de fer, contre les traverses et montans, d'une manière fixe. Chaque petit morceau de verre est contenu par de petites coulisses de plomb mince, et pour consolider tout cet assemblage, on place transversalement, à peu près à un pied de distance l'une de l'autre, de petites tringles de fer, attachées par chaque bout avec une vis, et sur lesquelles on tournille de petites lames de plomb ou de fer-blanc, soudées sur l'assemblage du vitrage, de distance en distance : cela suffit pour empêcher le vent d'enfoncer le vitreau.

195. Les grilles des bâtimens civils sont celles des places publiques, des cours, des jardins, des parcs. Ces ouvrages étaient faits autrefois avec beaucoup de luxe et de richesse. (*Voyez* le mot *Grille*, au Vocabulaire.)

Généralement, une grande grille se compose de travées, séparées par des pilastres soit de fer, soit de maçonnerie. Si la grille prend naissance au ras de la terre, on la soutient avec des arcs-boutans contournés, et dans une forme élégante (*Voyez la fig.*). Mais le plus souvent la grille surmonte un mur d'appui, et se trouve étayée par des arcs-boutans droits, ou cintrés, placés à peu de distance l'un de l'autre, et dont le pied embrasse le mur d'appui, au bas duquel il est fortement scellé.

La grille la plus solide est celle dont les montans sont d'un seul morceau, du bas jusqu'en haut. Ces montans ou barreaux passent tout au travers de deux barres transversales, qui se nomment traverses ou sommiers. Si les travées sont séparées par des piliers de maçonnerie, ces traverses sont scellées dans les piliers. Les trous percés dans les sommiers pour laisser passer les barreaux, étaient jadis faits à chaud, au poinçon et au mandrin ; cette opération refoulait le métal sur les faces latérales du sommier, qui se trouvaient ainsi renflées sur chaque barreau (*Voyez* 187). Mais aujourd'hui on préfère, en forgeant le sommier, lui ménager ses renflemens, au milieu desquels on perce les trous au foret (*Voyez la fig.*). Cette continuité de renflemens a bien l'air de la force, mais cela nuit à la grâce, et c'est cependant ainsi qu'est faite la grille du château des Tuileries, sur le Carrousel.

Souvent on veut de la grâce aux dépens de la solidité ; alors les barreaux ne vont que d'un sommier à l'autre ; leur extrémité se termine en un tenon qui s'ébauche sur l'enclume, et qui se finit à la lime. Souvent ce n'est qu'un prisonnier, ou un tenon soudé ; mais alors ce n'est pas un ouvrage soigné. Ce tenon est reçu dans une mortaise pratiquée dans le sommier, et commencée au foret, continuée au ciseau, et finie à la lime ; mais faite toute entière au foret, si le tenon est un prisonnier : il y est contenu par une petite broche, rivée des deux côtés. Un autre morceau semblable, placé au-dessus du sommier, fait la prolongation du barreau, soit qu'il y ait un ou deux sommiers ; il s'assemble pareillement à tenon et mortaise. L'extrémité de la tête est à tenon, pour recevoir, soit un fer de lance, ou une pomme, ou tout autre ornement que l'on veut, laiton, rosette, fer ou fonte, doré ou non, et goupillé. Au-dessous de la traverse inférieure on ajoute un morceau semblable à celui d'en haut, et pareillement à tenon et mortaise. L'extrémité inférieure se termine en un bouton, ou dans la forme d'un embout de canne.

Quelquefois il arrive qu'au lieu de faire les sommiers d'un seul morceau, et les barreaux de plusieurs, on fait, au contraire, les barreaux d'un seul morceau, et les sommiers de plusieurs petites pièces, rapportées entre chaque barreau : c'est ainsi qu'est faite la grille de la place Royale, au Marais, à Paris. Cet assemblage est bien moins solide que le premier, dont les traverses sont d'un seul morceau, et ces deux sortes de grilles ne valent pas, à beaucoup près, pour la solidité, celles dont les barreaux et les sommiers sont chacun d'un seul morceau, comme la grille des Tuileries.

Quelquefois, au lieu d'une traverse haut et bas, on en place deux; leur intervalle se remplit à volonté, soit par la prolongation des barreaux, ou par des ornemens de fonte. (*Voyez la fig.*)

Mais on fait souvent des grilles auxquelles on ne veut pas donner un grand prix, et qui sont peu soignées : dans les unes, le sommier inférieur porte à plat sur le mur d'appui, ou même il est noyé dans son bouge; les barreaux s'y engagent dans des trous non renflés; dans les autres, les barreaux se terminent par bas en un tenon rond, soudé ou non, et qui se noie dans un trou pratiqué dans le sommier inférieur. Ces ouvrages n'ont ni solidité, ni grâce.

Lorsque les travées sont séparées par des entre-deux de fer, l'ouvrier leur donne le dessin qu'il juge à propos; tantôt ce sont des pilastres dont les chapiteaux sont enrichis, tantôt ce sont des faisceaux d'armes, ou tout autre objet. Ces grilles ont pour appui de très forts arcs-boutans droits, placés devant un des barreaux de la grille, afin d'être moins aperçus, et avec lequel ils sont unis par des colliers soignés (*Voy. la fig.*). Ces arcs-boutans sont fortement scellés au pied du mur d'appui qu'ils embrassent d'un côté. Ces ouvrages sont fort élégans; on ne voit pas les appuis; tout paraît tenir par enchantement.

Lorsqu'une grille semblable a une porte, l'ouverture est entre deux forts montans, ou barreaux de fer, qui vont du haut en bas, et qu'on enlève de plusieurs morceaux, c'est-à-dire trois. Ce sont ces deux forts barreaux qui portent les nœuds qu'on enlève massifs avec le barreau. On perce ces nœuds au foret, et on les divise en charnons avec la lime : la porte que nous supposons à deux battans, a pareillement un fort barreau qui porte des nœuds ; on le forge et on l'enlève comme les premiers ; et quand ces nœuds sont percés, on les divise pour s'engrener dans ceux du barreau de la grille, et on les y ajuste avec soin ; alors on soude les trois morceaux qui composent chaque barreau, en observant de lui donner la longueur voulue : ceux qui appartiennent à la porte entrent dans son bâti, et leur pied se termine en un pivot reçu dans une crapaudine ; les deux autres, qui appartiennent à la grille, sont profondément scellés dans un fort massif par le pied, même quand ils embrasseraient un mur d'appui. On les assujettit, en outre, par dehors et par dedans avec de forts arcs-boutans droits, ou en forme de console, afin de les rendre inébranlables. Quand ils sont en place, et la porte faite, on assemble et on engrène les charnons, et on les unit par une broche à bouton, ou par une cheville à tête, dont le pied est foré, et dans lequel on fait un pas de vis ; on y place un petit taraud qui porte une tête, pareille à celle de l'autre bout, et que l'on visse avec un tournevis à tétion.

On forge ensuite deux arcs de cercle de 90°, dont le centre est au pivot de la porte, et on les encastre dans des pierres où ils sont bien scellés, et assujettis par des tenons ; c'est sur ces deux arcs que portent les roulettes qu'on place sous les deux vantaux, pour diminuer la charge des barreaux de la grille qui soutiennent la porte.

Dans les ouvrages moins soignés on n'enlève pas les nœuds à la forge ; on unit la porte à la grille par deux colliers, dans lesquels les vantaux pivotent. Cet assemblage est peu estimé.

Enfin, il arrive parfois qu'une borne, ou un corps avancé, ne permet pas de faire pivoter la porte auprès du pilastre ou du pilier qui la supporte ; alors, on la fait soutenir par les traverses qui se trouvent brisées à l'endroit où elles joignent la porte, et sur lesquelles elle tourne avec une sorte de charnière qu'on nomme tête de compas. (*Voyez la fig.*)

~~~~~~

SECTION IV.

RAMPES.

196. Les rampes d'escalier et les balcons, jadis si travaillés en relevage, sont aujourd'hui d'une construction très simple en ce qui concerne le serrurier. Quant aux balcons, tantôt ce sont de petits barreaux ronds passant dans deux ou quatre traverses entre lesquelles on introduit des ornemens en fonte; tantôt ce sont des croix de Saint-André, qu'en serrurerie on nomme croisillons (*Voyez la fig.*). Cependant, quoiqu'en général on préfère aujourd'hui les lignes droites, on voit encore par-ci par-là quelques balcons en arcades, comme autrefois (*Voy. la fig.*); il en subsiste beaucoup d'anciens dans ce genre. Il en est de modernes dans lesquels on multiplie les croisillons, et auxquels on fait un double châssis. (C'est ce qu'on nomme *mosaïque.*)

196 (*a*). Quant aux rampes d'escalier, il en reste encore d'anciennes à Paris, dans de vieux hôtels; quelques unes sont ridiculement chargées d'ornemens bizarres; mais quelques autres font regretter qu'on ait abandonné ce genre de décoration, et restent comme modèles de goût pour leur beau fini, et la sobriété de leurs ornemens.

Lorsque la grille, rampe ou balcon, est à hauteur d'appui, on recouvre la traverse supérieure avec une plate-bande qui fait bouge par-dessus, et qui, par-dessous, est tenue par des tenons prisonniers, qui l'unissent à la traverse avec des écroux ou des rivures. Lorsque ces ouvrage se trouvent dans des bâtimens de luxe, on les recouvre d'une petite barre de bois arrondie par-dessus; les unes sont

d'acajou, d'autres de n'importe quel bois dur
capable de recevoir un beau poli.

Le serrurier doit, pour les contours de sa rampe
d'escalier, suivre ceux que le charpentier ou le
maçon ont donné au limon. Le serrurier relève ces
contours avec une bande de fer en lame de plusieurs
pièces ; il la coupe au bout des parties droites,
auprès des parties tournantes, et sur ces dernières
il ajuste plusieurs morceaux avec des marques de
rencontre afin de bien dessiner le contour voulu.
Lorsque ces morceaux sont reportés à l'atelier, et
réajustés sur les marques de rencontre, ils représentent le gabarit du limon, et c'est sur ce gabarit
que l'on trace le bâti de la rampe. Ce sont les
deux sommiers hauts et bas qui forment ce bâti,
qu'on réunit d'abord par les montans destinés à
entrer dans le limon pour assujettir la rampe.

Les sommiers sont unis aux montans par des
tenons et des mortaises ; le sommier d'en bas est
attaché au limon par des chevilles, qui ont au-
dessous du sommier une embase pour le tenir élevé
au-dessus du limon ; l'ouvrage en paraît plus léger
et prend de la grâce.

Le sommier d'en haut s'attache avec des rivures
soit aux montans, soit aux arcades, soit aux montans
qu'on fait passer au travers des ornemens, quand
les sommiers sont doubles. Les sommiers se coupent
où l'ouvrier le juge à propos ; si la rampe est à
panneaux, on fait les ajustemens entre les panneaux ;
ces pièces s'ajustent par tenons et mortaises, et cet
assemblage se consolide avec des chevilles rivées.
(*Voyez la fig.*)

Toutes ces mortaises, ainsi que l'épaulement des
tenons, doivent être bien étudiés par le serrurier,
et suivre la fausse coupe que leur donne l'obliquité
du limon de l'escalier. Cette fausse coupe se trace
avec la fausse équerre ou avec la sauterelle.

Après avoir ainsi formé le sommier inférieur sur
le gabarit, il convient d'aller l'assembler sur place,
pour corriger ce qui pourrait être défectueux et
s'assurer de l'exactitude de la coupe des mortaises

des assemblages. Lorsque ce travail est fait, on rapporte le sommier à l'atelier; il sert lui-même de gabarit pour les autres qu'on modèle sur lui.

Lorsque tous les sommiers sont faits bien conformes aux contours du limon, on achève le bâti en ajustant les montans, prenant bien garde à la fausse équerre de leurs tenons et mortaises, et observant qu'ils doivent être placés bien verticalement, quelle que soit l'obliquité du limon : on s'en assure avec le fil à plomb. L'ouvrage est alors fait; il convient d'aller le mettre en place pour s'assurer qu'il est bien exact, après quoi on le démonte, on le rapporte à l'atelier et on l'achève; il y en a qu'on polit et même qu'on ramène au rouge brun. S'il doit y avoir des ornemens, on les ajuste et on se réserve de les poser et fixer en place.

Les sommiers sont aujourd'hui tout unis, mais on peut vouloir les décorer en y faisant des moulures; ce travail pourrait se faire à chaud et à l'étampe, mais il vaut mieux fait au ciseau, comme nous l'avons dit pour les cous-de-cygne. (*Voy.* 190.) Mais, en général, les propriétaires aujourd'hui, les architectes entrepreneurs, vont au meilleur marché, tout se fait au rabais, et l'on a abandonné tous les ornemens de ciselure et de relevage, comme on a renoncé à la solidité, même dans les constructions. On veut de l'uni et de l'apparence, sauf à enrichir avec des ornemens de fonte, ou de cuivre; il y en a de dorés, même à l'or moulu.

Tout ce que nous venons d'expliquer sur les rampes se réduit, en résumé, à dire, les rampes des escaliers d'aujourd'hui ne ressemblent point à celles d'autrefois, elles se composent de barreaux droits à pointes posées dans le limon de l'escalier (*Voyez la fig.*), à tenons par le haut, rivés sur une plate-bande étampée, ou simplement de fer de bandelette pour celles qui sont recouvertes d'une main courante en bois.

Mais il y a des escaliers, dits à l'Anglaise, qui n'ont pas de limon; les barreaux de leurs rampes sont, par le haut, comme les précédens; mais par le bas, ils portent un tenon rond taraudé, ajusté et monté sur un support dont la tête est ordinairement carrée, percée d'un trou pour recevoir le tenon du barreau, et posé soit à vis, pour les escaliers en bois, ou à scellement pour ceux en pierre. Ces supports, nommés pitons, se posent à l'extérieur des marches. C'est sur l'angle extérieur de la marche que se tourne la lame de la main courante, ou celle sur laquelle on tourne la plate-bande étampée.

Dans les rampes de ce genre qui sont soignées, les barreaux, terminés par bas en un taraud, ont une embase en cuivre, qui repose sur le piton sur lequel ils sont fixés par une pomme de cuivre taraudée qui lui sert d'écrou. (*Voyez la fig.*) Tous ces ouvrages s'embellissent, si l'on veut, d'ornemens de cuivre ou de fonte, de formes et de dessins à volonté.

Il est d'usage de faire en balustre le premier barreau de la rampe; on le nomme pilastre; il y en a beaucoup en fonte et tournés, de même que ceux en fer; on les surmonte d'une boule de cuivre pour ornement.

SECTION V.

CLEFS.

197. La pièce essentielle d'une fermeture est la clef, puisque c'est elle qui rend la fermeture utile en la fermant et l'ouvrant à volonté. Et quoique la clef soit faite pour la serrure, c'est cependant par la clef que les serruriers commencent presque toujours.

La clef est composée de trois parties distinctes : le panneton, la tige et l'anneau.

Dans le panneton on distingue le museau, c'est la partie qui touche le pêne de la serrure; le corps, c'est la partie qui est entre la tige et le museau ; et enfin la hayve, sorte de petit filet parallèle à la tige et qui se fait aux clefs des serrures bénardes. (*Voyez* ces mots.)

Indépendamment de ces trois parties qui se font à la forge, le panneton est encore remarquable par ses entailles, destinées à laisser passer les garnitures de la serrure.

Les tiges sont de deux sortes ; tige à bouton ou tige forée ; il y a des tiges rondes, c'est le plus grand nombre ; il y en a en trèfle, en cœur, en carreau, quand on veut que l'extérieur ressemble à la forure de ce genre.

Dans la tige, on distingue le bouton et l'embase.

L'anneau, jadis très orné, est aujourd'hui tout uni.

198. Pour faire une clef, l'ouvrier prend un fenton de quelques pieds pour le pouvoir tenir à la main par un bout quand l'autre bout est rouge: Trois pieds suffisent, et la grosseur doit être en proportion avec celle de la clef qu'on veut faire. On met le bout au feu et on lui donne une chaude suante, après quoi on enlève la clef sur l'enclume; des ouvriers l'enlèvent dans une seule chaude ; cela demande de l'adresse et un fer très doux. Enlever la clef, c'est la forger grossièrement; on commence par l'anneau qui se prend au bout du fer; quelques coups de marteau sur le bord de l'enclume suffisent pour l'aplatir et former l'épaulement dans lequel se prend l'embase ; ensuite on étire la tige, et après on forge le panneton dans le même plan que l'anneau ; on place très vivement alors le panneton dans le bout de l'étau en laissant déborder le museau, qu'on refoule et qu'on aplatit autant qu'on le veut.

Reste à faire la hayve, si la serrure est bénarde ; alors si la clef est encore assez chaude, on place le panneton sur l'étau entr'ouvert, et en frappant dessus, le côté de dessous entre un peu entre les mâchoires et forme la hayve. La clef est alors dégrossie; on chauffe l'anneau s'il s'est refroidi, et on le perce avec un poinçon ; on l'arrondit sur la bigorne et ensuite on le ravale tandis qu'il est chaud ; opération qui consiste à le rendre ovale de rond qu'il était, et qui se fait au marteau : au surplus, on peut faire la hayve avec une sorte d'étampe ou fer à hayve, sorte de poinçon qui a une petite gouttière dans laquelle la hayve s'incruste. On met ce fer dans un grand étau, et on forge le panneton dessus. Il dépend du serrurier de faire le museau avant la hayve, ou celle-ci la première ; la clef est alors forgée et on la détache du fenton.

Mais tous les pannetons ne se ressemblent pas. Les uns sont plats avec deux faces parallèles ; d'autres sont en Z ou en S, c'est-à-dire, qu'en les regardant de profil, ils ont cette figure, qui est celle de l'entrée de la serrure. Ces pannetons se forgent plus épais que les autres. Le foret et la lime font le reste.

199. Si la clef doit être forée, on s'en occupe tout de suite avant de recourir à la lime. Pour faire cette opération, on amène la branche de la machine à forer au-dessus de la clef, qui est saisie entre les mâchoires de l'étau. La machine une fois bien fixée sur son arc de rotation, on s'assure avec un fil à plomb que la clef est bien verticale, et bien verticalement placée sous la vis de pression de la machine ; et, pendant l'opération, on s'assure aussi, à plusieurs reprises, que la clef, la mèche du foret et la vis de pression, soient bien rigoureusement dans la même verticale, passant par le centre de la tige. Après avoir donné un petit coup de pointeau pour entamer le trou de la clef, on place la pointe du foret, et l'opération s'achève.

Quelques auteurs conseillent de faire succéder des forets de plus en plus gros, et de commencer avec un très petit, afin que la limaille n'engorge pas le foret. L'ouvrier qui connaît son talent, qui est sûr de sa main, fait à cet égard ce que son tact lui inspire.

Si, pendant qu'on fait l'opération, on a remarqué qu'elle se soit bien faite, et que le foret, ainsi que la clef, aient toujours été bien à plomb, on est sûr que le trou est bien fait ; mais si quelque chose s'est dérangé, il convient de s'assurer que le trou soit bien calibré, et que l'épaisseur de la tige, autour du trou, soit toujours la même partout : le meilleur instrument qu'on puisse employer, est un compas dont une branche est courbe. (*Voyez la fig.*) On voit facilement avec cet outil de quel côté le foret a trop mordu; on y remédie, si cela est possible, avec l'alezoir. Soit que le foret soit mal fait ou qu'il ait été mal placé, si le défaut est trop grand, c'est une pièce à rebuter.

La forure est donc un vide cylindrique dans la tige, qui est elle-même un cylindre; si on ne veut qu'un trou rond dans l'axe de la tige, cela n'est pas difficile à faire, et n'ajoute que peu de sécurité à la serrure. On a cherché à les rendre plus inviolables, en variant la forure; on les a faites doubles, en tiers-point, en trèfle, en fleur de lis; tout cela dépend de la fantaisie de l'ouvrier et de son talent, surtout quand on veut rendre l'extérieur de la tige conforme au vide intérieur.

200. Pour la double forure, tout peut consister à faire entrer une douille cylindrique dans la première forure, de telle sorte qu'il y ait tout autour de cette douille un vide parfaitement égal. La première forure doit être plus profonde que la seconde douille n'est longue, afin de laisser de la place au talon qui doit être du calibre exact de la première forure, et si juste, qu'il faille un peu le forcer pour le faire entrer; on y insère une broche sur la tête de laquelle on frappe avec le marteau pour faire entrer cette douille jusqu'à ce qu'elle soit au fond de la première forure. Alors, si elle est bien droite en place, si l'intervalle entre ces deux cylindres creux est bien égal, on assujettit la pièce avec deux ou trois petites chevilles bien fines, qui passent tout au travers du talon; on les rive avec soin après les avoir un peu fraisées, et quand la tige est limée avec talent, elles ne paraissent pas. Cette manière d'opérer serait sans doute la meilleure, mais le tôt fait et le bon marché s'opposent dans tous les arts à la perfection; bien des ouvriers ne se donnent pas tant de peine; ils introduisent la seconde douille dans la première, sans ta-

lon et librement, au fond de la première forure ; ils
percent un petit trou par où ils introduisent de la
brazure, et consolident ainsi vaille que vaille leur
ouvrage.

La forure en tiers-point est facile, et sa broche
se fait très aisément ; il ne faut que savoir limer plat.
Autrefois, pour cette forure, on commençait par forer
rond ; on enfonçait ensuite dans le trou un petit
burin triangulaire à petits coups de marteau pour refouler le fer dans la forure, en faisant succéder les
uns aux autres des burins de plus en plus gros. On
donnait trois coups de foret pour la forure en trèfle ;
les burins faisaient le reste. Aujourd'hui toutes ces
forures tourmentées se font au mandrin ; ensuite on
ajoute et on brase la tige dans son embase : ces ouvrages commencent à devenir rares. Quant aux broches, on ne s'attache pas à les finir, et à leur donner
de bout en bout la forme de la forure ; on ne leur
donne cette forme qu'à l'extrémité apparente, et il
faut convenir que cela suffit ; il suffirait même que
la forure tourmentée n'eût sa forme qu'à son entrée.

La tige d'une clef ordinaire se lime à la main sur
le bois à lime ; si on veut la soigner davantage, on
la fait sur le tour, lorsque cette tige est cannelée,
pour ressembler par l'extérieur à la forure ; on peut
la faire au ciseau et on la termine à la lime

201. Lorsque la tige de la clef est faite, il faut
faire son canon, qui doit être conforme à l'extérieur
de la tige, soit rond, tiers-point, etc. ; on fait ce canon au mandrin, et il suffit pour s'opposer à une
clef étrangère que son orifice seul soit dans la forme
de la tige. C'est dans l'axe de ce canon qu'on place
la broche de la serrure, broche qui doit être rivée
au travers du palastre ou dans un pied de broche.

202. Lorsque la clef est rendue à ce point, il
faut s'occuper du panneton ; on a vu comment on
l'enlève, comment on forge la hayve et le museau ;
s'il est plein et plat, il est bien facile à dresser et limer ; mais il n'est pas toujours plat, il y en a qu'on
nomme tourmentés, de la figure d'un Z, d'une S,
comme dans la figure 14 ; alors il faut le forger beau-

coup plus épais pour y faire les ouvertures avec le bec d'âne et le burin; ou le foret, ensuite on unit et on achève ces ouvertures à la lime.

203. Lorsque le panneton est dressé, quand sa forme est achevée, son museau adouci, il faut le fendre pour donner passage aux garnitures ou gardes de la serrure. Ici, on rencontre parfois un peu de ruse; quelques pannetons sont beaucoup travaillés, sans que leur serrure ait les garnitures dont ils offrent les entailles. L'acquéreur peut s'en assurer, en couvrant le panneton avec du suif; s'il donne ensuite un tour de clef, toutes les entailles dont le suif ne sera pas enlevé, n'ont pas de garnitures correspondantes dans la serrure.

La première garniture est la bouterolle; son entaille se fait, ainsi que les autres, avec une petite lime à refendre, souvent à dosseret, dont le taillant est strié, ce qui lui fait donner le nom de scie à refendre. Jetons un coup-d'œil sur toutes ces entailles.

La bouterolle est un rouet placé tout auprès de la tige, et toujours attaché au palastre; la figure 15 fait voir son entaille dans le panneton.

La bouterolle étant un rouet, tout ce que nous dirons des rouets lui est applicable.

204. Les rouets, les bouterolles, sont des secteurs dont le rayon est égal à leur distance, à l'axe de la clef; la figure 16 représente l'entaille du rouet; sa hauteur varie et dépend de l'ouvrier, pourvu qu'il ne soit pas assez haut pour affaiblir la clef; la bouterolle est fortement attachée au palastre; les rouets sont ordinairement attachés au foncet ou à la couverture, ou à la planche; ils peuvent aussi être attachés au palastre; alors ils sont concentriques avec la bouterolle, comme dans la figure 17; ils sont fixés par des rivures si bien faites, qu'on ne doit pas les voir en dehors du palastre.

Le rouet n'est pas toujours simple; souvent on lui fait faire le crochet par un bout ou même par le milieu: ce crochet prend le nom de faucillon. Si le faucillon est tourné vers la tige (comme fig. 18), on dit qu'il est rouet renversé en dedans; dans l'autre cas, il est renversé en dehors (*fig.* 19).

2o5. Si le faucillon se trouve placé vis-à-vis d'un autre, de manière à faire la prolongation l'un de l'autre, ils peuvent se trouver au bout ou au milieu du rouet; dans le premier cas, ils présenteront la figure d'un T, comme figure 20, et se nommeront rouet foncé. Dans le second cas, comme figure 21, ils se nommeront pleine croix : il arrive quelquefois qu'on double cette croix, c'est-à-dire qu'on lui fait quatre bras, comme figure 22; alors on la nomme croix de Lorraine.

La renversure du rouet peut n'être pas perpendiculaire au rouet et lui être oblique; le rouet prend alors le nom de rouet à bâton rompu; la figure 23 en fait voir l'entaille : la renversure est ici en dedans; elle peut aussi être en dehors.

La pleine croix peut aussi être renversée, et cela arrive quand elle forme un crochet au bout d'un de ses bras : il en est de cette renversure comme des autres; elle peut être en dehors on en dedans; le dedans est toujours du côté de la tige; la figure 24 montre l'entaille de la renversure en dedans et la figure 25 la fait voir renversée en dehors. On complique encore davantage cette garniture, en donnant un second coude après la renversure; c'est ce qu'on nomme hasture : la figure 26 fait voir la hasture en dehors, et on comprend que la hasture peut être en dedans.

Les serruriers varient encore davantage leurs rouets; ils les font en portion de cuve, c'est ce qu'ils nomment fond de cuve; ainsi, un rouet est à fond de cuve, quand il est incliné vers la tige; c'est le fond de cuve en dedans, s'il est incliné vers le museau, il est rouet à fond de cuve en dehors; la figure 27 représente l'entaille d'un fond de cuve en dedans.

On donne encore aux rouets des figures de lettres, comme N, H, Y, S; les figures 28, 29, 3o, 31, font voir leurs entailles dans le panneton.

Indépendamment de ces figures, on fait encore

des rouets en fût de vilebrequin, et en fût de vilebrequin à queue d'aronde ; les figures 32 et 33 en font
voir les entailles dans le panneton de la clef.

206. Le génie des serruriers ne s'est pas borné
là, ils ont imaginé une autre garniture qu'ils ont
nommée la planche, et dont on voit l'entaille dans le
panneton à la figure 34. La planche est un plan de
tôle parallèle au palastre, et qui tient ordinairement
le milieu entre le palastre et la couverture ou le
foncet qui la remplace ; cette planche s'attache au
palastre par deux pieds à pattes rivées, et dans les
serrures soignées on doit ne pas voir cette rivure
par dehors. Mais il est bien rare qu'une planche soit
simple et plan ; on lui adapte un petit filet qui prend
le nom de pertuis ; si le pertuis est au bout de la
planche, son entaille touche la tige, comme à la
figure 35. Le filet peut être au milieu de la planche,
dessus et dessous, alors son entaille est comme à la
figure 36.

Les ouvriers, cherchant toujours à perfectionner
leur art, et voulant rendre leurs serrures inviolables, ont compliqué bien davantage leur planche ;
la figure 37 représente un panneton pour une planche
à pertuis et foncée, pour une ancre et une croix ; on
peut faire le pertuis rond, carré, ovale, en trèfle, etc.,
dans la figure qu'on voudra ; cette garniture n'a
même pas besoin d'être circulaire, elle arrêterait
tout aussi efficacement une clef étrangère, quand elle
ne formerait qu'un bouton rivé sur la planche. Enfin, on ajoute une hayve au panneton, ce qui est
bon pour les serrures bénardes, pour empêcher la
clef de passer au travers de la serrure ; mais cela ne
lui donne aucune sûreté d'ailleurs. (*Voy.* fig. 38.)

207. Les serruriers n'ont pas encore cru que
leurs serrures fussent assez inviolables, ils ont imaginé d'offrir un autre obstacle au mouvement giratoire de la clef ; ils ont fait des rateaux, pièces en dehors des garnitures circulaires, et qui consistent en de
petits montans rivés sur le palastre, et qui présen-
tent au museau du panneton une quantité de petites
dents qui l'arrêteraient très efficacement, si l'on n'y

pratiquait des entailles pour laisser passer ces dents :
la figure 39 représente le museau entaillé pour le ra-
teau. Il est facile de voir qu'on peut infiniment
compliquer les garnitures d'une serrure; la figure 40
représente un panneton dans lequel on a fait des
entailles pour deux rouets, l'un à fond de cuve
en dehors, l'autre en dedans, un rouet foncé, un
rouet en bâton rompu, une planche avec un pertuis en trèfle et un autre en croix, et hastée en
ancre. Le museau est entaillé en outre pour quatre
dents de rateaux, et la tige est à quatre forures; et
malgré cette complication, les pièces peuvent être,
relativement les unes aux autres, assez mal placées
pour permettre au crochet de passer.

208. La complication des garnitures est plus
propre à montrer le talent du serrurier, qu'à ajouter à l'inviolabilité de la serrure; deux bons rouets
attachés, l'un au palastre, l'autre au foncet, et ayant
chacun une hauteur plus grande que la demi-hau-
teur du panneton, garnis l'un et l'autre d'un faucillon à contre-sens, drapant l'un sur l'autre, ren-
draient une serrure bien plus sûre que toutes les
pièces les plus compliquées, et ne permettraient
aucun accès au crochet. Nous pensons qu'une ex-
cellente serrure de sûreté faite sur ce principe,
comme la figure 41 en représente le panneton, serait parfaitement inviolable, si les garnitures, faites
avec soin, remplissaient bien exactement les entailles de la clef.

Le mouvement de la clef étant giratoire, et les
garnitures étant des arcs, les entailles du panneton
ne doivent pas être au carré, elles doivent être portion d'arcs. Bien des ouvriers n'y regardent pas de si
près dans les manufactures; mais alors leurs garnitures ne remplissent pas exactement les entailles du
panneton : mais les artistes de la capitale mettent du
prix à leur ouvrage; et quand ils font une serrure de
façon, ils ont soin de faire leurs entailles circulaires,
surtout quand les pannetons sont épais, ainsi que la
garniture. D'ailleurs, plus le rayon est court, plus
la courbure de l'arc est subite; et si l'entaille est au

carré, elle représentera la corde de cet arc, dont tout le sinus versé sera inutilement vide.

209. On a précédemment écrit sur la serrurerie, à une époque où l'art n'était pas ce qu'il est aujourd'hui. Duhamel du Monceau, et l'*Encyclopédie*, sont entrés dans des détails pour indiquer comment se faisaient toutes les pièces de la garniture. Leurs instructions sont de ployer, souder, braser, etc. Ces moyens, longs et difficiles, sont abandonnés. On a senti que le mouvement de la clef étant giratoire, par conséquent les pièces de la garniture étant circulaires, on pouvait les faire au tour : ce qu'on fait à présent. Pour faire un rouet, il ne faut donc que rouler à chaud un morceau de fer sur un mandrin de grosseur convenable; dans un instant on le tourne d'épaisseur et de hauteur voulue. Veut-on faire un faucillon, on prend le fer plus épais, et on fait le faucillon dans l'épaisseur, soit dehors ou dedans : si on le veut en dedans, il faut ne pas enfoncer le mandrin dans toute la longueur du fer; on garde en dehors l'espace nécessaire pour introduire le crochet. Toutes les garnitures circulaires se font de la même manière; ensuite on les ajuste sur le palastre, ou la planche, ou la couverture. Quelquefois on fait les renversures et hastures à part; alors on les brase les unes avec les autres : mais il y a des ouvriers qui ne craignent pas de prendre tout dans la masse, et de les faire toutes d'un seul morceau. Tous ces ouvrages se font maintenant, pour la plupart, en fabrique.

210. Il est une serrure devenue assez commune, et qu'on nomme bénarde; elle n'a point de broche, et sa clef est à bouton. Ordinairement cette serrure a une planche, et le panneton de la clef a une hayve, dont l'objet est d'empêcher la clef de traverser le côté opposé à l'entrée. On y réussirait mieux par un panneton tourmenté; et, dans le fait, il y a bien des bénardes qui n'ont pas de hayve.

La serrure bénarde a une assez grande commodité; c'est que la clef entre des deux côtés : de façon qu'après avoir ouvert sa porte, une personne peut changer la clef de côté, et fermer la serrure sur soi. Mais cette serrure est peu sûre, parce que la faculté d'ouvrir des deux côtés oblige à placer les garnitures dans une telle symétrie, qu'elles soient tout-à-fait semblables dessus comme dessous la planche, sur le palastre comme sur le foncet.

La figure 42, pl. 2, représente le panneton de la clef d'une serrure bénarde, avec une planche et un pertuis, deux rouets semblables et correspondans l'un à l'autre, et deux pleines croix toutes pareilles, correspondantes. Cette symétrie facilite l'introduction des crochets. On conçoit facilement que la clef, entrant par les deux côtés, doit trouver sous la couverture les mêmes garnitures que sous le palastre.

SECTION VI.

SERRURES.

211. Le pêne est l'âme de la serrure; c'est pour le mouvoir que la clef est faite; c'est pour le garantir que les garnitures sont inventées. Le pêne est retenu par un ressort qui entre dans des encoches pratiquées sur le dos du pêne, au moyen desquelles il le retient dans la position où la clef l'a placé; il est en outre arrêté par une gachette placée entre lui et le palastre. Il est garni en dessous de petites barbes que la clef accroche en tournant; mais ces barbes doivent être tellement placées, que la clef, en les accrochant, soulève en même temps le ressort qui retient le pêne, sans quoi ce pêne ne marcherait pas. Jusque-là cette machine est assez simple, mais elle se complique fréquemment; car il y a pêne dormant, il y a pêne à bascule pour mouvoir le demi-tour, il y a pêne à pignon pour mouvoir les verroux. Cet objet étant un des principaux de la serrurerie, nous allons entrer dans les détails de la construction d'une serrure de sûreté.

On sait maintenant comment une clef est faite, et

quelles sont les garnitures que représentent les entailles du panneton. Supposons que nous ayons une
clef forée (*fig.* 43), dont le panneton est entaillé par
une planche avec un pertuis, une foncure simple et
une foncure hastée en dedans, deux rouets, avec un
faucillon renversé en dedans, et hastés en dehors. La
tige ronde a 34 lignes, depuis le bout jusqu'à l'embase : son diamètre est de 4 lignes, et sa forure a 3
lignes de diamètre. Le panneton a 13 lignes de hauteur dans le sens de la tige, et sa longueur, en partant de la tige, est de 9 lignes; ce qui demande une
entrée de 13 lignes, y compris la grosseur de la tige.
L'épaisseur du panneton est de 2 lignes et demie près
la tige, et de 4 lignes au museau. Il faut ici considérer que la queue du demi-tour passe au-dessous de
l'entrée; elle est éloignée d'une ligne de la cloison;
elle a deux lignes d'épaisseur : on ne peut faire passer
le museau moins d'une ligne au-dessus de la queue
du demi-tour, ce qui fait 4 lignes : comptons ensuite
deux fois le panneton et une fois la tige, ensemble
22 lignes, plus 4. On voit que la clef, en tournant,
occupe, dans l'intérieur de la serrure, un espace qui
s'éloigne jusqu'à 26 lignes de la cloison inférieure :
prenons, pour la largeur de la queue du pêne, 8
lignes, et 5 lignes pour le jeu du ressort, entre le dos
du pêne et la cloison supérieure : la boîte de la serrure ne peut donc avoir intérieurement moins de 39
lignes de largeur. Donnons à la cloison 3 lignes d'é-
paisseur, on aura, pour largeur totale de la serrure,
45 lignes : c'est ainsi qu'en mesurant le jeu des deux
entrées, de l'équerre du demi-tour et de son ressort
à boudin, ainsi que la longueur de la planche, nous
trouverons que la longueur de la serrure de dedans
en dedans, doit être de 6 pouces 8 lignes. Ajoutant
une épaisseur de cloison, plus une ligne pour celle
du rebord, on aura pour longueur totale 84 lignes,
c'est-à-dire 7 pouces. Quant à la profondeur, nous
avons trouvé que le panneton avait 13 lignes de hauteur dans le sens de la tige : ajoutons une demi-ligne
de jeu dessus et dessous, plus une ligne pour l'épaisseur de la couverture; il suit que la boîte de la ser-

·rure doit avoir en dedans 15 lignes de profondeur. Ce sera la hauteur de notre cloison. Donnons maintenant 24 lignes de hauteur au rebord; nous voilà dans le cas de préparer tout notre palastre.

212. Prenant donc un morceau de tôle à palastre (1), d'à peu près une ligne et demie d'épaisseur, nous y tracerons un parallélogramme de neuf pouces de long, sur une largeur de 45 lignes. Voilà le tracé rigoureux du palastre. Nous donnerons sur les quatre côtés une ligne de gras, et nous couperons notre morceau de tôle; alors, après l'avoir écroui, et réduit à l'épaisseur d'une ligne, nous ferons un nouveau tracé, parce que le fer s'est étendu sous le marteau, et que le premier tracé s'est effacé. Après avoir rétabli le tracé, nous limerons et réduirons la pièce à peu près dans ses proportions, ensuite nous la couderons à chaud dans le grand étau, à 7 pouces exactement du tracé d'une des extrémités, et à 2 pouces de l'autre. Nous aviverons l'angle intérieur de ce coude dans l'étau, et à l'extérieur au marteau. Voilà notre palastre préparé.

213. Prenant alors une étoffe, ou bien un fer de fenderie en lame, et bien doux, nous forgerons et enlèverons notre cloison. Nous lui donnerons un peu plus de 18 pouces de longueur, pour avoir de quoi dégrossir; nous la martellerons, pour l'amener à 4 lignes d'épaisseur, et 16 ou 17 lignes de largeur. Cela fait, nous la couderons de manière qu'entre les deux coudes il y ait, après le dégrossi, un intervalle égal à toute la largeur de la serrure; c'est-à-dire 45 lignes.

Les deux coudes doivent être faits à chaud et dans le grand étau, et en chauffant autant de fois que cela est nécessaire pour bien aviver les arêtes. Cela fait, on dresse, on unit à la lime le palastre et la cloison, et on les réduit à leurs justes proportions, en ménageant une ligne de chaque côté au bout de la cloison :

(1) Des serrures de luxe ont souvent le palastre et la cloison en cuivre jaune.

cette ligne est destinée à faire un tenon à queue d'aronde, pour l'assembler avec le rebord. Il faut alors attacher le palastre à la cloison ; pour cet effet, on fixe sur chaque face de la cloison un étoquiau d'une ligne d'épaisseur, et de trois ou quatre lignes de large. On prendra bien garde qu'il n'affleure pas avec le haut de la cloison, afin de n'être pas obligé d'y entailler la couverture. Ces étoquiaux doivent être fraisés et rivés avec un grand soin sur le palastre, ainsi que sur la cloison. Ces trois étoquiaux, avec les deux queues d'aronde dans le rebord, suffisent pour assujettir solidement la cloison au palastre.

214. Voilà la boîte faite. Il faut piquer le palastre. Nous avons vu que pour passer librement au-dessus de la queue du demi tour, le museau du panneton devait conserver un intervalle de 4 lignes avec l'intérieur de la cloison inférieure : à cet intervalle, ajoutant 9 lignes pour le panneton, et 2 lignes pour la demi tige, on aura 15 lignes. Si donc à 15 lignes de distance de la cloison inférieure, on tire une parallèle à la cloison, on est certain que l'axe de la clef sera quelque part sur cette ligne. Pour trouver sa place, il faut considérer d'abord qu'il y a deux entrées différentes, une en dehors et l'autre en dedans, et qu'elles doivent être assez éloignées l'une de l'autre, pour que l'entrée de dehors, la seule qui ordinairement ait des garnitures, puisse les avoir bien établies sans gêner la seconde entrée. On peut prendre 26 lignes pour la distance des deux axes des broches. Deux fois le panneton, et deux demi-tiges donnent 22 lignes ; il en restera 4 pour placer l'étoquiau de la planche avec la tête de sa vis. De l'autre côté, il faut ménager de la place pour l'autre bout de la planche, pour le talon du pêne, pour le picolet et sa pate, et pour le ressort à boudin du demi tour. Nous évaluerons tout cet espace à 31 lignes, y compris le panneton et la demi tige. On placera donc le centre de la broche de l'entrée de dehors, à 31 lignes de la petite face intérieure de la cloison ; et toujours sur la même parallèle à 26 lignes de distance, on placera l'axe de la seconde entrée. Il res-

tera 23 lignes entre l'axe de la seconde entrée et l'intérieur du rebord. Cet intervalle sera suffisant pour placer la tête du pêne, celle du demi tour, et l'équerre du demi tour.

215. Après avoir ainsi fixé la place de l'axe de la clef, on peut placer sa broche : cette broche doit être faite au tour, ainsi que son pied, pour être d'une grosseur bien uniforme. Comme cette broche ne traverse qu'une tôle d'une ligne d'épaisseur, elle n'aurait pas une solidité suffisante si on ne la renforçait pas en dehors du palastre par un pied de broche, ou faux fond, dans lequel elle est ajustée, rivée et brasée. Ce pied de broche lui-même est attaché au palastre par deux ou trois vis à tête fraisée en dedans du palastre.

La broche une fois en son lieu, on présentera la clef pour déterminer la place de la hauteur des barbes du pêne.

216. Le museau doit, en tournant, effleurer le dessous du pêne. La hauteur des barbes est toute en sus de la largeur de la queue du pêne. La grande barbe est celle que la clef accroche la première en fermant le premier tour ; elle doit l'accrocher à peu près au moment où elle a décrit la moitié de son cercle ; elle le conduit jusqu'à ce qu'elle lui ait fait parcourir l'espace qu'on a déterminé pour la course du premier tour : alors on la fait lâcher en limant cette barbe en biseau jusqu'au point nécessaire. Ce biseau est la corde d'un arc qui a pour centre l'axe de la clef ; mais l'épaulement au-dessus du biseau doit avoir une certaine profondeur pour ne pas lâcher la clef avant que la course ne soit parcourue. Ici l'épaulement sera d'une ligne, et la course sera de six lignes ; la hauteur totale des petites barbes sera de deux lignes, et celle de la grande barbe sera de cinq lignes, ainsi que celle du talon.

Mais, aussitôt que la clef a lâché la barbe, il faut qu'elle puisse ouvrir le pêne qu'elle vient de fermer ; il faut donc qu'elle puisse accrocher en sens inverse, c'est-à-dire en revenant sur ses pas, la seconde barbe au moment où elle lâche la première, d'où il faut

conclure que l'intervalle entre elles deux, est égal à
l'épaisseur du museau avec un peu de liberté. Cette
combinaison ne suffit pas encore; il faut que dans le
second tour, la clef accroche la seconde barbe par
l'autre côté, au même endroit de son mouvement
où elle a accroché la première : cet espace pointé sur
le palastre donne à la seconde barbe 4 lignes de
largeur.

Lorsque la clef abandonne la seconde barbe après
avoir fermé le second tour, il lui faut, comme la première fois, revenir en sens inverse pour ouvrir le
second tour, ce qu'elle fait en accrochant la dernière barbe, séparée de la seconde par le même espace qui sépare la seconde de la première, c'est-à-
dire 4 lignes avec un peu de liberté. Cette dernière
barbe fait partie du talon qui s'arrête sur le picolet.
Voilà pour l'entrée du dehors; maintenant il faut
chercher la place des barbes pour l'entrée par dedans. Nous avons trouvé que l'axe de cette entrée est
à 26 lignes de la première; si l'on tire une verticale
par ce point, il rencontrera l'épaulement de la première barbe la plus voisine de la tête du pêne; à
une épaisseur de museau de distance, se trouve la
seconde barbe ; sa largeur comme celle de la première entrée est de 4 lignes, au-delà de laquelle se
trouve encore une épaisseur de museau, et la clef
rencontre ensuite la troisième barbe, qui, éloignée
de 13 lignes de la première barbe de la première entrée ne fait qu'un avec elle : voilà le pêne dessiné et
ses barbes placées.

217. Pour faire notre pêne, il faudra donc forger une pièce de fer un peu moins longue que l'intérieur de notre boîte ; fixons cette différence à 2 lignes,
et plaçons le talon à 15 lignes de la cloison, ce talon
sera à 13 lignes du bout de la queue du pêne, espace suffisant pour le picolet, qui sera assez large s'il
a 8 lignes. Le pêne, au total, aura donc 6 pouces et
demi, plus une ligne pour l'épaisseur du rebord; la
queue sera suffisamment épaisse si elle a 2 lignes;
nous avons dit qu'elle a 8 lignes de largeur. Quant à
la tête, on peut lui donner 18 lignes de largeur, 8 li-

gnes d'épaisseur, et pour longueur un pouce, c'est le total de la course des deux tours; plus, une ligne pour l'épaisseur du rebord, et une ligne pour son arrêt en dedans du rebord. On forgera le pêne un peu plus fort que proportion pour avoir du dégrossi et blanchissage, après quoi cette pièce aura pour longueur totale, 6 pouces 7 lignes; pour épaisseur de la tête, 8 lignes; pour largeur de la tête 18 lignes, et pour longueur de cette même tête, 14 lignes. L'épaisseur de toute la queue sera de deux lignes, et sa largeur de 13 lignes : on ménagera sur cette largeur un petit épaulement d'à peu près 3 lignes, derrière la tête; ensuite on dégrossira et on blanchira la pièce; cela fait, on tracera une ligne droite à 8 lignes du dos, et au-dessous de cette ligne, on tracera les barbes, qu'on fera à la lime : voilà le pêne fait, on lui donnera un demi poli.

218. Mais ce pêne a beaucoup trop de liberté, il faut le comprimer, et même l'arrêter toutes les fois qu'il est à repos. Pour atteindre ce but, on placera au-dessus du dos du pêne, un ressort d'acier à deux branches, l'une courte pour contre effort contre la cloison, l'autre longue pour opérer la compression. Ces deux branches doivent embrasser une broche fortement épaulée et rivée sur le palastre, et qui aura 3 lignes de diamètre; le ressort aura 1 ligne d'épaisseur; la grande branche aura 4 pouces, à partir de la broche, afin d'avoir de la flexibilité, la petite branche de contre effort n'aura que 21 lignes de longueur; l'ouverture du ressort en place ne sera que de 3 lignes; mais c'est un état de compression, et en liberté cette ouverture serait double.

Le bout de la grande branche se termine en un petit talon carré coudé en dessous et qu'on nomme arrêt; il s'entaille dans trois coches faites au dos du pêne à l'endroit où il le touche dans trois positions, c'est-à-dire au repos et à chaque tour, d'où il suit que la clef ne doit pas seulement accrocher les barbes, mais qu'elle doit encore soulever le ressort pour le retirer des encoches.

Pour que la clef produise cet effet, on recourbe

souvent la grande branche du ressort par dessous dans une forme elliptique, et on fait descendre cette courbure assez bas pour que la clef la soulève. Dans les serrures plus soignées, on attache au-dessous du ressort, avec deux rivures, une gorge, surtout quand il y a deux entrées ; on la fait alors à deux branches afin que la clef en rencontre une dans chaque entrée. Le museau doit toucher et soulever la gorge un petit moment avant de toucher la barbe du pêne : cette pièce ne peut guère être bien du premier coup, il faut un peu tâtonner en l'ajustant, et la limer par dessous si cela est nécessaire, jusqu'à ce qu'elle produise bien son effet.

219. Dans beaucoup de serrures, on se borne à ce moyen d'arrêter le pêne ; mais dans les bonnes serrures on ajoute sous le pêne une pièce nommée gachette, composée de deux pièces, savoir, d'un ressort rivé sur le palastre, à l'une de ses extrémités, par un petit tenon ; et secondement, de la gachette proprement dite.

La gachette est une petite tige plate, portant un œil à un bout ; une vis passant par ce trou, l'attache au palastre en lui laissant la liberté de se mouvoir. Son autre bout s'étend jusque par-delà le mouvement de rotation de la clef ; il est retenu en cet endroit par un cramponet dans lequel il se meut. Au-dessus du cramponet est placée la tête du ressort retenu par son tenon et immobile, sa queue porte sur la gachette assez près de l'œil : cette pression laisse à la gachette la faculté de se lever sans effort quand la clef la soulève, et suffit pour la rabattre dès que la clef l'abandonne ; cette gachette est entaillée de trois encoches dans lesquelles entrent de petits tenons ménagés sous le pêne à chacun de ses repos ; leur intervalle est, par conséquent, égal à la course de chaque tour. La clef, dans ses deux entrées, soulève également la gachette ; c'est l'une des pièces les plus inviolables de la serrure, car elle est sous le pêne ; en vain la fausse clef ou le crochet souleveront le ressort hors de ses encoches ; le pêne ne marchera pas si la gachette ne se soulève en même temps, et sa posi-

tion la rend ou ne peut plus difficile à aborder avec
un crochet.

Voilà le pêne en place et se mouvant suivant que
la clef l'y oblige. Jusque-là la serrure est peu avancée,
car toute clef qui passera par l'entrée pourra l'ouvrir;
il faut donc songer aux garnitures.

220. La première garde, de la clef qui nous occupe,
est le rouet renversé dehors et dedans et hasté en dehors. Il faut remarquer que les deux renversures
avec l'épaisseur du rouet et de la hasture, n'occupent,
au total, qu'un espace de 3 lignes ; il suffit donc d'a-
voir deux morceaux de fer de cette épaisseur, que
l'on roule à chaud sur deux mandrins, en leur laissant un peu plus de force qu'il ne faut ; on les garde
assez longs pour que toute la partie à tourner soit au-
delà du mandrin et vide, et on en conserve assez sur
le mandrin pour le rendre solide et bien embrassé,
sans aucun jeu ; cela fait, on place le mandrin sur le
tour et on fait, avec des crochets, les renversures et la
hasture, alors on coupe la garniture en lui gardant un
ou deux petits tenons pour la tenir solidement ajustée
sur le palastre ; mais si les hastures sont en dedans et
les pièces tellement ordonnées qu'on ne puisse toutes
les faire dans la masse, on fait séparément celles
qu'on ne peut faire autrement, mais toujours sur le
tour, et on les brase toutes ensemble, là où cela est
nécessaire.

Quand ces deux rouets sont faits et l'un posé sur le
palastre, il faut s'occuper de la planche.

La planche est une feuille de tôle assez mince, parallèle au palastre, elle est destinée à empêcher de
tourner toute clef qui n'est pas entaillée pour elle ;
on la place au milieu de la profondeur de la boîte,
ainsi elle coupera le panneton en deux parties égales ;
sa face intérieure sera donc placée à 6 lignes du
palastre avec un peu de liberté, c'est la hauteur de
ses étoquiaux. La longueur de cette planche doit
être de 30 lignes, savoir : 22 pour deux fois le panneton et une fois la tige, et 4 lignes de plus à chaque
bout, pour placer la tête des vis des étoquiaux ; sa
largeur ne doit avoir que 22 lignes, c'est-à-dire deux

fois le panneton et une fois la tige ; ou la taillera en losange, ne laissant à chaque bout que 6 lignes de face, alors on marquera la place de ses deux étoquiaux sur le palastre, ils y seront épaulés et rivés avec soin, et tout n'en sera que mieux, si les rivures se trouvent cachées par le pied de broche ; on leur donnera une épaisseur de 4 lignes et une largeur de 6 ; cette force suffira pour y faire un pas de vis, dans lequel entrera la vis qui assujettit la planche.

Lorsque cela est fait, on trace 2 lignes perpendiculaires l'une à l'autre, l'une passant par le milieu de la longueur, et la seconde par le milieu de la largeur de cette planche ; leur point d'intersection marque le centre de la tige de la clef, et on part de ce point pour tracer et couper l'entrée tout au travers de la planche ; alors on fait sur le tour deux foncures, deux bastures et deux pertuis ; quand ces pièces sont tournées, finies et essayées à la clef, on leur ménage, excepté au pertuis, les tenons nécessaires pour les ajuster sur la planche dans les mortaises où on les fait entrer, à moins qu'on ne tourne ces garnitures dans la masse d'un morceau épais et assez grand pour les y trouver toutes. Le pertuis se brase ainsi que les pièces quand elles sont faites séparément, mais elles s'ajustent toujours sur les palastres, planches, couvertures ou foncets. Voilà la planche finie.

Nous ne parlerons point ici du râteau ; nous renvoyons au Vocabulaire ; nous observerons seulement que cette garniture est assez rare à présent, non seulement parce qu'elle ne contribue que peu à l'inviolabilité de la serrure, mais aussi parce que ses entailles affaiblissent le museau, qui n'est déjà que trop exposé à s'user, par les frottemens, sur le pêne et sur la gorge du ressort.

222. Il faut ensuite s'occuper de la couverture ; on en connaît les dimensions, ce sont celles de l'intérieur de la boîte ; on lui ménage du côté du rebord, deux petits tenons qui entrent dans ce rebord et affleurent par dehors ; les étoquiaux de la cloison sont destinés à la soutenir, et au bout opposé

au rebord, on rive sur la cloison un petit tenon dans lequel on taraude un pas pour la vis qui traverse en cet endroit la couverture, et la rend solide. Avant de la présenter, il faut y tracer l'entrée, comme on a fait pour la planche, et quand elle est évidée et finie, on y place la clef en ajustant la couverture, afin de s'assurer que rien ne gêne le mouvement de la clef; on conserve à la broche de ce côté toute la longueur possible, afin d'arrêter efficacement toute clef qui ne serait pas assez profondément forée. En conséquence, on la prolonge jusqu'à l'embase, et pour la mettre à l'abri en dehors de la couverture, ou y place un canon à patte que l'on y attache, soit avec des rivures ou avec une brasure. La clef y entre jusqu'à l'embase qui forme arrêt au moment où le bout de la tige porte sur le palastre. On ajoute en dedans de la couverture, le second rouet pareil au premier, et la couverture est finie pour l'entrée par dehors, ainsi que ce qui concerne cette entrée.

Avant d'aller plus loin, il reste à faire la seconde entrée; nous avons vu que son axe devait être à 26 lignes de l'axe de la première entrée, il a donc été facile de tracer cette entrée, par conséquent de marquer sur la couverture la place de la broche; on la fait comme la première, mais elle est moins longue; elle ne doit point sortir en dehors du palastre, elle ne fait que l'affleurer; on l'assure par un fort pied de broche, retenu par dehors avec deux vis à tête ronde.

Cette entrée par dedans, n'étant abordable que par le propriétaire, qui en fait usage s'il veut se renfermer, n'est jamais attaquée par le voleur; c'est pourquoi on ne lui met presque jamais de garniture.

223. Voilà tout ce qui concerne le pêne dormant; il reste à faire et à placer le demi tour. Nous allons d'abord le faire avec son bouton à coulisse et son pêne avec sa tête carrée, sauf à le tailler en biseau, quand on le voudra, si cela est nécessaire.

Ce pêne a toujours sa tête en dehors, ce qui fait

qu'il n'est tout au plus que d'un demi tour plus court
que le pêne dormant; il faut considérer, que devant
être chassé par un ressort à boudin, il doit y avoir
un certain espace derrière lui pour placer ce ressort;
nous ferons cet espace de 8 lignes, ce qui permettra
de placer les picolets des deux pênes l'un vis-à-vis
de l'autre, et leurs pattes à la rencontre l'une de
l'autre, avec un intervalle pour le trou de la vis d'attache; on donnera à la queue du demi tour une longueur de 4 pouces et demi, sa largeur sera de 7
lignes et son épaisseur de 2 lignes. A 3 pouces du
bout de la queue, on la percera d'une petite mortaise pour recevoir le pied du bouton qui la traver-
sera et se prolongera en dessus par un excédant,
dans lequel on percera un trou taraudé, pour recevoir une vis destinée à contenir solidement le bouton.
Au-delà de 4 pouces un quart, le demi tour s'élargira
tout à coup par un épaulement, qui lui donnera au
total la largeur de 11 lignes un peu faibles. A peu
près à 4 lignes de cet épaulement, le pêne du demi
tour doit être coudé de 3 lignes, et immédiatement
après un second coude doit avoir lieu; au-delà de
ce second coude, et à 1 pouce du premier, commence la tête du demi tour à laquelle on donnera
7 lignes d'épaisseur et 9 lignes de largeur. Cette tête
doit rester sortie de 7 lignes en dehors du rebord,
cette mesure est celle de sa course; elle doit avoir en
outre une ligne pour l'épaisseur du rebord, et une
autre ligne en dedans, en tout 9 lignes en dedans
desquelles on lui abat un chanfrein jusqu'à l'endroit
ou cette tête commence.

La queue du demi tour ayant été percée pour la
queue du bouton, on percera la cloison vis-à-vis du
trou du demi tour, de telle sorte que la tête de ce
demi tour soit sortie en dehors du rebord; quand la
queue du bouton traverse la queue du demi tour,
alors on allonge l'ouverture dans la cloison, en allant vers le bout de la serrure opposé au rebord, et
on donne à cette ouverture la forme d'une fente longitudinale, que parcourt la queue du bouton en ouvrant le demi tour; c'est là ce qui constitue la cou-

lisse; elle est de la longueur de la course, et recouverte par la platine du bouton, et au-dessus de
cette platine, se trouve le bouton fait sur le tour.
Pour tenir ce demi tour constamment fermé, on
placera tout au bout de la serrure un ressort à boudin, fait d'une feuille d'acier, d'une demi ligne
d'épaisseur, qui fera quatre révolutions au tour de
sa broche, et sa queue viendra faire effort contre
celle du demi tour, en arrière de son picolet. Voilà
donc le demi tour fait et placé, et se mouvant à volonté par le bouton; mais ce n'est pas assez, il faut
qu'il s'ouvre avec la clef par dehors, puisque le bouton est en dedans de la porte; il faut plus, c'est que
le mécanisme qui l'unit au pêne dormant, doit être
tel que ce dernier, étant fermé à deux tours, le demi
tour ne puisse plus ouvrir, et renforce le pêne dormant pour ajouter à la sûreté de la serrure.

224. Pour obtenir ces résultats, on fait une équerre
de 2 lignes d'épaisseur, attachée par le sommet sur la
queue du pêne dormant à peu de distance du dos, et
à 6 ou 7 lignes en arrière de la tête; une branche
de cette équerre descend un peu obliquement sur le
demi tour, et le traverse dans une mortaise qui lui
est préparée. L'autre branche à angle droit, se dirige vers la hasture de la planche, où elle fait un
coude qui vient passer sur la planche jusqu'à une
ligne occulte, tangente à la tige de la clef; elle s'arrête
là, et s'y trouve sur le chemin de la clef qui l'accroche en tournant pour ouvrir, et qui la lève; ce
mouvement fait bascule sur la branche qui traverse
le demi tour, et l'ouvre. Mais l'endroit accroché
de l'équerre, décrit dans son mouvement un arc
dont le centre est à la vis qui la fixe sur le pêne dormant, cette courbe fait que la clef le conserve, et
ne peut s'en dégager; par conséquent, elle tient
le demi tour ouvert aussi long-temps qu'elle reste
dans sa position. D'un autre côté, si l'on tourne
la clef dans l'autre sens, elle lâche l'équerre; et le
ressort à boudin referme le demi tour; mais quand
on ferme le pêne dormant, il entraîne avec lui le
sommet de l'équerre, et quand sa course est termi-

née, la branche de l'équerre qui traverse la queue
du demi tour, entraînée par le pêne dormant, a pris
une telle obliquité en sens opposé à la première,
qu'elle fait arrêt au demi tour, et l'empêche de
s'ouvrir. On profite ensuite de l'espace compris entre
la cloison et la tête du pêne dormant d'un côté, et
de l'autre entre la cloison et la tête du demi tour,
pour y percer deux trous fraisés destinés à y passer
les deux vis d'attache. La serrure est finie, on
donne un demi poli aux garnitures, excepté le ressort
à boudin; on en fait autant au dehors du palastre et
de la cloison; quant à la couverture, on la noircit
ainsi que le canon.

Si l'on suit attentivement tous les détails du tracé
de cette serrure, on y trouvera le tracé de toutes
les autres; nous le démontrerons en décrivant très
sommairement un bec de canne; mais auparavant,
il nous reste à faire voir comment on peut ajouter à
cette complication, la fermeture de deux verroux
verticaux, haut et bas, par le moyen d'un pignon.

225. La serrure que nous venons de décrire est
un peu courte pour y mettre un pignon, il faudrait
l'allonger à peu près d'un demi pouce; alors, en
supprimant le picolet du pêne dormant, on trouverait l'espace nécessaire pour le mécanisme dont
nous allons parler; mais un picolet est indispensable
pour guider le pêne dans la ligne droite de sa course
sans qu'il puisse s'en écarter; on y supplée de la manière suivante. On fend dans le milieu de la largeur
du pêne, une coulisse un peu plus longue que sa
course; et on y place un petit étoquiau, dont la
tête porte une vis entrant dans un petit écrou qui
assujettit le pêne; au moyen de cette coulisse, le
picolet devient inutile, il est cependant meilleur, et
à moins d'une nécessité, il faut l'employer de préférence.

226. Pour établir un pignon, on ménage dessous
la queue du pêne cinq ou six crans à des intervalles
égaux, et qui s'engrènent dans ce pignon placé au-
dessous du pêne, et traversé dans son axe par une
broche à tête vissée dans un petit écrou, pour l'em-

pêcher de se dépasser. Ce pignon n'a pas besoin d'être décrit. On sait que c'est un cylindre cannelé, dont les cannelures s'engrènent dans les dents d'un corps voisin, quand la grosseur de ces dents est égale aux intervalles des cannelures. Ce pignon passe au travers de la couverture, et c'est en des- sous de cette couverture qu'il agit sur les verroux, dont la queue plate, et d'une ligne et demie d'é- paisseur, se prolonge un peu au-delà de la serrure, sous laquelle elle passe. Le champ de cette queue près du pignon est à crémaillère, et s'engrène dans le pignon ; un peu en arrière de la crémaillère et dans la queue du verrou, on ouvre une coulisse de la longueur de sa course, on y place un étoquiau rivé sur la couverture, et dont la tête est à vis et à écrou ; cet étoquiau doit être très solide, car la ré- sultante de l'action du pignon, n'est verticale que pour la cannelure horizontale ; mais au-dessous de cette cannelure, cette résultante est d'abord très oblique, et tend à écarter la crémaillère et à ren- verser l'étoquiau.

On voit par la description de ce mécanisme, que la clef fait marcher le pêne, et que celui-ci, dans sa course, fait tourner le pignon dans lequel il s'engrène ; de son côté, le pignon fait marcher la crémaillère des verroux dans laquelle il s'engrène aussi. Ce n'est pas ici le lieu de rechercher quelle résistance occasionnent ces divers mouvemens et leurs frotte- mens ; il suffit au serrurier que la puissance appliquée par la main à l'anneau de la clef, soit suffisante pour en triompher.

On pourrait appliquer ce mécanisme à la sûreté d'une serrure ; car si on ménageait sur la queue des verroux un arrêt avec un secret, ou caché et révo- cable à volonté, la clef elle-même, celle de la serrure, ne pourrait l'ouvrir, puisque la queue du verrou étant immobile, le pignon ne pourrait se mouvoir et arrêterait le pêne dans sa course.

227. Après avoir décrit une serrure extrêmement compliquée, et dans laquelle on peut voir la com- position d'une plus simple, voyons un bec de canne.

Le bec de canne est une serrure encloisonnée; en voilà déjà assez pour pouvoir construire toute la boîte. Le pêne est coudé à deux coudes, séparés par un intervalle égal, à peu près, à la largeur de la boîte : la première partie du pêne la plus près de la tête, est parallèle à la cloison voisine, et passe dans un picolet à patte. Le premier coude est à angle droit, et c'est sur cette partie que le fouyeau agit. Le second coude, pareillement à angle droit, fait retourner la queue du pêne dans la direction de l'autre cloison, où il passe dans un second picolet. Derrière la partie coudée se place un ressort à boudin, qui agit contre le pêne pour en faire sortir la tête en dehors du rebord; non loin du milieu de la serrure, le palastre est percé d'un trou rond considérablement fraisé, dans lequel entre le pied rond de la tige du fouyeau : cette tige, bien rivée sous le palastre, est percée dans son axe par un trou carré, et les deux branches font bascule contre le coude du pêne, pour le faire marcher. Le trou carré pratiqué dans le fouyeau sert à recevoir la tige du bouton; cette tige s'emboîte par l'autre bout dans un autre bouton, afin d'ouvrir en dehors et en dedans : ces deux boutons, en tournant, font mouvoir la bascule et par conséquent le pêne. Le bec de canne n'a ni couverture, ni foncet.

Il y a encore des serrures dont le pêne, au lieu de parcourir sa course, selon la longueur de la serrure, la parcourt dans le sens de la largeur : ce sont toujours les mêmes pièces; leur position seule varie au gré du serrurier.

228. Nous ajouterons que beaucoup de serrures ont en dehors de la cloison un bouton à coulisse, qui tient à un petit verrou placé sans ressort en dedans de la serrure; c'est ce qu'on nomme le verrou de nuit.

Il est assez inutile de parler des gâches; c'est une boîte cloisonnée : le Vocabulaire la fait assez connaître.

SECTION VII.

VERROUX.

229. Le verrou ordinaire est horizontal; il se conduit à la main par un bouton. Le verrou glisse sur la platine dessous deux cramponets, qui lui laissent la liberté de se mouvoir. Lorsque le verrou est fait pour une porte d'appartement, on le fait avec soin; on abat en biseau le bout qui s'engage sous la gâchette, et on pousse des moulures à la naissance du biseau. La tige du bouton est fortement épaulée et rivée au travers du verrou. Le bouton commencé à l'étampe est fini sur le tour : le dessous du verrou est un peu creusé, pour y placer un petit ressort nommé paillette, qui le presse contre ses cramponnets, afin qu'il ne marche pas trop librement. Voilà pour le verrou ordinaire : quelquefois on y ajoute un valet par dessus, ou par derrière, afin qu'on ne puisse le violer par dehors. On en a fait à pignon, dont l'axe carré, ou en tiers point, passe au travers de la porte, et se tourne par une clef sans panneton, afin de pouvoir l'ouvrir et le fermer par dehors; on s'est même attaché à cacher, autant qu'on l'a pu, l'entrée de cette clef.

Le verrou de grosse porte cochère est un cylindre vertical, dont la tête porte un anneau par lequel on le suspend à un clou, quand on veut le tenir ouvert. Si une porte semblable a un verrou horizontal, il ne diffère que par sa grosseur du verrou ordinaire dont nous venons de parler au commencement de cet article.

230. Au lieu d'un verrou plat on fait usage dans les campagnes, d'un tourillon : c'est un cylindre horizontal, long d'à peu près un pied, au milieu duquel on fend une ouverture, dans laquelle on soude, ou l'on rive à son choix, une branche de fer plate,

longue de huit à dix pouces, plus ou moins, selon la
force du tourillon. Cette branche se courbe un peu
et sert de manche au verrou, qui glisse dans deux
crampons enfoncés dans la porte, à la distance d'une
course des deux extrémités. Le bout de ce tourillon
s'engage, en se fermant, dans l'œil d'un piton qui
lui sert de gâchette.

Dans les prisons on fait la queue de ce tourillon
toute droite, et on y rive un fort auberon, qui vient
comme celui d'un moraillon, entrer dans une serrure plate, dont le pêne le tient fermé. Quelquefois
aussi cette queue se termine en moraillon percé d'un
trou, dans lequel passe l'œil d'un piton, et on y
place un cadenas pour le fermer.

231. On a vu dans la sixième section comment
une serrure à pignon fait mouvoir deux verroux verticaux ; on sait par conséquent comment se font les
verroux à pignon : il nous reste à voir ce que c'est
que les verroux à bascule.

Ces verroux se mettent assez rarement au battant
dormant d'une fenêtre, mais assez fréquemment au
dormant d'une armoire. La bascule est cachée sous
une platine, où elle est mise en mouvement par une
poignée longue, à bouton. Cette poignée s'enlève à la
forge ; il en est de même du bouton que l'on met
rouge suant dans une étampe, et quand il est froid
on le finit sur le tour. Sa tige courte porte une embase, ou un simple épaulement, au-delà duquel un
petit tenon s'engage et se rive dans le bout de la poignée. (*Voyez la fig.*)

La poignée faisant mouvoir la bascule, baisse un
des bouts, en même temps qu'elle lève l'autre ; ce
double mouvement pousse verticalement les deux
verroux dans des directions contraires. Ces bascules
sont abandonnées, et assez généralement rempla-
cées par des verroux verticaux, avec une forte
paillette.

Les **verroux** verticaux à queue se mettaient généralement aux fenêtres, avant qu'on fît usage des espagnolettes. Le bout de leur queue porte un bouton,
et la tête glisse sur une platine sous deux crampon-

nets ou picolets, entre lesquels on lui ménage deux petites barbes de chaque côté sur le champ, pour terminer sa course, et l'empêcher de se dépasser.

La targette n'est qu'un petit verrou. Les targettes prennent leur nom de leur platine; si elle est évidée, si elle représente des fleurons, on la nomme targette à panache; il en est ainsi pour les carrées ou ovales. (*Voyez* le Vocabulaire, et *la fig.*)

SECTION VIII.

GONDS.

252. Le gond est une ferrure qui suspend une porte, et sur laquelle elle pivote; il suit de cette définition qu'en terme générique toute ferrure qui remplit cet objet devrait être un gond, et qu'ainsi les fiches, les couplets, les charnières seraient des gonds : cependant, en terme de l'art, il n'en est pas ainsi; le mot gond est resté affecté à une ferrure à queue, munie d'un mamelon qui entre dans une penture.

On forge un gond en ployant en deux une barre de fer de la grosseur voulue, et même pour les forts gonds on emploie un fer carré, de l'échantillon nécessaire; on l'épaule et on l'aplatit à l'endroit du repos, et on étire le bout pour y faire une petite amorce; on reploie alors son fer sur le mandrin, et on le soude : cela fait, on enlève un mamelon de la grosseur du mandrin, et on l'introduit à chaud dans le gond; on donne une chaude blanche, et on soude ou consolide tout cet assemblage en le martelant. Si c'est un gond à scellement, on le coupe de longueur, et on le fend pour faire le scellement; si c'est un gond à pointe, on l'étire après avoir soudé le gond.

253. On forge ensuite la penture d'un fer plat que l'on amorce par le bout; on le replie, et on arrondit le pli sur le mandrin un peu plus gros que le mamelon, afin de garder un peu de liberté,

parce que ces gros ouvrages ne se repassent point, et servent comme ils sont en sortant de la forge. On soude le bout amorcé et replié sur le bout de la penture, en mettant l'amorce par dessous; on retire alors le mandrin, et on perce à chaud cette branche de penture, longue plate-bande de fer qui consolide une porte : on peut cependant la percer au foret. Cet ouvrage grossier se fait tout entier à la forge, et, comme nous venons de le dire, on ne le dégrossit pas après.

On fait des gonds plus petits, que l'on dégrossit un peu, et que l'on place sur les portes qui ne sont pas très soignées, telles que celles des hauts étages sur l'escalier; mais il en est aussi que l'on fait avec soin, que l'on dresse et qu'on blanchit; on leur emboîte des pomelles au lieu de pentures : le nœud de la pomelle se fait comme celui de la penture; très souvent ces derniers gonds sont remplacés par des fiches, surtout aux fenêtres, armoires et meubles.

234. Pour faire une fiche à broche, il n'y a que des nœuds à faire; la broche sert de mamelon. Pour faire le nœud, on prend du fer battu, ou même quelquefois de forte tôle, que l'on ploie sur un mandrin, de la grosseur de la broche projetée. Le nœud se fait ordinairement dans l'étampe; on donne une chaude convenable pour souder les deux parties de la lame, afin de n'en faire qu'une. L'autre fiche, qui doit s'engrener dans celle-ci, se fait de la même manière : les entailles des nœuds se font à la lime; on perce ensuite les lames de deux ou trois petits trous, que l'on cherche avec le cherche-fiche, quand elles sont posées, afin d'y mettre de petites pointes qui les assujettissent.

Ensuite, pour faire la broche, on prend un petit fer rond auquel on ménage une tête ronde étampée pour former le bouton; ensuite on arrondit la tige, soit au marteau ou à l'étampe, et on la finit à la lime.

La fiche à vase se compose de deux lames avec leurs nœuds; dans le nœud de celle de dessous on introduit un mamelon, et par dessous un petit embout avec un vase fait à l'étampe ; au-dessus du nœud de l'autre lame, on introduit pareillement un embout à vase ; du reste elle se forge et se soude comme l'autre fiche.

235. En voilà assez pour voir comment se font toutes les fiches, couplets et charnières (*Voyez ces mots au Vocabulaire.*). On observe seulement que les pattes des couplets sont le plus ordinairement en queue d'aronde, et que les deux bouts de la broche sont rivés sur les charnons.

Les charnières ne diffèrent des fiches à bouton, qu'en ce qu'elles ne sont point soudées ; les lames en sont percées pour des clous ou des vis.

236. Il est une autre sorte de fermeture qu'on nomme fiche à baguette et qui diffère entièrement des autres ; malheureusement elle est chère, et par conséquent, fort rare. Elle se compose d'une broche soudée dans le nœud d'une lame aussi haute que toute la ferrure ; on y fait trois entailles, une près des deux extrémités et une au milieu ; elles sont destinées à recevoir des lacets dont on soude les deux branches et qui se terminent en un taraud serré par un écrou : on arrondit et on polit les lacets sur la broche qui a son mouvement de rotation libre dans les lacets, et dont les deux bouts se terminent en vase. La queue des lacets s'introduit dans le montant de l'armoire où les écrous les assujettissent fortement : cette ferrure est très belle et inviolable.

Malgré toutes les fermetures les plus recherchées, on ne peut rendre une armoire inviolable, qu'en la garnissant dans les angles intérieurs avec de fortes équerres à vis. Nous ne croyons pas prudent d'en dire davantage sur cet article, ce serait indiquer aux malfaiteurs le moyen de réussir dans leurs entreprises ; c'est le même motif qui nous a empêché d'entrer dans des détails sur la manière de crocheter les serrures.

SECTION IX.

ESPAGNOLETTES.

237. (*Voyez* le mot *Espagnolette* au Vocabulaire.)
La description qui se trouve au Vocabulaire donne
une idée suffisante de l'espagnolette pour bien en
connaître la forme ; nous devons dire.ici comment
elle se fait.

On a vu 169 (*e*) et 76 l'échantillon des fers
ronds vendus au commerce ; le serrurier y trouvera celui dont il a besoin pour l'espagnolette qu'il
veut faire ; il faut étirer, ployer au carré, et façon-
ner à chaud les crochets des deux bouts qui doivent
être tous les deux parallèles et dans les mêmes verticales. La forme de ces crochets n'est pas déterminée, elle dépend du serrurier ; les uns les font circulaires, les autres à plusieurs coudes ; la condition
nécessaire est qu'ils puissent accrocher, embrasser et
retenir fortement sans glisser ni lâcher prise, la
broche qui tient l'espagnolette fermée.

Le nombre des embases est égal à celui des lacets ;
cela dépend de la longueur de l'espagnolette, qui doit
être attachée fortement sans pouvoir fléchir. On
doit en mettre un auprès des deux extrémités pour
supporter l'effort des crochets, et un ou deux auprès du cul de poule pour résister à la poignée : on
peut, si cela est nécessaire, en placer encore un au
milieu de l'intervalle, entre la poignée et le crochet
d'en haut, si la fenêtre ou la porte est grande ; car
les portes de balcon et même de perron se ferrent
souvent avec des espagnolettes.

Mais il serait impossible au serrurier de faire et
d'assembler toutes les embases, le cul de poule,
et les crochets, s'il coupait de prime à bord son
espagnolette de longueur ; il la fait donc de trois
morceaux si elle est longue ; il les soude ensuite
quand tout le reste est fait.

Lorsqu'on a marqué la place d'une embase, on forge sur le mandrin une virole de grosseur nécessaire, et on la coule sur la verge jusqu'à l'endroit marqué; on l'arrête en cet endroit, et on fait chauffer jusqu'à la chaude suante; on place alors la virole dans l'étampe, et elle se soude sur la verge en prenant les formes et les filets de l'étampe. Cette étampe doit laisser une gorge profonde au milieu de l'embase; elle est destinée à recevoir un boudin formé par le lacet. L'embase s'achève au tour.

Le lacet se forge à part; c'est un petit fer qu'on arrondit à chaud et qu'on réduit à sa grosseur; on le ploie pour faire un œil dans lequel l'embase puisse passer. Au-delà de cet œil, on soude les deux bouts du lacet, on arrondit cette queue, on la taraude et on y adapte son écrou; on passe l'œil dans sa gorge, qu'on a épargnée dans l'embase, et on le resserre chaud dans l'étau pour lui faire embrasser la tige, ni trop serrée, ni trop peu, elle doit y tourner bien rond, facilement mais sans jeu.

On détermine ensuite l'emplacement des pannetons, que l'on enlève et qu'on soude sur la verge.

Lorsque tout cela est fait, on forme et on soude le cul de poule, et on le perce d'un trou destiné à recevoir le clou de la poignée. Cette poignée est un levier long de 6 à 7 pouces, fortement cloué au travers du cul de poule par un clou bien rivé, et qui lui laisse son mouvement vertical. La poignée n'a point de mouvement horizontal à elle; ce mouvement lui est commun avec l'espagnolette dont il fait tourner la verge. Cette poignée est plate, et terminée en un bouton fait à l'étampe, et fortement rivé. La largeur de la poignée n'est point égale (*Voyez la fig.*); et pour la rendre plus élégante on l'évide souvent dans la forme de feuilles ou rameaux d'ornement, représentant ce qu'on veut. Cette poignée est reçue dans un support fait en console et pareillement évidé; il est retenu par une queue taraudée et écrouée sur la face extérieure du battant dormant, de la porte ou de la fenêtre : l'espagnolette, au contraire, est sur celui des deux ventaux qui ferme sur l'autre. Ce support est uni à sa queue par une charnière qui affleure la face intérieure du ventail, et qui sert à le coucher sur ce ventail, afin de pouvoir fermer le volet ou contrevent par-dessus.

Avant de placer la poignée sur le cul de poule, l'espagnolette doit être soudée, blanchie, afin de ne plus retourner au feu, et ses embases doivent être achevées sur le tour avant de souder la verge; on blanchit pareillement la poignée et son support avant de l'ajuster, et quoique l'espagnolette en place soit le plus souvent enduite d'une peinture, cependant l'ouvrier qui respecte son talent, lui donne un demi poli avant de livrer.

On a fait quelquefois des poignées dont l'extrémité au-delà du bouton se terminait en une charnière dans laquelle s'engrenait un petit moraillon dont la forme se renfermait dans le dessin de la poignée. Ce petit moraillon était garni par dessous d'un petit auberon entrant dans une petite serrure plate appliquée sur le contrevent afin de fermer l'espagnolette et d'en interdire l'ouverture : cette précaution est sage pour les rez-de-chaussées et les premiers étages qu'on abandonne pour aller à la campagne pendant la belle saison; elle assure la fermeture de la fenêtre ou de la porte.

238. Lorsque l'espagnolette est fixée et posée comme on verra ci-après à la section du ferrage, on la présente pour déterminer la grandeur et la profondeur de la mortaise qui doit recevoir le crochet dans la traverse du châssis de la porte ou fenêtre, et surtout l'emplacement de la broche que les crochets doivent embrasser; on cache ensuite la mortaise par une plaque de tôle entaillée, de son épaisseur, et attachée par quatre petites vis à bois : on perce dans cette plaque le passage du crochet, ce qui lui fait comme une sorte de gâche. La grande attention du poseur, est que le crochet embrasse bien sa broche, qu'il serre son ventail dans la gueule de loup, ni trop, ni trop peu, afin que la porte ou fenêtre se ferme sans peine et sans jeu; mais, il faut pour cela que les fiches elles-mêmes ou les gonds ne soient pas trop roides, et qu'ils lais-

sent bien tomber la fenêtre dans ses feuillures : on laisse un peu de libre pour l'épaisseur des peintures, et pour le gonflement des bois qui sont exposés à la pluie.

Il n'est pas rare que des portes de balcon soient ferrées en espagnolettes, et comme un crochet par bas oblige à une broche, et que la porte ouvrant en dedans ne permet pas de faire une gâche, (la broche ferait heurter le pied des passans), on remédie à cet inconvénient en supprimant le crochet du bas : alors le bout de la tige de l'espagnolette fait verrou vertical, il se hausse et se baisse en coulant dans l'embase la plus voisine comme dans une douille, et on le rend roide en mettant derrière, un petit ressort ou paillette qui le presse en faisant contre effort sur le battant de la porte.

SECTION X.

CADENAS.

259. Parler des cadenas au serrurier, c'est lui parler d'un objet qui lui est presque étranger ; car il ne les fait jamais, et comme ils sont fort bon marché, ils ne valent pas le raccommodage ; nous en parlerons avec quelques détails au Vocabulaire, et si nous revenons sur cet article, c'est qu'il nous fournit l'occasion de parler du pêne en bord.

Quelque soit la forme du cadenas, il se compose d'un palastre et d'une couverture réunis par une cloison d'un seul morceau, dont les deux bouts se rejoignent au bas du cadenas. La partie du cadenas que l'anse traverse, se nommera le rebord ; ce rebord, la cloison, le palastre et la couverture sont de la même épaisseur qui ne passe jamais une ligne ; la cloison est assujettie par au moins trois étoquiaux rivés sur le palastre et la couverture ; on peut consolider le tout par une brasure, mais cela est rare. L'intérieur est celui de la serrure à pêne en bord, excepté que cette dernière n'a presque jamais qu'un foncet.

Le pied de la broche de la clef traverse le palastre, et se consolide par un pied de broche. Dans les cadenas ordinaires, on environne la broche d'un rouet; s'il n'est pas renversé, il forme un cercle non interrompu; on peut, si l'on veut mettre un autre rouet sous la couverture, on peut le foncer ou le renverser comme on veut. Le pêne fait sa course au-dessous du bord, et parallèlement au bord, c'est ce qui lui vaut le nom de pêne en bord; sa tête ne sort jamais du cadenas, ni de la serrure de cette espèce; il est contenu par deux picolets qui guident sa tête et sa queue; il faut fixer la place de la broche, et distribuer les barbes du pêne, comme nous l'avons dit en parlant de la serrure de sûreté. Le ressort est comme partout, placé au-dessus du pêne qu'il comprime; il est composé d'une bande d'acier aussi large que la profondeur de la serrure ou du cadenas; il embrasse une broche épaulée et rivée sur le palastre; il se divise ensuite en deux branches, dont une courte fait contre effort sur le rebord, et une longue va s'engrener de la moitié de sa largeur dans les encoches du dos du pêne où elle fait arrêt; là, ce ressort se réduit à une demi largeur, et le reste de cette branche se replie par dessous dans une forme elliptique, formant une gorge que la clef soulève en accrochant les barbes.

Entre le picolet de la tête du pêne et la cloison, le rebord est percé d'un trou quadrangulaire pour recevoir l'auberon si c'est une serrure, et dans le cadenas, le bout de l'anse; si ce bout est assez large, on le perce comme un auberon, sinon, on lui fait une profonde entaille, dont la forme représente un auberon ouvert par un côté; on conçoit bien, comment le pêne poussé par la clef entre dans cet auberon ou dans cette entaille, et comment il retient l'un et l'autre.

240. Il y a des cadenas à demi tour, leur pêne n'a point d'entailles sur le dos pour le ressort qui ne fait que le comprimer, le plus souvent même il n'y en a pas; ce pêne par dessous n'a qu'une barbe

pour ouvrir, à moins qu'il ne fasse tour et demi. Derrière le pêne, il y a un petit ressort à volonté soit à boudin, soit à deux branches, et dont l'objet est de tenir le demi tour fermé; la tête du pêne est taillée par dessus en biseau dans le sens de sa largeur; l'auberon ou le bout du cadenas glisse sur ce biseau, et force le pêne de marcher à reculons; alors dès que l'entaille se présente en descendant dans le cadenas, le pêne, chassé par le ressort à boudin ou celui qui en tient lieu, entre de lui-même dans l'entaille, et ferme la serrure ou le cadenas sans le secours de la clef.

On voit que si on voulait faire un cadenas de façon, rien n'empêcherait de lui mettre toutes les garnitures d'une bonne serrure, même une planche et un râteau; mais comme on vise au bon marché, on les fait extrêmement simples, et c'est beaucoup quand ils ont un rouet; on se borne, pour leur donner quelque sûreté, à leur faire des clefs tourmentées.

SECTION XI.

PERSIENNES.

241. Nous faisons connaître les persiennes au Vocabulaire, il nous reste à parler de la manière de les ferrer.

La persienne est généralement suspendue sur des gonds et des pomelles; elle pourrait être ferrée avec des fiches, cela ne fait pas une grande différence. (*Voyez* ci-après 260, 262, et la manière de ferrer l'un et l'autre.)

La persienne se ferme avec une espagnolette; cependant il y en a qui ferment avec un loqueteau par en haut et avec une targette, ou crochet, ou verrou par en bas. D'autres se ferment au moyen d'un fléau placé au milieu; c'est une poignée à bouton fixée sur un des battans, et reçue dans un support posé sur l'autre battant. Voilà pour ce qui concerne les persiennes à lames fixes.

242. Mais il est des persiennes à lames mobiles; l'objet de cette mobilité est de donner aux lattes ou lames plus ou moins d'inclinaison, afin d'augmenter ou de diminuer le courant d'air, ou la clarté.

Pour obtenir ce résultat, on emploie un mécanisme, soit de fer ou de cuivre, et que le serrurier exécute.

On commence par faire deux plates-bandes de fer de la hauteur du panneau de la persienne, ou de tout le ventail, s'il n'est pas divisé en deux par une traverse. On encastrera ces deux plates-bandes dans le milieu du champ intérieur des montans de la persienne, mais auparavant on divise ces bandes en autant de parties qu'il y a de lames présentées par le menuisier, et à chaque division, on perce un trou de foret destiné à recevoir le bout du tourillon de la lame correspondante. Ce trou doit répondre exactement au milieu de la largeur de la lame fermée; le menuisier n'a point manqué de les présenter toutes fermées, et de manière que celle de dessus drape un peu sur celle de dessous.

Après cela, on fait le tourillon de chaque bout de lame. Ce sabot est une embrassure dont les deux branches saisissent la lame par le bout et au milieu de sa largeur; ces branches sont entaillées dans l'épaisseur de la lame qu'elles doivent affleurer. Le bout de ce tourillon se termine en un petit goujon qui entre dans ces trous de foret pratiqués dans la bande de fer encastrée dans le champ intérieur des montans de la persienne. Tous ces trous doivent être rigoureusement placés sur une droite passant par tous leurs centres, et correspondans parfaitement de centre à centre avec ceux de la plate-bande opposée, de manière que les goujons des deux tourillons de la même lame soient parfaitement placés, l'axe de l'un dans celui de l'autre.

Mais tous ces tourillons ne se ressemblent pas; ceux d'un bout des lames, ont en outre de l'embrassure

de la lame une queue nommée coq, tournée en dedans de l'appartement, et dans la forme d'un arc,
dont le centre est au point de rotation du tourillon.
Ce coq doit être assez large pour y percer dans toute
sa longueur une coulisse à peu près d'une ligne et demie de largeur, dont nous allons bientôt voir la destination. La longueur de la coulisse est un arc égal
à celui que parcourt le champ de la lame dans son
mouvement de rotation.

On forge alors une autre plate-bande de fer assez
étroite pour la placer tout auprès de la première ;
on la divise comme l'autre, et on fait coïncider
leurs divisions ; mais au lieu de faire un trou à chacune de ces divisions, comme à la première plate-
bande, on y fait un petit tenon rond comme un
goujon qui se place dans la coulisse du coq. L'un
des champs de cette plate-bande porte vers le bas
une crémaillière qui lui donne son nom ; cette crémaillère s'endente dans un pignon attaché sous une
platine, et qu'on fait tourner avec un bouton en
olive. Cette seconde plate-bande que nous nomme-
rons crémaillère, fait sa course dans deux ou trois
petits cramponets ouverts, qui sont des demi picolets, placés près du champ extérieur de cette plate-
bande au-dessus de la crémaillère.

On conçoit facilement, qu'en tournant la poignée
ou l'olive, on force le pignon à faire monter ou descendre à volonté la crémaillère ; celle-ci fait glisser
la tige, dont tous les petits goujons entraînent dans
leur mouvement, la queue des coqs, et en les faisant
hausser ou baisser, ouvrent ou ferment à la fois
toutes les lames. Ce mécanisme bien exécuté est
fort cher aussi cela est-il réservé pour les maisons de
luxe.

243. On emploie aussi un autre mécanisme moins
cher et moins élégant ; souvent le menuisier épargne
un tourillon en bois au bout de ses lames, ce qui
exempte de le faire en métal ; mais si le serrurier
doit les faire, il ferrera toutes les lames comme dans
le précédent mécanisme, excepté que tous les tourillons sont semblables, et n'ont point de coq. Sur

le milieu de chaque lame, et souvent même sur un des côtés, on attache une petite bascule à patte qui se termine en un petit œil. Cet œil entre dans une coulisse faite d'une tôle ou d'un fer battu reployé ; il est traversé par une petite broche sur laquelle il conserve la liberté de tourner ; on rive une poignée ou un bouton sur le dos de cette coulisse, qu'on nomme aussi crémaillière, et qui régne du haut en bas du panneau de la persienne ; ce mécanisme très simple supplée le premier, et sert passablement bien.

244. Bien des gens ne veulent pas faire la dépense de persiennes à lames, ils y suppléent par des lames mobiles montées sur des rubans, et suspendues par des cordons ; ce sont les menuisiers qui en sont chargés ; on les nomme jalousies. On emploie aussi un autre moyen pour se défendre du soleil, il consiste en un rideau qu'on nomme store quelle que soit l'étoffe dont il est composé. Le nom de store nous est venu de l'étranger.

245. Le store est roulé sur un cylindre creux, dans lequel on met un ressort à boudin, fait d'un fil de fer plus ou moins gros, selon la pesanteur du rideau qu'il doit enlever. Ce ressort se fait sur un tambour ou cylindre de bois, de la grosseur dont on veut faire le ressort ; à ce tambour est ajusté une manivelle, pour le faire tourner sur son axe retenu fixe dans une fourchette ou un trou. Un ouvrier, après avoir attaché le bout du fil de fer sur le tambour, le retient fortement, tandis qu'un autre tourne la manivelle ; on prend soin que chaque tour serre bien sans vide sur le tambour, et si cela est nécessaire, on l'y force avec un maillet de bois ; on range les tours à se toucher l'un l'autre, et après avoir calculé sur la longueur du rideau, combien son rouleau doit faire de révolutions, pour s'envelopper de la totalité du rideau, on fait plusieurs tours de plus autour du tambour. Ce ressort une fois retiré du tambour, se fixe solidement sur un axe de fer, qui traverse toute sa douille, dans toute sa longueur. Cette douille, ce rouleau creux, est

assez ordinairement de fer-blanc ; c'est la boîte du store. L'axe passe en même temps dans le centre du boudin, et c'est sur cet axe, qu'il accomplit ses spires. A chaque bout de la douille on place une virole percée dans son centre, pour laisser passer l'axe; l'une de ces viroles épaisse, s'engage dans la boîte, et le surplus de son épaisseur est entaillé en roue de rencontre ; un petit cliquet ou détente à ressort de compression, s'engrène dans cette roue, et sa queue qui fait bascule, est percée d'un œil, où l'on passe un cordon qui tombe jusqu'au bas du rideau. Quand tout cet appareil est ajusté, on fixe l'autre bout du ressort à boudin, soit sur l'autre virole, soit sur la paroi intérieure de la douille, et l'on attache le haut du rideau sur la douille, on le roule ensuite à la main, et on place aux deux angles supérieurs de la fenêtre, deux petits gonds, à très petits mamelons, qui s'introduisent dans les œils du bout de l'axe ; et on met le rouleau en place. Maintenant, si l'on tire sur le pied du rideau, on fait tourner le rouleau qui entraîne avec lui le bout du ressort à boudin, et le bande ; le cliquet de détente se fait entendre à chaque dent de roue qui le soulève ; mais il n'est opposé qu'au mouvement inverse : le rideau se déroule ainsi autant qu'on le veut ; et quand on veut le supprimer, on pèse sur la bascule du cliquet, il déprend, et le ressort se restituant, fait tourner le rouleau qui s'enveloppe du rideau et le remonte. Ces stores sont très en usage dans les voitures.

Ce store est ce qu'on nomme store à cric ; il en est un autre qui n'a ni roue de rencontre, ni ressort de détente, et dont on retient les mouvemens par un cordon.

SECTION XII.

POSE DE SONNETTES.

261. Il ne serait pas indifférent, (dans un autre ouvrage que celui-ci), de parler des raisons qui ont fait adopter l'usage des sonnettes pour appeler les domestiques ; pourquoi on en met une dans les mains d'un président, au cou d'un bélier qui en a pris son nom, etc. etc. ; mais cette digression serait tout-à-fait déplacée ici. Le serrurier sait que d'un bout à l'autre d'une maison, on agite une petite sonnette attachée à l'extrémité d'un ressort tout à la fois à boudin et à bascule, et dont l'usage est de faire un commandement, ou un appel, ou un avertissement.

Au milieu de la plus petite spire de ce ressort, est réservé un petit carré, qui reçoit la tête de la broche ou pointe, qui la tient suspendue. Ce ressort est placé de manière que le fil de fer dont nous parlerons tout à l'heure, bande le ressort en tirant sur la bascule. C'est au bout de la grande branche du ressort, que la sonnette est rivée inébranlablement ; c'est le bout de la petite branche, qu'on nomme bascule. Le ressort de la sonnette ne doit pas être placé verticalement, car dans son mouvement pour sonner, il décomposerait la force que lui imprime le cordon. Il doit être oblique et de manière que la bascule sollicitée par le cordon, décrivant un arc, la corde en soit horizontale. Le talent du serrurier est de faire arriver à cette sonnette, librement, sans frottemens, et le plus directement possible, le fil de fer qui part de la main de celui qui sonne.

247. Pour arriver à la sonnette par le plus court chemin, il faut que le fil de fer traverse souvent des cloisons, des murailles et des étages. Il faut

donc que le serrurier ait les instrumens nécessaires pour les percer. Ces outils sont des vrilles,
des chasse-pointes et des mêches de différentes longueurs, selon l'épaisseur des corps qu'il faut percer;
on les substitue l'une à l'autre à mesure que le trou
s'approfondit; les plus longues peuvent avoir jusqu'à six pieds.

Le chasse-pointe sert à tâter le fond des trous,
pour reconnaître les substances qui s'opposent à la
mêche, comme fer ou tout autre. Le poseur doit
en outre être muni de broches avec un œil long
et étroit comme celui d'un aiguille; c'est à l'aide
de cette broche qu'il passe son fil de fer dans les
trous qu'il a percés; mais si la muraille est vieille,
si les plâtres tombent dans le trou, si les pierres
sont assez désunies pour se presser sur le trou,
le fil d'archal comprimé dans son passage y éprou-
verait bientôt un frottement, qui arrêterait tout
le jeu des mouvemens. Alors le serrurier élargit son
trou, et y introduit une petite douille de fer-blanc,
qu'on nomme tuyau; on la scelle par les deux
bouts. Le fil de fer passe dans ce tuyau et ne craint
plus rien.

248. On a vu (81 et suivant), les échantillons
de fils de fer. Le serrurier poseur, choisit celui
qu'il juge convenable; ce fil doit être recuit, soit
au four ou sur la braise, avec l'attention de chauffer
doucement, et de ne pas pousser la chaude trop
loin de peur de le brûler; il doit être d'autant moins
chauffé qu'il est plus petit. Avant de le mettre en
place, le poseur le redresse et l'éprouve en l'attachant par un bout; il en fait ensuite un ou deux
tours autour du manche de son marteau, et, mar-
chant à reculons, il tire fortement à lui; c'est son
affaire de ne pas tirer assez fort pour le casser.

249. Le poseur se munit encore de mouvemens
horizontaux et verticaux, que nous avons décrits
au Vocabulaire. En outre, il se précautionne de
quelques ressorts à boudin, dont l'aile ou la queue
peut avoir de 3 à 4 pouces de longueur; ils sont

destinés à rappeler le fil de fer, qui après avoir
sonné pourrait être retenu par des frottemens ; au
moyen de ce rappel tout l'appareil se restitue dans
son premier état. Il lui faut aussi quelques tiges à
bascules (*Voyez* Bascule), avec des pitons à œil ,
pour remédier à l'inconvénient d'un trou qui n'arrive
pas juste en place, ce qui a lieu souvent à cause des
murs de refends, ou de la différence de hauteur des
planchers. Il doit être aussi fourni de pointes d'arrêt ,
tant pour empêcher le renversement d'un mouvement , surtout de celui de tirage, que pour occa-
sionner une petite secousse utile pour agiter le fil ,
le restituer et agiter la sonnette.

Muni de tous ces outils et matériaux , le serrurier
se transporte sur les lieux et les examine. La puissance part le plus souvent d'une cheminée ou d'un
lit ; dans le premier cas on fait usage de coulisseaux.
Cependant on commence à les abandonner, pour
placer de beaux rubans , dent le bas est attaché
à un anneau riche, et passe dans une agraffe pareille
attachée sur le lambris. Si la puissance part d'un
lit, elle s'applique au bas d'un cordon qui se termine souvent en un gland.

Après avoir vu d'où part le tirage et le lieu où
il convient de placer la sonnette , il fixe la route
de ses fils de fer, et perce ses trous. Mais ici , il
faut prendre des mesures exactes en dehors et en
dedans des chambres, car s'il se trouve un mur de
refend placé de telle sorte que l'angle de la chambre
voisine ne réponde pas à celui de la première pièce
d'où vient le tirage, il ne faut pas percer dans l'angle
de la première , il faut percer dans l'angle du mur
de refend , si le trou arrive à grande distance de
l'angle de la première chambre; il faut un mouvement horizontal dans l'angle et un autre à l'entrée
du trou ; mais , si la distance n'est que d'à peu près
un pied , on y place une bascule dont une des
branches répond à l'angle de la chambre , et l'autre
à l'entrée du trou. Si le fil de fer traverse un pièce
entière , il faut lui préparer , de distance en distance, de petits conduits de gros fil de fer, ployé

en deux branches pointées, entre lesquelles le fil de fer passera pour se soutenir.

251. Après avoir ainsi percé des trous correspondans les uns aux autres jusqu'à la pièce où l'on juge devoir placer la sonnette, le serrurier attache son fil au premier mouvement, le plus voisin de celui qui sonne, cheminée ou lit, etc. : ce premier mouvement se nomme de tirage, il est vertical et change en horizontale, la direction qui vient du sonneur ; c'est entre les branches de ce mouvement qu'il place la pointe d'arrêt ; cette méthode est nouvelle ; on en plaçait autrefois une de chaque côté ; mais la méthode d'aujourd'hui est plus simple : la pointe entre les branches leur laisse assez de mouvement libre et les arrête alternativement où il faut, pour empêcher un renversement, et produire le choc désiré ; ensuite il passe son fil dans le trou voisin, et en attache le bout à la première branche du mouvement suivant, et ainsi de suite, en essayant ces mouvemens, qui doivent être bien sur leur tirage ; c'est-à-dire à l'équerre les uns sur les autres, jusqu'à la bascule de la sonnette, au bout de laquelle il attache provisoirement son fil de fer, qu'il n'attache à demeure qu'après avoir plusieurs fois essayé si tout l'appareil joue bien librement.

252. Pour peu qu'il y ait trois ou quatre mouvemens, on doit éprouver un peu de roide dans leur jeu, ou des frottemens dans les trous, qui empêchent le ressort de la sonnette de se restituer vigoureusement ; alors le serrurier place des ressorts de rappel où cela est nécessaire : nous en avons parlé plus haut. On place ce ressort de manière que la puissance le bande en sonnant, et en se débandant il seconde le ressort de la sonnette. Le fil de fer qui vient du rappel s'ajuste sur celui qui vient de la sonnette et se tortille dessus ; en un mot, il s'y attache de manière à ne pas glisser : on essaie si le rappel tire bien, s'il restitue bien le fil de fer, si le mouvement de tirage choque bien sur sa pointe d'arrêt ; c'est ainsi qu'allant de mouvement en mouvement, de trous en trous, d'an-

gles en angles, le poseur arrive à la sonnette et y fixe définitivement le fil de fer.

L'ouvrier doit juger s'il doit placer les mouvemens horizontaux, avec le sommet en dedans ou en dehors, dessus ou dessous sa broche; cela dépend du voisinage d'une corniche ou d'une moulure, de la profondeur à laquelle il peut enfoncer la tige de son mouvement etc.; il se conforme au local. Si la puissance s'applique au coulisseau, elle n'excèdera pas l'effort nécessaire; mais si on fait usage d'un cordon, on peut y appliquer plus de force qu'il ne faut, et surtout décomposer cette force par une direction oblique. Le serrurier y obvie en faisant passer le cordon dans un petit crampon placé au-dessous du mouvement pour assurer la direction, et en plaçant convenablement la pointe d'arrêt.

253. Si on n'a qu'une sonnette pour deux ou plusieurs cordons de tirage, on ajuste le fil de fer des divers tirages, là où ils arrivent, sur le principal; c'est le cas de multiplier les rappels en avant et en arrière des jonctions.

254. Les branches des mouvemens sont ordinairement de cuivre fondu, mais la broche sur laquelle ils tournent est de fer; quelquefois aussi on substitue du fil de laiton au fil de fer.

255. Les mouvemens sont égaux, mais celui de tirage a la branche du cordon plus longue.

256. Un mouvement auquel on laisse trop d'espace à parcourir dans sa rotation se renverse, c'est-à-dire fait un tour entier, alors le jeu de tout le mécanisme est interrompu; on prévient cet accident par les pointes d'arrêt qui bornent la course du mouvement. Cet accident est plus à craindre au mouvement de tirage qu'à tout autre, raison pour laquelle on lui met toujours une pointe d'arrêt.

257. C'est le même mécanisme qui s'applique au demi-tour des portes-cochères et autres portes des maisons, on y emploie de très gros fil de fer, et des grands mouvemens de fer.

258. On emploie aussi pour les sonnettes des ressorts de renvoi, dits ressorts à pompe; ce ressort

est un ressort spiral de fer ou de laiton, dont les spires sont à de grands intervalles. On les comprime par une extrémité, et ils agissent comme un ressort en se restituant.

Le serrurier fait usage de l'échelle double pour la pose des sonnettes, cependant il est quelquefois obligé de placer des fils de tirage en dehors des murs d'une maison, alors il se sert d'échafauds volans; ces cas sont rares.

SECTION XIII.

FERRAGE DES PRINCIPALES FERMETURES.

259. Quoique l'art du serrurier soit bien différent de celui du menuisier, cependant ces deux ouvriers sont souvent obligés de s'entendre, puisque c'est presque toujours l'ouvrage du menuisier que le serrurier est appelé à ferrer, le travail du menuisier étant le premier fait, étant celui sur lequel le serrurier attache le sien : ce dernier est obligé de se subordonner au premier, et presque toujours il faut qu'il hache, qu'il pénètre dans la menuiserie pour placer ses ferrures.

260. Ferrer une porte ou une fenêtre sur gonds est une opération qui commence par placer les gonds, et ce n'est pas toujours le serrurier qui les place; parfois le maçon lui en évite la peine. Quand les gonds sont posés, le serrurier présente sa porte, en engageant dessous un gros ciseau en guise de coin, pour la tenir élevée, et empêcher qu'en ouvrant elle ne traîne sur le plancher. Il a soin de la bien faire entrer dans sa feuillure par en haut et par les côtés; cela fait, sans la déranger, il pose ses pentures, ou ses pomelles, en serrant un peu plus celles d'en haut, pour empêcher la porte de faire ce qu'on nomme saigner du nez, c'est-à-dire d'incliner en avant quand on l'ouvre, ce qui exposerait le bout à porter par

terre. Le poseur doit avoir un soin particulier de ne pas trop serrer la porte dans la feuillure en attachant sa penture, car il l'empêcherait de battre librement dans celle de l'autre côté; cela peut dépendre de la manière de la clouer, et encore plus de ce que le gond soit trop enfoncé: si ce dernier cas a lieu, on n'a d'autre ressource que d'entailler un peu la penture, ou la pomelle, tout auprès des nœuds, jusqu'à ce que la porte batte librement en la poussant, et reste fermée d'elle-même.

261. Le même procédé a lieu pour ferrer des couplets; on pose d'abord la lame du chambranle, et ensuite celle qui est sur la porte avec les mêmes précautions.

262. Si ce sont des fiches que l'on doit poser, il faut placer le châssis sur les tréteaux; on pose ensuite la porte ou la fenêtre dans son châssis, bien à plat, et on présente la fiche ouverte et déployée, en plaçant les nœuds dans la noix : la noix est une entaille faite dans le châssis et dans le ventail pour noyer les nœuds (nous parlons ici de la fiche à broche); alors le poseur trace avec une pointe, sur le châssis et le ventail, la place des lames, en faisant un trait tout au tour; ensuite avec le chasse-pointe il marque la place des trous des lames, en piquant le bois au travers de ces trous: c'est surtout en marquant la place de ces trous qu'il doit porter toute son attention à ce que la fiche soit bien dans sa noix, qu'elle y soit bien droite, et que la noix elle-même soit bien droite, de telle sorte que toutes les broches de toutes les fiches soient rigoureusement dans le même axe les unes que les autres d'un côté, et ainsi de l'autre, afin que la porte ou la fenêtre roule comme sur un seul et même axe. Lorsque toutes ces mesures sont prises, on retire les vantaux du châssis, et on fait dans le montant du châssis la mortaise pour placer la lame de la fiche. Cette mortaise se fait avec un petit bec d'âne, à peine de l'épaisseur de la lame; ou ne lui donne que la hauteur et la profondeur de la lame, ainsi qu'on a tracé sur le châssis et sur le vantail. La mortaise doit être assez juste pour que la lame ne puisse y en-

trer qu'à l'aide du marteau; mais avant de faire la mortaise, on a dû percer d'une petite vrille les trous qui doivent recevoir les pointes dont les lames seront traversées quand elles seront en place. On fait la même chose pour toutes les fiches, et quand elles sont toutes dans leurs mortaises, on ferme la porte ou la fenêtre dans son bâti, en engrenant les nœuds les uns dans les autres; si la porte ou la fenêtre se range bien dans ses feuillures, et les nœuds des fiches les uns dans les autres, on passe les broches, et on essaie d'ouvrir et fermer pour s'assurer qu'il n'y a ni embarras, ni roideur, ce que dans bien des pays on nomme gourd, cela peut arriver à cause de la position des lames dans leurs mortaises : on y remédie; et quand tout joue bien librement, et avec précision, quand les deux ventaux ferment bien l'un sur l'autre, ou se prennent bien l'un l'autre dans la gueule de loup, on pointe les fiches, et cette partie du ferrage est finie.

Dans la fiche à vase, celle qui porte le mamelon se pose comme le gond; l'autre se pose ensuite comme dans celles à broche; on la place de même dans sa mortaise, on comprend bien qu'ici il n'y a pas de noix ; la lame de la fiche étant une fois placée dans sa mortaise, on présente la porte en passant les mamelons dans les nœuds, ensuite on pointe la fiche.

Ce que nous avons dit pour les broches s'applique parfaitement aux gonds et au mamelon de la fiche à vase; tous ceux d'un côté ne doivent avoir qu'un axe commun.

263. Après avoir ainsi ferré sa porte, et assuré son mouvement sur sa suspension, le serrurier vient placer sa serrure et ses verroux : nous supposerons la porte à deux battans; il n'est pas indispensable que la porte soit sur les tréteaux, cela peut se faire en place. Le premier soin du poseur est de placer les verroux verticaux du battant dormant, son attention porte surtout sur celui d'en bas; comme le bois est élastique, et qu'il peut se prêter à une compression, rien n'est plus facile que de faire gauchir le battant ; il faut donc s'assurer que le chambranle est bien

d'aplomb, ensuite faire battre doucement le ventail dans sa feuillure d'en haut, et regarder où répond le bas sur le seuil ; on y marquera sur-le-champ la place du verrou, et on lui fera son entaille que l'on recouvrira d'une plaque de fer percée, encastrée dans le seuil et tenue par quatre vis, cette plaque lui sert de gâche : si cela est bien fait, l'autre ventail battera librement dans la feuillure du premier, alors on présente la serrure, et on commence par percer au travers du ventail un trou pour la broche et le canon, observant que si la porte est d'assemblage, on n'est pas maître de choisir la place de la serrure, il faut qu'elle soit posée vis-à-vis d'une traverse. L'ouvrier serait bien maladroit s'il se trompait d'un diamètre de broche, sur la place qu'elle doit occuper, et en faisant son trou un peu plus gros, le peu de vacillement que le canon conserve, suffit pour qu'il puisse présenter le rebord avec précision, ce rebord doit affleurer le bois, il faut donc qu'il soit entaillé de toute son épaisseur dans le champ de la porte ; le serrurier le trace avec une pointe, et fait son entaille au ciseau.

264. Mais souvent la couverture affleure la cloison ; par conséquent, l'épaisseur des têtes de vis, les pattes du canon, le pied de broche d'une seconde entrée, les pignons de crémaillère, etc., sont autant d'objets, qui placés en dehors de la couverture empêchent la serrure de bien joindre sur le ventail. Le poseur les entaille, et souvent il fait une entaille générale, qui n'en fait que mieux, parce qu'elle comprend la cloison. Lorsque l'entaille est faite, on achève celle du rebord, et la serrure joignant bien, lui permet de descendre en place ; la serrure est alors posée. Après cela on passe les crémaillères, et on les fixe dans leur coulisse sur la couverture, en les engrenant dans leurs pignons, tout cela doit se faire avant de visser la serrure, et on présente le tout ensemble, en prenant des précautions pour empêcher de tergiverser le verrou d'en haut : alors on serre un peu les vis d'attache de la serrure, et on place les verroux à pignon bien verticalement ; on attache leurs cramponnets, et on marque la place de leur

gâche, qu'on creuse sur-le-champ ; ensuite on ferme les ventaux, et on serre les vis de la serrure, en essayant continuellement de faire jouer tout le mécanisme avec la clef, et si tout est bien, on serre définitivement les vis.

Il arrive qu'une serrure peut avoir souvent besoin de réparations ; alors il faut bien la démonter : l'opération de visser et de dévisser fréquemment les vis à bois, finit par leur donner trop de libre ; elles ne tiennent plus : pour obvier à cet inconvénient, on a souvent employé des petits boulons taraudés, et dont la tête carrée est entaillée par dehors dans la porte ; le bout est serré par un écrou sur la serrure. Cette manière d'attacher une serrure est préférable; mais comme elle est moins élégante, on l'emploie assez rarement.

Lorsque la serrure est posée, on passe la clef dans l'entrée, et en la remettant dans la serrure, on marque la place de l'entrée que l'on attache, ou qu'on entaille.

Il ne reste plus qu'à attacher la gâche, ce qui est bien facile, puisqu'elle est subordonnée au pêne, et qu'elle se pose la dernière. (Voyez *Gâche*.)

265. Si, au lieu d'une porte avec une serrure, le poseur doit ferrer une fenêtre avec une espagnolette, l'opération se fait sur le même système ; on fait mettre le bâti sur les tréteaux, et on commence par ferrer les fiches, en s'assurant que les ventaux ferment bien l'un sur l'autre, librement et sans roideur; alors le poseur présente son espagnolette ouverte sur son ventail, et prend ses mesures pour qu'elle ne soit ni trop haut, ni trop bas, afin qu'en la fermant, les crochets puissent entrer dans les traverses, à la distance convenable de la feuillure ; ensuite il marque la place des lacets dans une ligne tracée au milieu de la largeur du montant (s'il n'est pas trop large cependant), car, dans tous les cas, l'espagnolette doit être à une distance du bord telle, que la poignée puisse entrer dans son support placé sur l'autre ventail, et que les écrous de l'un et de l'autre soient en dehors de la gueule de loup ; alors on perce les trous

des lacets, et on y introduit leurs pitons, que l'on serre avec leurs écroux.

266. Ensuite, en tenant les deux ventaux fermés, on tourne l'espagnolette pour marquer sur les traverses la place que doit occuper la mortaise qui recevra les crochets. On fait ces mortaises avec le ciseau, et quand les crochets y entrent librement, sans rien accrocher, on prend des mesures précises pour placer la broche qu'ils doivent embrasser. Quand sa place est décidée dans le champ de la traverse, ce qui aurait lieu dans la feuillure, si les crochets n'étaient pas assez longs (ce serait un vice), on met définitivement cette broche en place; ensuite on pose la gâche des crochets, et on l'entaille pour qu'elle affleure le bois L'ouvrier à talent, en faisant jouer fréquemment les pièces pendant la pose, et travaillant avec précision, parvient à fermer hermétiquement sa fenêtre.

Reste à poser le support; il faut qu'il reçoive la poignée, et qu'il la retienne quand la fenêtre est fermée; il faut qu'il ne la serre pas trop, parce que l'épaisseur des peintures et le gonflement des bois en cas d'humidité ne permettraient plus à la poignée de venir se ranger dedans; il ne faut pas non plus trop de liberté, car la fenêtre ne fermerait pas bien. Ce juste milieu s'obtient en introduisant le piton du support dans son trou, dans lequel on le serre plus ou moins avec son écrou. Les tarauds du support et des lacets ne doivent pas saillir beaucoup au-delà de l'écrou sur lequel on en arrondit le bout.

Quant aux agrafes et pannetons des volets, on comprend que leur place est déterminée par celle des pannetons de l'espagnolette.

Ces détails, quoiqu'abrégés, suffisent pour faire voir comment on serre un coffre, une caisse; comment on place des crochets, targettes et verroux horizontaux; nous croyons inutile d'en dire davantage à l'ouvrier intelligent.

FIN

VOCABULAIRE

RAISONNÉ,

DES MOTS, OUTILS ET OUVRAGES

DE SERRURERIE. (1)

A.

Acérain.

Fer acérain, fer dur, qui tient de la nature de l'acier.

Acérer.

C'est souder de l'acier avec du fer pour le rendre tranchant. On acère aussi le fer sans pour cela le rendre tranchant. C'est ainsi qu'on acère les marteaux et les enclumes pour leur donner la dureté convenable.

Pour acérer les parties plates, par exemple un marteau, on corroie un morceau d'acier de la forme et grosseur convenables, et on le soude à un morceau menu, de fer de la même forme, c'est ce qu'on nomme acérer à chaude portée; mais comme cette méthode a des inconvéniens, qu'il peut se trouver des crasses, des pailles, du menu frasil entre les surfaces superposées, ce qui expose à désouder, on emploie une autre manière pour acérer les instrumens tranchans. Cela consiste à fendre le fer, et on y insère un morceau d'acier, amorcé en coin. (Voyez *Marteau.*)

---

(1) Les numéros indiquent le paragraphe où l'article est traité dans l'ouvrage.

Acérure.

L'action d'acérer, faite ou à faire. — Morceaux d'acier préparés, pour souder avec le fer qu'on veut acérer.

Acides.

Peuvent servir au serrurier à tremper; ils trempent fort dur (*voyez* 126), n'agissent pas sur le fer pur. — Servent à décaper la tôle et tous les fers. —Vaporisés par le grillage. — Font reconnaître la qualité du fer. (*Voyez* 90.)

Acier.

Combinaison de fer et de carbone (*voyez* 83); on l'obtient par la cémentation. Le cément est du charbon, et quelque cément qu'on ait essayé, la base en est toujours le charbon. On fait de l'acier avec du fer forgé. — Avec de la fonte, c'est l'acier fondu; enfin, on peut l'obtenir directement du minerai. (*Voyez* de 83 à 110.)

Affinerie.

Ateliers où l'on affine le fer et la fonte.

Affinage.

Opération pour purifier le minerai riche, ainsi que la fonte, et les débarrasser des terres et du carbone, aussi-bien que de l'oxigène qui s'y trouvent en excès (*voyez* 55). L'affinage adoucit la fonte, et la rend malléable.

Affinité.

Tendance qu'ont certaines substances à se réunir. — Le fer en a beaucoup pour le soufre (*voyez* 15); le charbon de terre en a beaucoup aussi avec le soufre, ainsi qu'avec le bois. (*Voyez* 171 *a.*)

Agreyeur.

Ouvrier qui étire le fil de fer avec un lévier et de grosses tenailles.

Agrafe.

Terme générique pour tout morceau de fer qui accroche, suspend, ou joint deux objets.

Aigre.

Fer cassant à froid et brisant à chaud. (*Voyez* 63, 117.)

Aiguille.

Morceau d'acier qui dans les boussoles indique la direction magnétique. Ces aiguilles doivent être du meilleur acier; sans être percées, les meilleures sont lancéolées; elles sont trempées très dur, et à paquet pour ne pas se voiler; il ne faut plus les planer après la trempe, ni les ramener au bleu; on les aimante sans les recuire. — Longue broche de fil de fer, percée d'un trou rond par un bout, pour recevoir le fil de fer d'une sonnette, afin de le faire passer dans le trou percé à cet effet au travers d'un mur.

Aile ou aileron de fiche ou de couplet.

Ce mot est tout-à-fait en désuétude; on dit *la lame* d'une fiche ou d'un couplet. C'est la partie de ces ouvrages qui s'attache dessus ou dans le bois, soit du montant ou du battant d'une porte, d'une croisée, volet, etc.; enfin, c'est dans le couplet ou la fiche, tout ce qui n'est pas la charnière.

Air (trempe à l'air).

On trempe le fer et l'acier rouges à l'air, en agitant vivement la pièce. (*Voyez* 133, 134.)

Ais.

Morceau de bois sur lequel l'ouvrier emboutit les demi-boules; on s'en sert pour les ornemens. (*En désuétude.*)

Alézoir.

Outil d'acier trempé à tige carrée ou octogone, et à tête. Le haut de la tige est percé pour y passer un manche transversal à l'aide duquel on le tourne pour élargir un trou; c'est une espèce de foret; on s'en sert pour calibrer les canons; il y a des alézoirs de toutes grosseurs; il y en a dont la tête est carrée, que l'on adapte au virebrequin, d'autres ont la tête meplate, et s'adaptent à un tourne à gauche.

Amas.

Etat du minerai (18).

Amboutir.

Voyez *Emboutir.*

Ambase,

Ou plutôt *Embase*, voyez *Embase*, voyez *Balustre de clef.*

Ame.

Partie du Soufflet. C'est une soupape mobile qui se lève par la pression de l'air extérieur, afin de le laisser entrer dans le soufflet, et qui se referme ensuite par l'action des bajoues, afin de forcer l'air à sortir par le tuyau qui lui est destiné.

Amorcer.

Faire une entaille avec une langue de carpe dans un fer qu'on veut percer. — C'est aussi fendre un morceau de fer pour y introduire un morceau d'acier,

taillé en forme de coin, afin de les souder ensemble.
— C'est aussi étirer en bec de flûte, les deux bouts
du fer qu'on veut souder, après les avoir refoulés.

Ampoules.

Petites bulles creuses qui se forment à la surface
de l'acier, dans sa cémentation, et qui lui ont
fait donner le nom d'acier poule. (*Voyez* 96.)

Analyse.

De la fonte, 14. — Du fer, ibid. — Du minerai,
25. — Du charbon, 171.

Ancre.

Instrument de fer bien connu, qui retient, accroche, et sert dans la marine à amarrer les vaisseaux sur les rades. — En serrurerie, c'est un barreau de fer quelquefois droit, quelquefois contourné
en S, ou en Y, ou en X, et dont on se sert pour appuyer les murs qui menacent de prendre du sur-
plomb, ou qu'on veut empêcher de s'écarter; l'ancre
entre dans l'œil du tirant.

Anneau.

Mot générique. En serrurerie, c'est un morceau
de fer, ployé et soudé, rond, ovale ou carré, et dont
on se sert à plusieurs usages. On fait l'anneau sur
la bigorne, il y en a de toute grandeur, suivant l'u-
sage auquel on le destine.

Un usage vicieux, fait souvent donner le nom de
boucle à des anneaux. (Voyez *Boucle*.)

Dans une clef, l'anneau est la partie que l'on tient
dans la main quand on la tourne, il fait alors service de lévier, et pourrait n'être qu'une barre; mais
il est commode de le faire en anneau, parce que cela
donne la facilité de l'accrocher. Autrefois on ornait
avec beaucoup de travail l'anneau des clefs, pour

leur donner du fini quand l'ouvrage en valait la peine; on en voit de beaux exemplaires dans les meubles antiques. Aujourd'hui tout se simplifie.

Anse de panier.

Morceau d'ornement en rouleau dans la forme d'une anse de panier, dont il a reçu le nom.

Arbalète.

Instrument qui n'est ici que pour mémoire, car il est tellement en désuétude, qu'à peine son nom est-il connu de la plus part des serruriers. Cet instrument servait à faire marcher la lime, ou la machine à polir; il était composé de deux lames d'acier, élastiques et courbées en arc en diminuant de grosseur. On appliquait le gros bout de l'inférieure contre le bout mince de la supérieure, et on les retenait dans cet état par des viroles. On scellait fixement au plancher une de ces lames à un endroit au-dessus de l'étau; l'autre lame pressait la lime sur la surface à polir, et soulageait l'ouvrier qui n'avait que le mouvement de poussée à donner à sa lime, et peu de pression à appliquer, parce que l'arbalète en donnait une partie. (*Résumé de l'Encyclopédie.*)

Arbre.

Partie pivotante d'un treuil.

Arbue ou Herbue.

Terre alumineuse employée comme fondant pour fondre le minerai de fer (*voyez* 49). (Voy. *Herbue*).

Arcade.

Forme qu'on donnait au fer dans la confection des balcons ou rampes d'escalier : ces arcs souvent circulaires, souvent en forme d'ogive, ont fait donner aux ouvrages, dont ils font partie, le nom de rampe ou balcon à arcade ; ou commence à les abandonner, on adopte les lignes droites.

Archet.

Outil qui fait marcher le foret. C'est une tige élastique que l'on fait souvent avec une lame de fleuret ; l'extrémité se termine en crochet ; on y attache une corde de boyau ou une lanière de cuir dont l'autre bout est attaché à un œil ou piton qui se trouve près du manche de l'archet. C'est cette lanière, cette corde, qui entoure la boîte du foret, et qui fait tourner cet outil. Les gros ouvrages qui se forent à la boutique, sont aujourd'hui soumis à une machine qui remplace le foret à archet. (Voyez *Machine à forer.*)

Arçon.

Petit archet.

Argille.

Mélange d'alumine et de silice, dont le serrurier fait souvent usage au feu ; c'est une terre liante qui se travaille et se durcit aisément, et dont on fait des moules et des creusets : elle est dite crue, quand elle n'a pas été mise au feu ; elle est dite cuite, quand on l'a durcie au feu. L'argille est fusible.

Armature.

Garniture en général. — Toute la garniture en fer d'un appareil de pompe dans les bâtimens. — Bande de fer dont on garnit les bornes de pierre ou de bois, pour empêcher les voitures de les endommager. — Garniture d'une pierre d'aimant. — Garniture d'une poutre ou de tout objet qu'on veut préserver.

Arrêt de gachette.

Petit talon du pêne qui l'empêche de courir, ce talon entre dans une encoche qui est à une ga-

chette; quelquefois aussi, c'est un petit talon qui
entre dans les encoches de pêne; on le nommait ci-
devant arrêt de pêne, et on avait raison, puisqu'il
arrête le pêne. L'encyclopédie le nomme arrêt de
pêne; on le nomme aussi arrêt du ressort.

Arrêt de pêne.

Voyez *Arrêt de gachette*.

Arrière-corps.

Toute pièce ajoutée au nu d'un ouvrage, mais de
telle sorte que le nu l'excède comme l'avant-corps
excède le nu; l'arrière-corps est pris dans le corps
de la pièce; enfin, l'arrière-corps est en retraite,
l'avant-corps est en saillie.

Artichaud ou chardon.

Assemblage de fer qui présente des pointes en
tous sens, ce sont des défenses pour empêcher un
passage. (Voyez *Chardon*.)

Avaler.

Brasser, remuer la fonte dans le fourneau pour
la ramener devant la tuyère. (*Voyez* 62.)

Avant-corps.

Voyez *Arrière-corps*.

Auberon.

Petit cramponnet de fer rivé au moraillon, ou à
l'auberonière d'une serrure plate ou en bosse; dans
le premier cas, l'auberon passe au travers du palastre pour recevoir le pêne dans la serrure; il en est
de même de la serrure en bosse, mais pour la serrure
plate il y entre au travers du bord, et le pêne passe
dedans. Dans ce second cas, il y a parfois plusieurs
auberons.

Auberonière.

Petite plaque de fer qui porte l'auberon quand il n'y a pas de moraillon.

B.

Balancier.

Le serrurier fait le balancier d'une pompe ; c'est un levier qui fait mouvoir le piston ; il fait aussi le balancier d'une horloge ; dans ce cas, il ne doit pas ignorer que la longueur du balancier, pour battre la seconde, varie selon les latitudes ; le bon balancier d'horloge doit être invariable, et comme le fer est susceptible de dilatation et contraction, la verge de suspension varierait de dimensions, si l'on n'avait pas recours au balancier composé. (*Voy*. 10.)

Balcon.

Plate-forme en saillie, pratiquée à l'extérieur des maisons. Le serrurier nomme balcon, la balustrade en fer qui environne cette saillie ; on nomme aussi balcon, le garde-corps que l'on met devant une croisée ; tous ces ouvrages en fer étaient, jadis, très façonnés et chargés d'ornemens ; on revient aujourd'hui aux formes plus simples et aux lignes droites. (*Voyez la fig.*)

Balustre.

Mot suranné remplacé par celui d'embase. C'est un ornement au-dessous de l'anneau d'une clef au haut de la tige. Ce nom vient de ce que les boules et les intervalles qu'on y fait à la lime, ont dans leur ensemble à peu près la forme d'un balustre de balustrade. L'embase ne se borne pas à la clef ; on nomme embase tout ornement en boules et filets ronds, qui entoure une tige. On dit embase d'espagnolette, etc.

Bandage ou plutôt bande.

Plate-bande de fer qu'on met sur la jante d'une

14

roue ; c'est la bande ou le bandage qui porte sur le terrain, afin de préserver la jante. Les charrettes et voitures communes, ont leurs roues ferrées de bandages de plusieurs morceaux ; mais les voitures soignées, ont des bandages d'un seul morceau. — Court-bandage, qualité de fer. (*Voyez* 75.)

Bande de fer.

Mot générique. Fer plat, toute barre plate est une bande. (Voyez *Bandage*.)

Bandelette.

Fer martiné en bande. (*Voyez* 76.)

Barbe du pêne.

Partie du pêne en forme de dents ; ce sont ces barbes que la clef rencontre en tournant, et qui font avancer ou reculer le pêne.

Il y a des barbes volantes ou mobiles ; elles descendent ou montent, et ne font pas corps avec le pêne, elles y sont ajustées. Ces barbes sont rares.

Barre de la forge.

C'est la ceinture. Ce sont ces bandes de fer plates qui embrassent la forge, et dont les extrémités sont scellées dans la muraille à laquelle la forge est adossée. Son usage est de contenir l'assemblage des briques et carreaux, dont le dessus de la forge est composé.

Indépendamment de cette barre, la maçonnerie entière de la forge est portée, soutenue, appuyée par d'autres barres de fanton, qui s'accrochent à celle du pourtour et qui consolident tout l'ensemble.

Barre de Languette.

C'est une barre de fer plat qui soutient la languette du manteau de la cheminée, afin de retenir les briques ou le plâtre dont cette cheminée est faite. — C'est aussi la petite barre qui supporte la planche de ventouse d'une cheminée.

Barre de godet, ou de garniture, qui supporte les gouttières en saillie.

C'est une bande de fer plat, terminée par un scellement, ou une potence, et à l'autre bout par une gâche rivée sur la barre.

Barre de linteau.

Barre de fer plat, ou carré, qui se pose, au lieu d'un linteau de bois, aux portes et croisées; on en met aussi aux croisées bandées en pierre, pour en empêcher l'écartement.

Barre de trémie.

Barre de fer plat, coudée à double équerre à chacune de ses extrémités; elle soutient les plâtres des foyers des cheminées, et se place dans les trémies ménagées dans les planchers, et pose sur les solives d'enchevetrure.

Barre d'appui.

C'est une barre que l'on place en travers d'une croisée trop basse, afin qu'on puisse s'appuyer en regardant par la fenêtre; elle est de fer carré, scellée dans les deux côtés de la fenêtre, et ordinairement recouverte d'une plate-bande en fer, souvent étampée, ou même en bois.

Bascule.

La bascule est, en serrurerie, ce qu'elle est, en général, en mécanique. C'est un levier.

Bascule de verroux.

C'est un levier dont le point d'appui est fixé par

une goupille rivée sur une platine, et qui agit par
ses deux bouts, sur deux verges de fer qui lui sont
appliquées : ces verges répondent haut et bas à deux
verroux, et placées de telle sorte que ces deux verroux ouvrent ou ferment à la fois, quand on fait
mouvoir cette bascule à l'aide d'un bouton.

Bascule de loquet.

Pièce de fer de deux ou trois pouces de long, posée
horizontalement sous le battant de loquet d'une
porte; cette bascule est percée dans son milieu d'un
trou carré, dans lequel entre le bout de la tige du bouton qui traverse la porte, et dont l'autre bout tient au
bouton, pomme, ou lasseret d'une boucle; le bout
de cette tige, qui passe dans la bascule, doit excéder
l'épaisseur de la bascule, il est retenu par un écrou
ou une simple goupille : le battant du loquet est de
l'épaisseur de la bascule. Quand on tourne la poignée
d'un sens, un des bouts de la bascule soulève le battant; c'est la résistance. L'appui est dans le trou
carré, et la puissance à l'un des bouts de la poignée,
soit bouton, pomme, boucle, ou toute autre forme.

Bascule de fermeture aux ventaux de porte ou d'ar-
moire.

Cette bascule fait mouvoir deux verroux, l'un qui
entre verticalement dans la traverse d'en bas, et
l'autre dans la traverse d'en haut : ces verroux sont
montés sur des platines ; leur queue vient se rejoindre
au milieu de la hauteur du ventail, là où se trouve
la bascule : elles sont coudées par le bout, en croissant, à contre-sens l'une de l'autre. L'extrémité des
croissans est percée d'un trou, et vient poser sur les
éloquiaux, qui sont à chaque bout d'un T; ce T est
placé sur un autre éloquiau rivé sur une platine carrée, attachée sur le ventail; le T est percé dans son
milieu, entre les deux éloquiaux du bout de ses deux
bras. La bascule se meut verticalement : si on la lève,
on ouvre ; si on la baisse, on ferme.

Le jeu de cette bascule est couvert par la gâche encloisonnée de la serrure; mais s'il n'y a pas de gâche, la platine est à panache et polie, et l'étoquiau, qui porte la bascule, est à grand bouton plat: ce bouton couvre le T, ainsi que les deux bouts des croissans.

La bascule s'emploie beaucoup dans la pose des sonnettes; c'est une tige plus ou moins longue, à l'extrémité de laquelle est une bascule de mouvement. (*Voyez la fig.*)

Bascule à pignon.

Cette bascule diffère de la première, en ce que les queues des verroux sont droites et fendues de toute la quantité du mouvement des verroux, et que là où les queues se regardent et s'approchent, leurs côtés sont à crémaillères, qui s'engrènent dans un pignon compris entre elles deux. La queue du verrou d'en bas porte un bouton, à l'aide duquel on fait mouvoir ce mécanisme; on ouvre en levant le bouton, on ferme en le baissant.

Bascule d'une serrure.

C'est la partie que le fouyau fait mouvoir, et qui sert à ouvrir le demi-tour. (224.)

Bâtarde.

La lime bâtarde tient le milieu entre la dure et la douce.

Bateau.

On dit qu'une chose est en bateau, ou gondolée, quand au lieu d'être en ligne droite, elle relève par les deux bouts.

Bâton rompu.

Morceau de fer coudé en angle, plus ou moins obtus, selon la place où on l'applique. C'est l'équivalent de chevron brisé.

Battant de loquet.

C'est ce que dans quelques provinces on nomme clanche : le battant de loquet est une petite barre plate de fer, qui se meut en se levant et se baissant par un bout. Ce battant est attaché sur la porte par le petit bout avec une vis ; un crampon l'empêche de s'écarter de la porte, en lui laissant tout le jeu nécessaire ; le gros bout entre dans le mantonnet qui le retient. (Voyez *Loquet poucier.*)

Battant d'une porte.

C'est la fermeture de la porte : on dit une porte ouverte à deux battans. La porte, proprement dite, est l'ouverture pratiquée dans un mur, ou dans une cloison, pour y laisser un passage. L'espèce de plan de bois qui remplit cet intervalle est le battant, ou les battans ; c'est le battant qui porte la serrure et les verroux ; mais quand la porte a deux battans, on donne le nom de dormant à celui qui porte les verroux, parce qu'il ouvre moins souvent. L'autre, qui porte la serrure, conserve le nom de battant, ou de ventail.

Batterie.

On nomme fer de batterie (*voyez* 75-78), les fers battus, tels que la tôle ; l'usine où ces fers se fabriquent se nomme batterie.

Battiture.

Oxidule de fer, qui se détache du fer quand on le martelle. On se sert de ces battitures dans la fabrication de l'acier (109).

Bavure.

Particules de fer qui restent à l'orifice d'un trou nouvellement percé, ou sur un ouvrage ébauché.

Bec du soufflet.

C'est le tuyau ou canon de fer qui transmet le vent à la forge.

Bec-d'Ane.

Sorte de burin très acéré, qui sert à refendre les clefs, et à faire les cannelures et mortaises.

Le bec-d'âne est aussi un instrument à bois; et comme dans la bouche des ouvriers les mots s'altèrent facilement en abrégeant, celui-ci est devenu d'abord bec-d'ân, ensuite *bédan*.

Le bédan est un ciseau à un seul biseau très long, parce que l'instrument est très épais dans le sens du biseau, mais très mince dans le sens tranchant : cet outil, destiné uniquement à faire des mortaises, varie d'épaisseur à l'infini; il y en a d'assez petits pour faire des mortaises de deux et trois pouces de profondeur, destinées à recevoir du fer d'une ligne d'épaisseur.

Bec de canne.

On connaît sous ce nom une serrure et un outil. La serrure est celle dont le pêne à demi-tour est taillé en chanfrein; de sorte qu'en poussant la porte, elle se ferme d'elle-même : le bec de canne, proprement dit, n'a point de clef; le pêne s'ouvre avec un bouton. (227.)

L'outil qui porte ce même nom est une beguette, c'est-à-dire une petite pince à main, dont l'extrémité est plate et terminée en ligne droite; l'intérieur des deux serres est haché comme une lime, afin que l'objet saisi ne glisse pas. Ce mot n'est pas en usage partout; il est, à Paris, remplacé par le mot pince-plate.

Bec de corbin.

C'est encore une beguette, ou petite pince à main, dont les serres, ou mordans, sont ronds et pointus. Le bec de corbin sert à contourner les petits fers, et surtout les fils de fer; c'est la pince ronde de Paris.

Beguette.

Petite pince à main. (Voyez *Bec de canne et de corbin.*) Mot inusité aujourd'hui.

Béquille.

Poignée à bascule, qui remplace quelquefois le bouton.

Benarde.

Espèce de serrure sans broche, et qui a ouverture des deux côtés pour la clef; en sorte qu'on peut ouvrir et fermer par dedans, comme par dehors, avec la clef. (210.)

Bigorne.

Mot altéré de bicorne, c'est-à-dire qui a deux cornes; c'est une enclume dont les deux bouts se terminent en cornes, ou pointes : il y en a dont ces cornes sont carrées; d'autres, dont une seule est ronde, et l'autre carrée. L'usage a prévalu par abréviation, de nommer bigorne, l'enclume à bigorne. Cependant on nomme aussi bigorne les deux extrémités de l'enclume à bigorne.

Bigorneau.

C'est une petite enclume à bigorne, qu'on peut saisir entre les mâchoires de l'étau.

Bigorner.

Forger sur la pointe de la bigorne, pour arrondir en forme d'anneau.

Billot.

Le billot de l'enclume est une grosse pièce de bois placée verticalement, pour recevoir le pied de l'enclume. (Voyez *Stock.*)

Blanchir.

C'est limer le fer, et faire disparaître l'oxide dont il est couvert (146), de sorte qu'il paraisse blanc; c'est la première opération pour polir : on blanchit aussi à la meule.

Blanche (chaude).

C'est la seconde chaude pour l'intensité. (*Voyez* 115. Voyez *Chaude.*)

Bleu.

C'est une des couleurs du recuit. (*Voyez* 142, 143.)

Bleuir.

C'est oxider en bleu, c'est ramener au bleu par le recuit. (*Voyez* l'article précédent.)

Bluettes de fer.

Petites écailles qui jaillissent du fer quand on le forge à chaud.

Bocard.

Instrument pour briser le minerai (40).

Bocardage.

Ibid.

Bois à limer.

C'est un morceau de bois que quelques auteurs nomment estibois ou entibois et qu'on place dans les mâchoires de l'étau; on fait une petite entaille dans ce morceau de bois, pour y appuyer la pièce qu'on veut limer, quand elle doit mouvoir sous la lime; l'ouvrier tient sa pièce de la main gauche, soit à la main nue, soit avec une pince à anneau ou un étau à main, il la tourne sur ce bois à mesure que le coup de lime le demande; cela a pour objet d'avoir sous la pièce et sous les coups perdus de la lime, un corps mou qui n'endommage ni l'une ni l'autre.

Bois propre à faire le charbon.

(*Voyez* 43, 44.)

Bois fossile.

(*Voyez* 171.) C'est du bois enfoui par quelques grandes révolutions ; il a beaucoup d'affinité avec le charbon de terre. (Voyez *Affinité.*)

Boîte.

C'est la partie d'une fiche dans laquelle entre la broche qui tient lieu du mamelon d'un gond. Ce mot n'est plus usité, on dit nœud de fiche, de charnière, etc. ; c'est aussi une sorte de douille de fer ou de bois ronde ou carrée qui reçoit une tige mobile à volonté, telle que celle qui reçoit le foret. (Voyez *Foret.*)

Borax.

Sel fusible, employé comme flux ; il aide la fusion des métaux, et sert à leur soudure.

Borne.

Grosse pierre que l'on pose aux angles des portes, des murs, et partout où l'on veut défendre un objet du heurtement des roues des voitures ; on arme ces bornes avec des bandes de fer longitudinales et transversales ; on fait aussi des bornes en fonte, ce sont les meilleures, elles ont 3 pieds de haut sur 1 pied et demi de diamètre, et pèsent de 350 à 400 livres.

Bosse.

On nomme serrure à bosse, celle qui est en dehors, attachée avec des boulons dont l'écrou est en dedans ; cette serrure se ferme à moraillon, c'est celle des coffres et des malles ; ces serrures ne s'emploient plus, on les remplace par celles dites à morailfon.

Bouc.

Soufflet de peau de bouc. Ce sont des soufflets dont se servent les serruriers et fondeurs ambulans. Les indiens en ont de peau de cabri, et qui n'ont ni bajoues ni soupape.

Bouche de la tuyère.

C'est l'extrémité de la tuyère par laquelle le vent sort ; la bouche de la tuyère doit être placée à 18 lignes au-dessus du niveau de l'âtre, et son diamètre au-dessus.

Boucle.

La boucle, en terme général, est un anneau attaché et mobile ; on donne ordinairement ce nom aux anneaux de fer ou de bronze qui sont fixés aux portes, et qu'on prend à la main pour les attirer et les fermer ; on en attache aussi aux tiroirs des commodes et meubles recherchés ; il y en a qui sont beaucoup travaillées, et dont la platine imite des gueules, des têtes, etc.

Boucle de gibecière.

Boucles de porte-cochère, et dont le contour, beaucoup travaillé, imite les contours d'une gibecière.

Boudin.

Moulure ronde, en serrurerie comme en architecture.

Boudin.

Ressort à boudin est un ressort en spirale.

Boule.

Globe de fer. S'emploie en ornement ou remplissage dans les grilles, dans les balcons, sur les pilastres, etc.

Boulon.

Cheville de fer à tête, et dont l'autre bout est percé pour recevoir une clavette ou goupille. Le boulon est carré ou rond; quelquefois le bout est taraudé pour un écrou; enfin, il y a des boulons destinés à prévenir l'écartement de deux corps éloignés, tels que murs et limons d'escalier, etc., et qui se nomment boulons d'écartement; d'autres, dits boulons d'assemblage, servent à maintenir les assemblages de charpente.

Bouquer.

C'est soigner le feu. (*Mot en désuétude.*)

Bourdonnière.

Pièce qui reçoit le chardonnet des grosses portes; souvent elle est de fer, quelquefois ce n'est qu'un cercle qui renforce la bourdonnière de bois (voyez *Chardonnet*); on nomme aussi bourdonnière, une penture de fer qui entre dans un gond renversé, c'est aussi la pièce qui reçoit un tourillon. (*Voyez* ce mot.)

Bout.

Toute extrémité de longueur. On nomme clef à bout, celle dont la tige, au lieu d'être forée, se termine en bouton.

Bouter.

C'est limer le bout de la tige d'une clef. Les limes à bouter sont de petites limes propres à limer le panneton des clefs et autres ouvrages.

Bouterolle.

C'est la première des gardes d'une serrure, c'est une cloison circulaire posée sur le palastre à l'endroit où porte l'extrémité du panneton, tout auprès de la tige. La bouterolle entre dans le panneton auprès du bout de la clef dans une petite fente tout auprès de la tige, elle s'oppose à la violation de la serrure, si la fente de la clef qui doit la recevoir, n'a pas exactement sa forme, sa hauteur et son épaisseur.

Il y a des bouterolles plus ou moins composées, il y en a à faucillon, à baton rompu. Le génie du serrurier a la carrière libre pour s'exercer et faire sa bouterolle telle qu'aucune clef ne puisse entrer, si elle n'est pas faite exprès. (*Voyez* 203, 204.)

Bouton.

Ce qu'on prend à la main ou qu'on fait mouvoir avec le pouce pour ouvrir ou fermer, verroux, targettes, portes, etc.; la forme du bouton est de caprice, il y en a en olive, en rond, comme l'ouvrier le veut; le bouton à coulisse est celui qui ouvre le demi-tour d'une serrure.

Branloire.

Chaîne ou corde attachée au levier qui fait mouvoir le soufflet.

Brasque.

Mélange de terre argileuse et de poussière de charbon, qui s'emploie dans les fourneaux de fonte et de cémentation dans certains cas.

Braser.

Opération de serrurerie quelquefois assez difficile à bien faire, elle consiste à réunir deux pièces de fer, soit rompues ou autrement, par l'intermède du laiton en fusion. Une pièce travaillée avec soin, et qui se rompt, ne peut être soudée, car le martelage la déformerait, ce serait une pièce perdue; alors on la brase, c'est-à-dire on la soude avec du laiton. Cette opération bien faite n'endommage pas la pièce, parce que le laiton entre en fusion à 21° du pyromètre de Wedgwood, tandis qu'il faut 130° au fer; (*Voyez* 123. 124.) Dans la brasure le fer n'atteint pas même la

15

température du rouge cerise, et ne change ni de forme ni de dimension.

Nous ne parlerons ici qu'au serrurier, le ferblantier soude autrement, l'orfèvre emploie un flux. (Voyez *Borax*.)

Pour braser, il faut réunir et ajuster les pièces le plus exactement possible, en sorte qu'elles ne vacillent pas. Pour que la brasure prenne bien où l'on veut, on lie les pièces avec du fil de fer de grosseur proportionnée à celle des pièces, mais de façon que ce fil, quoique bien liant, laisse assez d'intervalle pour que la brasure passe entre, et puisse s'insinuer entre les pièces. Quand ces pièces sont bien assujetties, on les environne de laiton coupé par petites bandes minces ou même de mitraille fine, et on maintient tout cet ensemble avec un morceau de papier qu'on lie avec un fil; tout cela doit être fait avec adresse et précaution; si les pièces ont éprouvé le moindre dérangement, il faut tout défaire et recommencer. On place doucement le tout sur un petit tas de mortier à consistance de pâte demi-molle, ce mortier doit être fait avec de l'argile bien battue, et mêlée de battitures de fer et de bourre ou de fiente de cheval; on enveloppe en outre tout l'ouvrage préparé, avec ce mortier à l'épaisseur de quelques lignes, suivant la grosseur des pièces à braser. Quand tout est bien enveloppé de mortier, bien pressé avec la main, on le mouille légèrement et on le saupoudre encore de battitures ou de bluettes de la forge; cela fait, on met au feu avec précaution et l'on chauffe doucement; quand la terre est rouge, on commence à tourner doucement pour égaliser la chaude; bientôt la terre laisse échapper une flamme bleue, c'est signe que la chaude agit sur le laiton; on continue de tourner doucement jusqu'à ce qu'enfin la flamme soit bleue violette, c'est signe que le laiton est au bain; on chauffe encore un peu pour laisser au laiton fondu le temps et la liberté de s'insinuer dans les vides qu'il doit remplir. Ensuite on retire du feu, et l'on pose sur l'enclume où l'on tourne et retourne doucement, pour achever de faire couler le laiton partout où cela est nécessaire; ensuite on laisse refroidir jusqu'à ce qu'on puisse toucher la terre avec la main, l'opération est alors finie, on développe la pièce, et on nettoie à la lime toutes les bavures, boursoufflures et laiton, adhérentes hors des bords de la jonction de la brasure.

Les horlogers, les orfèvres qui ne brasent que de petites pièces, emploient moins de précautions, ils assemblent et lient leurs pièces sans les couvrir de terre, ils les mouillent un peu, et mettent du borax en poudre sur le laiton ; ils chauffent ensuite au chalumeau au degré qu'ils veulent, et la brasure se fait à nu sous leurs yeux. Les serruriers eux-mêmes n'emploient guère que ce moyen, mais ils ne chauffent pas au chalumeau, ils n'ont recours au premier procédé que pour les très grosses pièces.

Brequin.

C'est cette partie du virebrequin, que dans la pratique on nomme la mèche ; le brequin a l'engougeure et le taillant d'une tarrière, et se met en mouvement avec un trépan. Ce trépan est ce que, dans la pratique, on nomme fût. (Voyez *Trépan*, voyez *Fût*)

Breté ou bretelé.

Un outil est bretelé quand il est haché à la lime, soit sur la partie tranchante, ou sur les surfaces. Tels que les marteaux à tailler la pierre, les ébauchoirs des sculpteurs et marbriers. Les unes de ces hachures sont prises de court sur le tranchant même de l'instrument, les autres sont tirées de long sur les surfaces bretelées.

Bride.

Lien de fer plat destiné à retenir ou suspendre.

Brique.

Masse de terre moulée durcie par la cuisson, et qui sert à construire les bâtimens et les forges.

Briquet.

Sorte de couplet à deux broches, et qui ne s'ouvre que d'un côté.

Broche.

Terme générique qui signifie tout fer rond qui s'insinue ou se pique n'importe où; c'est une broche qui entre dans le nœud des fiches, c'est une broche qui entre dans la forure d'une clef; quand elle a un bouton, on la nomme broche à bouton. (Voyez *pied de broche*, *clef*, *serrure*, et 197, 215. — Tige de fer pour attiser la forge. — Broche d'espagnolette, 238 *a*. — Broche de rencontre, 251.

Bronzer.

Recuire à la couleur du bronze. (*Voyez* 123, 142. Voyez *Chaude*.)

Brunir.

Polir à un très haut degré, les armes ou tout autre objet.

Brunissoir.

Instrument d'acier, arrondi, recourbé en demi-crosse, trempé à tout son dur et parfaitement poli, on s'en sert pour brunir.

Burin.

Instrument tranchant, trempé très dur, et d'un acier qui a beaucoup de corps, cet outil est propre à inciser le fer; il y a des burins de plusieurs formes, selon l'usage qu'on en veut faire.

Butoir.

Voyez *Heurtoir*.

C.

Cache-entrée.

Petite pièce de fer qui cache l'entrée d'une serrure; il y en a à secret, et si artistement faites, qu'on ne peut les ouvrir sans les connaître.

Cadenas.

Serrure mobile, portative, qui s'accroche à volonté et se décroche de même; on les emploie à fermer des portes, des malles, des coffres, etc. (*Voyez* 239, 240.)

Il y a plusieurs espèces de cadenas; il y en a à secret ou à combinaison. (*Voyez* 239.)

Quant à la figure du cadenas, il y en a de ronds, de longs, d'ovales, en écusson, en cylindre, en triangle, en cœur, en boule. Il y en a de toute grosseur. Il y en a beaucoup dont toutes les pièces du corps du cadenas sont brasées.

Le cadenas ordinaire est composé d'un palastre et d'une couverture réunis par une cloison; la clef entre par la couverture. Il y a ensuite l'anse dont la queue ronde à bouton traverse les cloisons d'un côté, l'autre extrémité entre avec une entaille dans la cloison, et reçoit le pêne : on ouvre avec une clef forée ou à bouton.

Il arrive souvent que l'anse ne traverse pas le cadenas, et qu'elle n'a pas de queue; elle est à charnière, et l'autre côté ne diffère point de celui d'ordinaire dont nous venons de parler : la plupart de ces cadenas n'ont qu'une bouterolle, ou plus souvent un rouet; mais il y en a beaucoup dont la clef a seulement le panneton tourmenté. Ces cadenas sont communs et peu chers.

Cadenas cylindrique.

C'est un cadenas dont le corps est un cylindre creux, fermé par une de ses extrémités, et garni à l'autre d'un guide immobile, brasé avec le corps, ou fixé par une goupille. Le corps porte à cette extrémité du guide par laquelle entre la clef, deux oreilles entre lesquelles se meut l'anse qui y est arrêtée par une goupille d'un bout, et dont l'autre terminée par une surface plate carrée et percée dans son milieu d'un trou carré, doit entrer par une ouverture faite au corps dans sa cavité, à la partie opposée des oreilles. L'intérieur est garni d'un guide ou plaque circulaire, percée pareillement d'un trou carré, et soudée parallèlement au guide, à très peu de distance de l'ouverture qui reçoit l'extrémité de l'anse dans laquelle entre le pêne.

Entre ces deux guides se pose un ressort à boudin, sur l'extrémité duquel est située une nouvelle plaque, ou pièce ronde et percée dans son milieu, d'un trou carré dans lequel le pêne est fixé.

Ce pêne traverse le ressort à boudin, la pièce ronde mobile dans laquelle il est fixé, et l'autre pièce ronde fixée dans le corps, ensuite il s'avance par un de ses bouts jusqu'au-delà de l'ouverture du cadenas.

Son autre extrémité est en vis et entre dans le guide du côté de l'anse : il est évident que dans cet état le cadenas est fermé.

Pour l'ouvrir, il y a une clef dont la tige est forée en écrou ; cet écrou reçoit la vis du pêne, tire cette vis, fait mouvoir le pêne, approcher la pièce ronde à laquelle il est fixé, et enfin fait sortir son extrémité de la pièce ronde fixée dans le corps, et du trou carré de l'auberon : alors le cadenas est ouvert ; la pièce ronde se nomme picolet.

Quand on retire la clef, on donne lieu à l'action du ressort qui repousse le picolet mobile, et fait aller le bout du pêne, de dessus le picolet fixe, dans l'auberon. Ce cadenas est en désuétude. La clef a un épaulement vers le milieu de sa tige ; cet épaulement l'empêche d'entrer plus qu'il ne faut, et contraint le ressort à laisser revenir le pêne. (*Encyclopédie.*)

Il y a des cadenas à divers secrets qu'il faut connaître pour les ouvrir ; il y en a d'autres à combinaisons formés de plusieurs rouelles sur lesquelles on grave des lettres ou des chiffres. Ces cadenas n'ont point de clef. Quand on veut les ouvrir, on tourne les rouelles de manière que leurs chiffres ou leurs lettres forment un mot ou un nombre voulu; le propriétaire seul doit connaître cette combinaison. Tout cela était bon pour la nouveauté; les bons cadenas, aujourd'hui, ont de bonnes gardes, de bonnes clefs, et pour les violer il faut les briser. (*Voyez* 239, section X.)

Calibre.

C'est un véritable moule. Veut-on calibrer un trou, le calibre est une cheville; veut-on calibrer une cheville, le calibre est un trou percé dans une feuille de tôle; veut-on calibrer une moulure, le calibre est un morceau de tôle coupé selon le profil de la moulure.

Pour calibrer des fers plats et carrés, dont l'un des bouts est disponible, on se sert parfois d'un calibre mobile, composé de deux barreaux refendus par le milieu, pour recevoir deux traverses minces et mobiles; les barreaux et traverses sont percés de trous disposés en tuyaux d'orgue; quatre petites broches de fer placées dans ces trous, maintiennent les quatre morceaux de fer, dans tel parallélogramme qu'on veut. L'instrument des cordonniers pour prendre mesure est un excellent calibre. Les serruriers en emploient aujourd'hui un qui lui ressemble beaucoup; un trusquin est une sorte de calibre.

Calibrer.

C'est passer au calibre.

Can, canter, mettre sur le can.

Si l'on coupe dans un fer plat un morceau carré, les deux grandes surfaces seront le plat, et la pièce posée dessus sera posée à plat; les quatre autres surfaces qui n'ont que l'épaisseur du fer pour largeur, seront le *can*, et si l'on pose le morceau de fer sur l'une de ces quatre surfaces, il sera posé de can ou de champ. A Paris on ne dit que champ. Cau se dit dans les ports.

Canard.

Queue de canard, déchirure d'un fer ou fil de fer, en sortant de la filière.

Canon.

Petit conduit rond, dans l'intérieur de la serrure, et qui reçoit la tige de la clef depuis son entrée. Ce canal est fendu par sa partie inférieure, pour laisser passer le panneton. Si le canon est fixe, il est attaché avec des rivures ou des vis sur la couverture de la serrure. Si la clef est forée, la broche traverse le canon dont elle est l'axe. Si le canon est mobile, il tourne avec la clef, et pour lui faciliter ce mouvement, après qu'il a traversé le foncet ou la couverture, il est engagé immédiatement au-dessous par un épaulement,

Le meilleur canon tournant, est celui qui, indépendamment de l'épaulement qui l'assujettit sous le foncet ou la couverture, est encore fixé au palastre par une petite cheville rivée, placée dans son axe ; on recouvre cette rivure par dehors avec un pied de broche. Le canon a la figure de la tige de la clef. (*Voyez* 201.)

Carbone.

Matière combustible du charbon. Cette substance se combine avec le fer (*Voyez* 55), et le durcit. C'est le carbone qui convertit le fer en acier. (Voyez *Acier* et *Cémentation* aux articles 84, 85, 103, 135, 137, 140.)

Carillon.

Petit fer carré dans le commerce. (*Voyez* 76, 169) (*b*).

Carne.

Angle extérieur d'un corps.

Carreau.

Grosse lime propre au premier dégrossi des fortes pièces. (*Voyez la fig. Voyez* 165.)

Cassage.

Voyez *Bocardage*.

Casse-fer.

Point d'appui enfoncé par une queue dans le trou carré de l'enclume, pour faire porter à faux le fer qu'on veut casser à froid. C'est un petit tas.

Casserie (*fer de*).

Voyez 80.

Cassure.

L'endroit où l'on a cassé le fer. C'est dans la cassure fraîche qu'on reconnaît la couleur, le grain, et le nerf du fer. (*Voyez* 5, 11.)

Castine.

Terre calcaire employée comme fondant, pour fondre le minerai. (*Voyez* 49.)

Ceinture.

Voyez *Barre de la forge*.

Cément.

Sorte de mortier de charbon dont on enveloppe le fer qu'on veut convertir en acier. (*Voyez* 86, 137, 139, 169.)

Cémentation.

Action de cémenter le fer pour en faire de l'acier. (*Voyez* 85.)

Cendres.

Peuvent tremper le fer. (*Voyez* 132.)

Cendreux.

Mot par lequel on désigne que le fer poli paraît piqué de petits points.

Cendrier.

Morceau de fer plat, coudé, qu'on place dans la forge, en dehors du feu, pour contenir les cendres, les scories et le charbon frais.

Cerise (rouge).

C'est une des chaudes. (Voyez *Chaude*, *Voyez* 115, 123.)

Chabotte.

Masse de fonte dans laquelle on fixe les grosses enclumes.

Chaîne.

C'est un assemblage de plusieurs anneaux soudés l'un dans l'autre. — Bande ou tirant de fer plat qui unit des murs, ou tous autres objets, et les empêche de s'écarter. Il y en a qui sont faites à moufles et clavettes. Les chaînes aboutissent à des ancres. (Voyez *Ancre.*)

Chainon.

Toute maille d'une chaîne, quel que soit son usage.

Chair.

Espèce de flocons qui ne rompent que difficilement, qui font comme un espèce de déchirure, quand on rompt une barre de fer. Lorsque les marchands ou les ouvriers voient ces déchirures, ils disent que le fer a de la chair.

Chaleur.

Degré auquel on élève la température dans la

forge. Chaque chaude a plus ou moins d'intensité de chaleur. (*Voyez* 115, 123.)

Chambrière.

Il y en a de suspendues et de non suspendues. C'est un appui pour soutenir les longues barres à la forge tandis qu'on les forge. On s'en sert aussi pour soutenir toute pièce un peu considérable, dont un seul bout est pris dans l'étau.

Champ.

Petite surface d'un corps plat. (Voyez *Can.*)

Chandelier.

Le chandelier de la forge est suspendu avec une crémaillère, dont le haut, fait en crochet, s'accroche partout où le besoin l'exige.

Le chandelier de l'établi est une tige dont le pied est très lourd, et qui supporte une branche brisée en plusieurs morceaux tournant librement les uns sur les autres, celui de l'extrémité porte la chandelle; on peut même faire cette branche à douille si on le veut. (*Voyez la fig.*)

Chanfrein.

Pan formé sur l'angle d'un corps anguleux; le biseau des instrumens est un chanfrein; le pan formé sur un pêne à demi-tour est un chanfrein; enfin, tout angle abattu forme un chanfrein.

Chanfrer.

Faire le chanfrein; c'est aussi la même chose que fraiser; c'est donner de l'embrasure ou de l'évasement à un trou dans lequel on veut noyer la tête d'un clou ou d'une vis.

Chappe.

Toute espèce de monture de poulie, qui enveloppe le rouet.

Charbon de bois.

C'est la substance essentielle dans la cémentation, 43, 44; ce charbon est très bon pour fondre et griller le minerai; on est parfois obligé de l'employer à la forge; mais comme il donne beaucoup de carbone au fer, il peut le griller, aussi les serruriers le mêlent-ils avec de l'argille à la dose de cinq parties d'argille pour cent parties de charbon, et l'on mouille jusqu'à consistance de pâte un peu molle.

Charbon de terre ou houille.

C'est un charbon minéral, dont la base est le bitume; c'est celui dont on se sert principalement dans les travaux de la forge. (*Voyez* 170.)

Chardonnet.

Fort montant de bois qui termine les grandes portes cochères du côté du mur, et sur lequel pivotent les battans de la porte; le pied du chardonnet porte dans une crapaudine, le haut est cylindrique, et se noie dans la bourdonnière.

Chardons.

Défenses de fer, assemblage de pointes en tous sens, pour empêcher d'approcher de trop près d'une grille, ou empêcher qu'on ne la viole. — Pour défendre un passage.

Charger.

C'est mettre de nouveau fer sur une pièce forgée, et qui se trouve trop menue, c'est sans inconvénient, quand la chaude est bien donnée, et que le martelage incorpore bien ce nouveau fer à l'autre.

Charnière.

C'est la partie d'un couplet qui se meut autour

d'une broche; c'est dans une boîte de montre la partie qui tourne sur une broche en ouvrant et fermant. La charnière se compose d'une broche et de l'extrémité de deux morceaux de métal, arrondie pour embrasser la broche, ces deux extrémités s'engrènent l'une dans l'autre; ainsi, il y a couplets à charnière, penture à charnière, etc.

Charnon.

Chaque œil de la charnière se nomme un charnon; ce sont les charnons qui s'engrènent les uns dans les autres; il y a des charnières composées d'une très grande quantité de charnons, la plus simple en a trois, un sur une branche et deux sur l'autre branche; le mot charnon est aujourd'hui inusité, on dit nœud.

Chasse.

Instrument dont on se sert pour transmettre la percussion à l'objet que le marteau ne peut atteindre; un des bouts de la chasse porte sur l'objet, l'autre reçoit le coup du marteau; beaucoup de chasses ont la forme d'un marteau à deux têtes, il n'y a qu'un des bouts de la chasse qui soit acéré : celui qui reçoit le coup du marteau ne l'est pas; cette chasse peut servir à rendre plus vif l'angle intérieur d'un épaulement ou tout autre; il y a des chasses dont le bout acéré est en biseau, il peut servir à aviver tous les angles intérieurs aigus; il y a des chasses rondes et carrées.

Chasse-pointe.

Longue broche de fer pointue acérée, qui sert, dans la pose des sonnettes, à tâter le corps qu'on veut percer, soit muraille ou autre; il s'introduit au marteau, et est recourbé par un talon à son gros bout, afin de donner prise pour le retirer quand on l'a fortement enfoncé. (*Voyez* 247.)

16

Chaude.

Ce mot a deux acceptions : 1º. c'est l'action de donner la chaude ; mais le mot propre dans ce cas est chauffe ; une pièce, par exemple, qu'on a amenée deux fois de suite, au rouge cerise n'a reçu que la même chaude, mais elle a reçu deux chauffes.

2º. La chaude est le degré de température auquel on élève la chaleur du fer à la forge. On reconnaît pour la forge quatre chaudes principales, le rouge brun, le rouge cerise, le rouge blanc, la chaude suante. (*Voyez* 123.) Pour le recuit, on reconnaît sept chaudes, jaune paille, jaune rouge, rouge, violet, bleu, vert d'eau, gris. (*Voyez* 115, 142, 143, 183.)

Chauffe.

C'est l'action de donner la chaude, c'est-à-dire donner une seule chaude quelle qu'elle soit ; ainsi un fer qu'on amène d'abord au rouge cerise, et qu'on retire du feu, que l'on remet ensuite à la forge, et qu'on amène à la chaude suante, a reçu deux chaudes en deux chauffes ; donner une chauffe c'est chauffer.

Chauffer.

C'est donner la chaleur quelle qu'en soit l'intensité. (*Voyez* 72, 183.)

Chemin (d'une scie).

C'est l'espace occupé par la scie dans l'objet scié. Les serruriers de Paris le nomment la voie. (Voyez *Voie*.) C'est l'écartement des dents, perpendiculairement aux faces de la lame ; une scie qui n'a pas assez de chemin, éprouve des frottemens sur la lame, et devient trop dure à mener ; on lui donne du chemin en ouvrant ses dents avec une clef faite exprès. — C'est aussi l'espace emporté dans un métal par une lime à refendre, ou par l'angle d'une demi-ronde.

Chenet.

Ustensile de cheminée. C'est un support de fer pour soutenir le bois, afin que l'air passe par-dessous. Les chenets sont très soignés dans les salons, on leur applique, soit à vis ou à tenon, des ornemens dorés de diverses figures.

Cherche-fiche.

Sorte de pointe acérée coudée à l'équerre par la tête, et dont on se sert pour chercher, au travers du bois, les trous de la lame d'une fiche enfoncée dans sa mortaise, afin d'y placer la pointe qui doit retenir cette lame; le coude, pratiqué à la tête, est fait pour qu'on puisse retirer l'outil quand il tient un peu trop fort dans le bois.

Chevillette.

Clou à tête pyramidale principalement à l'usage des charpentiers.

Chien.

Outil qui sert principalement aux tonneliers; c'est un levier de seconde espèce; il sert aussi par fois aux serruriers.

On dit aussi dans les forges, soufflet à chien, quand le soufflet est mu par une roue que fait tourner un chien.

Cicogne (ou cou-de-cicogne).

Levier coudé à deux coudes, appliqué à l'extrémité d'un trenil pour le faire tourner. La longueur du grand bras de ce levier est comprise entre les deux coudes; c'est ce qu'on nomme aussi manivelle.

Cisailles.

Grands ciseaux dont les lames sont courtes et les branches très-longues; on fixe une de ces branches, soit dans un trou de l'établi, soit dans l'étau ; l'autre branche agit comme un levier avec d'autant plus de force qu'elle est plus longue ; ou s'en sert pour couper la tôle et le fer de fenderie, quand il n'est pas trop épais.

Ciseau.

Le ciseau est un instrument, tranchant au bout d'une tige qui se termine à l'autre bout en une tête sur laquelle on frappe à coups de marteau.

Le ciseau à chaud sert à couper le fer rouge ; ce contact le détrempe très vite ; pour y remédier, on le jette à l'eau dès qu'il a servi, et on le retrempe de temps en temps.

Le ciseau à froid coupe le fer à froid ; c'est l'instrument qui exige le meilleur acier, il lui faut du nerf, il est trempé dur, mais cependant pas assez pour casser sous les coups du marteau.

Le ciseau à ferrer ne coupe que du bois ; il est acéré, trempé, et bien aiguisé ; il y en a de diverses grosseurs ; le serrurier se sert de cet outil pour placer ses ferrures et les entailler dans le bois.

Classification (du fer).

Voyez 15, 169 et suivans.

Clavette.

Est pour les serruriers, ce que les ouvriers de vaisseaux nomment goupille. La clavette est une petite lame de fer triangulaire presque toujours plate, dont un des angles est extrêmement aigu. La clavette est simple ou double ; quand elle est double, elle se compose dans la moitié de sa longueur de deux lames à partir de l'angle aigu ; on insinue cet angle dans l'ouverture longitudinale pratiquée au bout d'une cheville ou d'un boulon, afin qu'il ne puisse s'arracher. Quand la clavette est double, on sépare les deux lames au sortir de la cheville, et on les laisse écartées, afin que la clavette ne se dépasse pas aisément ; quand la clavette est rendue à demeure, on la tortille à coups de marteau autour du boulon, des deux côtés de la fente.

Clef.

Instrument qui sert à ouvrir et fermer les serrures. (*Voyez* 197.)

Les parties de la clef sont au nombre de six : l'anneau, l'embase, la tige, le bouton, le panneton, et le museau. (*Voyez* ces mots.)

1°. L'anneau ; c'est le grand bras du levier dont le panneton est le petit bras. La puissance s'applique sur le bout de la croisée de l'anneau, et la résistance est au museau du panneton ; le point d'appui est au centre de la tige, soit forée ou à bouton.

2°. La tige qui comprend l'embase, la tige et le bouton.

3°. Le panneton qui comprend le museau.

C'est le panneton qui fait mouvoir les pièces mobiles de l'intérieur de la serrure, ressorts, pênes et demi-tours. Le museau est la face de l'épaisseur du panneton à l'opposé de la tige.

Le panneton plat a ses deux surfaces parallèles ; le panneton en S, en Z ou autrement, a son profil perpendiculairement à la tige, dans la forme d'un S, d'un Z ou autrement, et l'entrée de la serrure offre la même figure pour que la clef puisse y pénétrer ; la clef qui n'est point forée, se termine en un bouton qui traverse le palastre ; la clef forée reçoit une broche rivée sur le palastre. (*Voyez* 199.)

Le panneton de la clef est découpé par des ouvertures destinées à laisser passer les garnitures ou gardes de l'intérieur de la serrure, ces ouvertures s'opposent au passage de toute autre clef que celle faite pour la serrure. (*Voyez* 197.)

On nomme aussi clef, l'instrument avec lequel on tourne les écroux des voitures ; elle se compose d'une tige ayant à chaque bout un œil carré, le grand sert pour les roues, le petit pour tous les autres écroux de la même voiture.

La clef anglaise est une tige avec un fort tenon au

bout; un second tenon mobile glisse à volonté sur la tige, et il se fixe avec une vis, là où l'on veut. Par ce moyen cette clef sert à tous les écroux, tandis que les clefs ordinaires ne peuvent servir qu'aux écroux pour lesquels elles sont faites (*voyez* les figures); on nomme aussi clef, ce que les armuriers nomment tourne à gauche; c'est un morceau de fer long au moins de deux pieds, élargi dans son milieu et percé d'un trou carré; il sert à tourner des tarauds pour tarauder et autres objets semblables. (*Voy. la fig.*)

Clinche ou clanche.

Ce mot a plusieurs acceptions; dans quelques provinces on entend par clanche le battant du loquet.

On entend aussi par clinche, une pièce parallèle au pêne et placée au-dessus; elle tombe dans un mantonet qui la reçoit; il y a au-dessus du clinche un ressort double que soulève une petite clef en levant le clinche; cette fermeture dispense de fermer la serrure pendant qu'on est dans l'appartement, et suffit pour tenir une porte fermée provisoirement: le clinche est tout-à-fait abandonné.

Cliquet.

Petit arrêt en forme de bascule, dont un des bouts s'engage dans les dents d'une roue, et l'empêche de tourner d'un sens en la laissant tourner de l'autre; c'est une détente, c'est le linguet du cabestan.

La roue retenue par le cliquet ou la détente, part quand elle est sollicitée et se déroule dès que la détente est levée.

Cloison.

La cloison de la serrure est attachée au palastre; elle environne la serrure dont elle fait l'épaisseur. Le palastre, la couverture et la cloison, voilà tout l'extérieur de la serrure. Le côté de la cloison, traversé par le pêne, est le rebord. (*Voyez* 213.)

Clou.

Morceau de fer long et pointu par un bout. La tige est carrée et terminée à l'autre bout par une tête sur laquelle on frappe ; le clou fait l'office d'un coin, et suit les mêmes lois pour pénétrer dans le bois. *La force est à la résistance, comme la moitié de la base est à la longueur.* (La base est au collet.) Le clou sert à lier deux corps ensemble ; et comme il peut être employé pour réunir des corps très gros et très petits, on en fait de plusieurs grandeurs et grosseurs ; les noms de ces clous varient dans la marine, ils portent des noms différens de ceux que les serruriers leur donnent ; ces derniers les nomment, clous de charrettes, de bateau, à bande, à maçon, à menuisier, à lattes, rivés, à briquet et fraisés, à parquet, broquette, à crochet, à sapin, de liége, à barre, clous d'épingle et semence ; tels sont les principaux. Il y en a d'autres encore, sans compter les noms de localité.

Les clous à tête perdue n'ont point de tête, et sont tellement noyés, qu'on ne les voit plus ; enfin, les clous à grille ou dentelés, sont barbés vers la pointe pour ne pouvoir plus s'arracher. Dans le clou on distingue quatre parties, la tête, la pointe, le corps ou tige et le collet ; ce dernier est immédiatement au-dessous de la tête.

Cloutière.

Plaque de fer percée de plusieurs trous de différentes grosseurs ; c'est en passant la tige du clou par la pointe dans la cloutière, et en frappant sur le gros bout, qu'on lui fait la tête ; la partie serrée par le trou de la cloutière est le collet ; on dit plus généralement clouïère à Paris.

Coche.

Voyez *Cran.* Le cran est une coche.

Cœur.

Voyez *Poulie.*

Coin.

Prisme triangulaire que l'on introduit entre deux surfaces pour les séparer; on distingue dans le coin, la base, le tranchant ou le sommet, les faces, la hauteur.

En théorie, la force qui chasse le coin est à la résistance comme la demi-base est à la hauteur. (*Voyez la fig.*)

Les serruriers emploient de petits coins de fer dans les cas où ils en ont besoin, souvent même, à défaut de coin, ils se servent de leur ciseau à froid.

On nommait jadis coin de ressort, un assemblage de plusieurs feuilles d'acier, qui toutes ensemble formaient un ressort pour une voiture; ce genre de ressort est tout-à-fait abandonné. (*Voyez* 192.)

Col-de-cigne.

Voyez *Cou.*

Colcotar.

Oxide de fer provenant de la calcination du sulfate de fer; on l'emploie pour le poli. (*Voyez* 156.)

Collet.

Endroit d'une penture le plus voisin de l'œil; le collet d'un clou est l'endroit le plus voisin du dessous de la tête.

Combustion (du fer).

Dans l'affinage, la combustion du fer donne une flamme blanche semée d'étincelles brillantes. (*Voy.* 60.)

Compression (du fer).

Le fer se comprime sous le coup de marteau. (*Voy.* 11, 71.)

Conduite (fil de).

Voyez 250.

Congé.

Partie remplie d'une équerre. (*Voyez la fig.*)

Conscience.

Voyez *Foret.*

Contre-cœur.

Lieu d'un foyer occupé par la plaque.

Contre-fraisé.

Trou fraisé par le côté opposé à l'entrée, c'est-à-dire dont l'entrée est plus petite que la sortie.

Contre-poinçon.

Sorte de fraise, et qui s'emploie au même usage.

Contre-rivure.

Voyez *River* et *Rouelle.*

Coq.

Dans la ferrure d'une persienne à lames mobiles, c'est le petit arc qui fait la queue du tourillon ; c'est dans ce coq qu'est coupée la coulisse dans laquelle entre le goujon de la crémaillère. (*Voyez* 242.)

Coq.

Dans une serrure à pêne en bord, c'est la partie dans laquelle le pêne ou la gachette se ferme.

Il y a des coqs simples, doubles et triples. C'est un vieux mot inusité aujourd'hui pour les serrures. On dit auberon. (*Voyez* le suivant.)

Coqueret.

Pièce d'acier poli dans les montres ; on les nomme aussi le coq ; c'est cette pièce qui contient le trou du pivot du balancier.

Corbeau.

En architecture, les corbeaux sont de grosses

pierres engagées dans un mur par un bout, et dont l'autre bout en saillie, se termine en console; on en met souvent plusieurs l'un sur l'autre, et l'ensemble de leur profile, forme une console très saillante destinée à porter des fardeaux très lourds, même des voûtes; c'est ce qu'on nomme appuyer par écorbellement.

En serrurerie, le corbeau rend le même service. C'est un gros barreau de fer carré, scellé dans le mur, et en saillie, pour supporter des sablières ou des solives.

Cordelière (Loquet à la cordelière).

C'est un loquet qui était très en usage dans les couvents; le battant de ce loquet se soulève avec une clef à jour, qui s'introduit à plat dans l'entrée; on en fait très peu d'usage à présent.

Corne de bœuf.

Sert à noircir. (Voyez noircir.)

Cornet.

Espèce de fer marchand, gros échantillon. (Voyez 75, 169 e.)

Corps (de l'acier).

Qualité qu'on reconnaît par sa résistance aux efforts pour le rompre. (Voyez 147, 148.) Le corps dépend de la trempe et varie avec elle.

Corps (gras).

Peuvent très bien tremper l'acier. (128, 130.)

Corrompre (le fer).

C'est le forger mal, le refouler, replier ses parties les unes sur les autres; cette opération vicie, détériore le fer, au lieu qu'en le forgeant bien en l'étirant sous le marteau, on lui donne du nerf.

Corroyer.

C'est comprimer le fer sous le marteau, le pétrir en quelque sorte pour le resserrer, en rapprocher les molécules ; le fer, en se corroyant, prend plus de corps.

C'est la même chose qu'écrouir ; c'est aussi réunir par la chaude plusieurs barres en une.

Côte de vache.

L'une des qualités marchandes du fer de fenderie. (*Voyez* 169 *b.*)

Cottières.

Celles des barres de fer de martinet auxquelles on donne plus de largeur qu'aux autres.

Cou-de-cigne.

Pièce du train des voitures. (*Voyez* 190.)

Couche du minerai.

Voyez 18.

Coude.

Angle d'un fer ployé.

Coulé (fer coulé).

Sorte de fer de fenderie. (*Voy.* 169 *a.*)

Couleur.

Des chaudes, 115, 123. — Du recuit, 141, 142, 143.—Ce sont les couleurs que prend le fer élevé à une haute température, et celle qu'il prend dans le recuit. (*Voyez* 60.)

La couleur du fer est celle qu'il a dans la cassure. (*Voyez* 5.)

On donne une couleur d'eau au fer poli, en le mettant sur le feu sortant de la forge, sans le recuire ; on peut même lui donner cette couleur, en le mettant dans les cendres chaudes.

Coulisseau.

Petite coulisse de cuivre que l'on attache sur les cheminées, et à laquelle vient aboutir le fil de fer d'une sonnette ; le coulisseau est poucier quand il porte un petit talon sur lequel on met le pouce pour le mouvoir.

Couper (le fer).

Voyez 186.

Couplet.

Petite ferrure à charnière, composée de deux lames, ou droites ou en queue d'aronde, assemblées par une charnière. Ce n'est pas une ferrure élégante, on la met aux tables, aux cassettes, et quelquefois aux portes. (261.)

Course.

C'est l'espace que parcourent un pêne et un verrou.

Courson.

Fer du Berry très doux ; le courson est une masse à pans irréguliers.

Court-bandage.

Qualité de fer marchand. (Voyez 75.)

Couverture.

La couverture d'une serrure, est cette plaque de tôle parallèle au palastre, et qui cache tout l'intérieur de la serrure. (222.) On remplace parfois la couverture par un foncet.

Craches.

Rejet de matières, par le devant de la tuyère d'un fourneau.

Cran.

Entaille dans une surface. Les dents d'une crémaillère sont des crans; c'est aussi un défaut de fabrication d'un fer mal forgé.

Crampe.

C'est, dans les constructions, un fort morceau de fer coudé circulairement dans son milieu, les deux bouts sont ses branches percées pour plusieurs clous avec lesquels on attache fortement la crampe sur une pièce de bois; ces branches sont coudées, et s'étendent des deux côtés sur la même ligne, parallèlement à l'objet sur lequel elles sont clouées. (*Voyez la fig.*)

Il y a une crampe plus petite et plus simple, circulaire dans son milieu, et dont les deux branches parallèles se terminent en pointes. Toutes ces crampes servent à enlever ou à traîner de lourds fardeaux.

Crampon.

Le crampon des serruriers est un morceau de fer souvent plat, composé de deux pointes et de deux coudes, formant embrassure, il sert à recevoir des pênes, verroux, targettes et autres petites fermetures.

Le crampon à scellement est fait pour être retenu dans un mur, dans une pierre ou dans du plâtre; celui à plâtre a les deux pointes refendues et ouvertes, pour offrir plus de résistance dans le plâtre; celui qui doit être scellé dans la pierre est fait de la même manière; on le scelle avec du plomb.

Cramponet (petit crampon).

Pièce de la serrure qui embrasse la queue du pêne, et dans laquelle il fait sa course; le cramponet est rivé sur le palastre; mais dans une serrure soignée, il est à patte et retenu avec des vis; on le nomme à présent picolet, dans la serrure; mais ailleurs il conserve son nom. On dit cramponet de targette.

Crapaudine.

Massif de fer ou d'acier plus ou moins gros, selon

la place qu'il doit occuper. Le milieu de la crapaudine contient un trou dans lequel tourne toute espèce de pivot ; aux portes cochères elle est encastrée
solidement dans un fort dé de pierre. La crapaudine
d'une porte battante est, ou à queue, ou à pattes, ou
à pointes, ou à scellement, suivant le besoin.

Crasse (de forge).

C'est le mâchefer, la scorie du fer et du charbon.

Crémaillère.

Instrument de cuisine extrêmement connu, et
que l'on pend dans les cheminées pour soutenir, à la
hauteur voulue, la marmite sur le feu. C'est cette
crémaillère qui a donné son nom à toutes les autres,
même à celles des fortifications de campagne. La
crémaillère des cuisines est un objet de taillanderie,
mais les serruriers peuvent être appelés à la réparer ; on sait qu'elle est composée de deux bandes de
fer qui s'embrassent mutuellement par leurs extrémités ; l'une de ces branches est hachée de crans
profonds qui servent à la retenir à la hauteur dé-
sirée ; le bout de la branche se termine en une anse à
laquelle on suspend la marmite.

De là vient le nom de crémaillère donné à toutes
les dentures de cette forme ; ainsi l'on nomme crémaillères, ces petites tringles à dents, dans lesquelles
s'engrène l'appui d'un pupitre. — Les tringles à
dents, qui supportent les rayons des bibliothèques.

On nomme aussi crémaillère la pièce de fer qui
se place derrière les guichets des grandes portes
cochères, et qui sert à les tenir plus ou moins ouvertes à volonté, au moyen d'une barre de fer
scellée dans le mur, et qui sert d'arc-boutant, en
plaçant son crochet dans l'entaille qu'on juge à propos.

La crémaillère d'une serrure se met à la serrure à
pignon et presque toujours en dessus de la couverture ; ce pignon se meut par la queue du pêne, qui,
lui-même, se termine en crémaillère engrenée dans

le pignon, et le mouvement se donne avec la clef.
(*Voyez* 226.)

Il y a des bascules à crémaillère qui se meuvent
par le moyen d'une poignée à pignon.

Creuset.

Petit vase de terre réfractaire employé à fondre
les métaux. On se sert à Paris de creusets de Saint-
Quentin en Picardie; ceux de Hesse, et ceux de Plom-
bagine sont également bons; on en fait de noirs à
Ypres et en Allemagne, les Anglais en font grand
usage. Le point important, c'est que la terre dont
le creuset est construit soit bien réfractaire, afin
que sans se gercer ou se rompre, il puisse facilement passer d'une haute température à une autre.

Croc.

Partie recourbée d'un fer quelconque.

Crochet.

Petit croc. En serrurerie, le crochet est le rossignol. (*Voyez* ce mot.)— C'est un petit outil fait pour
remplacer une clef perdue ou cassée; mais son effet
est nul dans les serrures compliquées; le crochet est
fait d'un morceau plat d'acier battu, il a un anneau
et une tige comme la clef; mais au lieu de panneton, il n'a qu'un simple crochet peu gros, et de la
longueur égale à celle du panneton, ce dont on
s'assure par la longueur de l'entrée. Le serrurier
essaie de passer ce mince crochet entre les gardes
de la serrure, et d'attraper le ressort et les barbes
du pêne pour les faire marcher; il a tout un trous-
seau de crochets pour pouvoir choisir celui qui est
propre à la serrure qu'il veut crocheter. Le demi-
tour est facile à ouvrir avec un seul crochet,
mais il en faut deux, et par fois trois, pour faire
marcher le pêne dormant, ce qui rend l'opération
très difficile et souvent impossible.

Le crochet est aussi une fermeture de porte, de volet, de battant, etc., il est de fer rond reployé par un bout, et portant à l'autre bout un œil dans lequel passe celui du piton qui l'attache ; la tête du crochet est reçue dans un piton ; d'autres sont d'un fer plat dont un bout est reployé, et l'autre est une patte percée d'un trou pour la vis ou le clou. C'est le crochet plat.(*Voyez la fig.*)

Crocheter.

Ouvrir avec un crochet.

Croisillon.

Barreau de balcon placé diagonalement en croix de saint André ; on orne ces croisillons en leur donnant la forme d'une flèche, dont la partie empennée est à l'angle du châssis, et la pointe à un petit médaillon au milieu du châssis.

Croix (de Lorraine).

Voyez 205.

Cure-feu.

C'est un fourgon. (*Voyez* ce mot.)

Cul-de-poule.

Voyez *Poule*, *Espagnolette*, et 237.

Cylindre (de laminoir).

Voyez *laminoir*.

D.

Damas.

Sabre trempé à la damas ; trempe à la damas, ou trempe à l'air. (*Voyez* 134.)

Damaser.

On fabrique à Damas des satins rayés que la serrurerie imite dans son poli, c'est ce que les ouvriers nomment le trait picard. (Voyez *Trait*.) Le mot damaser ou satiner n'est pas encore reçu dans les ateliers de serrurerie.

Dards.

Le serrurier place des dards sur les grilles militaires, ils remplacent les chardons.

Davier.

Anneau de fer qui sert à arrêter le bout du fer qu'on veut passer à la filière. — Pince recourbée à l'usage des dentistes. — Davier ou chien, instrument des tonneliers.

Décaper.

Enlever l'oxide qui recouvre le fer. Lorsqu'on veut décaper une pièce qu'on va travailler, on peut employer la lime; mais dans les grandes forges on décape la tôle avec des moyens chimiques, soit muriate d'ammoniac ou des acides divers; il y a des charbons qui décapent mieux le fer les uns que les autres; on conseille pour décaper, de l'eau dans laquelle de la farine a fermenté.

Découpoir.

C'est une étampe propre à couper le fer plat dans une forme voulue; on le nomme aussi emporte-pièce. Quand, en découpant, on veut faire ou creuser des vides, on se sert du découpoir; cet instrument sert à découper les formes intérieures et extérieures d'un fer plat; ou le fait *ad hoc*.

Déflagration.

C'est l'inflammation étincelante d'un métal, sans explosion.

Dégorgeoir.

C'est une vraie gouge pour couper à chaud; le serrurier s'en sert à la forge pour détacher certaines parties arrondies ou donner certaines formes qui demandent l'emploi d'un instrument tranchant.

Dégrossir.

C'est la même chose pour le serrurier comme pour le statuaire, le charpentier, etc., c'est le premier travail avant d'ébaucher; le dégrossi n'a point de tracé, il réduit un bloc aux dimensions et formes convenables dans ses parties, en laissant un peu de gras pour l'ébauche.

Demi-laine.

Nom qu'on donne en quelques endroits à un fer méplat, en bande, dont on se sert pour faire les armatures des bornes, et des seuils des grandes portes cochères.

Demi-ronde.

Lime plate sur une face, et ronde sur l'autre.

Demi-tour.

Pêne poussé en dehors de la serrure, par l'action d'un ressort à boudin. La clef ne fait qu'un demi-tour pour l'ouvrir; il s'ouvre aussi par le bouton en coulisse ou par le bouton double, pour celles dites à fouillot. Il est des serrures qui n'ont qu'un demi-tour. (*Voyez* 222, 223.)

Densité (des chaudes).

C'est le degré de chaleur auquel on élève la température en chauffant le fer. (*Voyez* 115, 123, 141, 142, 143, pour les *chaudes* et la fusion; *voyez* 52 pour la *densité de la fonte.*)

Dent (d'une crémaillère ou d'une scie).

Sont les entailles faites sur un de leurs champs. —

En serrurerie ce sont les entailles faites sur le museau du panneton d'une clef, pour laisser passer les dents d'une garniture qu'on nomme râteau. (Voyez *Râteau.*) — Les dents d'une roue sont les parties qui s'engrènent dans un pignon. — Entaille de l'arrêt du ressort dans le pêne.

Dent (de loup).

Espèce de clavette pointue qui fait fonction de clou, et dont le serrurier ne fait que peu d'usage. — Clou rond, gros et court, courbé comme une dent canine, et qui sert à fixer sur leurs crics, les suspentes des voitures.

Dépecer.

On entend par se dépecer, un fer qui, au lieu de se bien pétrir sous le marteau, se déchire et se sépare en morceaux; c'est ce qui arrive au fer rouverain. (*Voyez* 63.)

Détente.

Voyez *Cliquet;* c'est la même chose.

Détremper.

Faire rétrograder la trempe, l'enlever plus ou moins, ou tout-à-fait. On détrempe en donnant une chaude à l'objet trempé, et laissant refroidir doucement. Le recuit est une détrempe, 140.

Diaphragme (du soufflet).

Cloison intérieure qui sépare le soufflet en plusieurs parties, surtout dans le double vent.

Dilatation (du fer).

C'est l'augmentation de volume qu'il éprouve par la chaleur et par la trempe. (*Voyez* 9, 97, 119.)

Dormant.

Nom qu'on donne, en général, à ce qui reste en place : ainsi dans une porte, le battant sur lequel sont posés les verroux ne s'ouvrant que rarement, est nommé le dormant.

On nomme aussi pêne dormant, celui qui n'est pas mu par un ressort, et qui n'obéit qu'à la clef. Le pêne du demi-tour n'est pas dormant.

Dosseret.

Assemblage de deux plaques de fer réunies solidement, et qui se placent sur le dos d'une lime à refendre très mince, pour la renforcer. On met aussi des dosserets au dos des scies pour les fortifier.

Dossier.

C'est un dosseret plus composé, dont le but est toujours d'appuyer une lime à refendre pour qu'elle ne se fausse pas. — Il y a un dossier à vis, qu'on change à volonté, et dans lequel on fait entrer la lime, de la quantité dont on veut refendre. Par ce moyen, toutes les refentes sont de la même profondeur, et de la profondeur déterminée.

Doublon.

Morceau de fer en feuille, plié en deux, destiné à faire deux feuilles de tôle. — La tôle se vendait par doublons, c'est-à-dire deux feuilles repliées l'une sur l'autre, et qui ne se tenaient que par un bout. (*Encyclopédie, Sidérotechnie.*) La tôle se vend aujourd'hui en feuille simple. *Mot suranné.*

Douille.

Tuyau creux et bien souvent cylindrique, destiné à recevoir un corps qui se meut dans le sens de sa longueur. Bien des manches entrent dans une douille.

Dragée (de fer).

Fer granulé à l'eau ou sur le sable.

Draper.

On dit que deux pièces drapent l'une sur l'autre,

lorsqu'au lieu de se toucher par une de leurs extrémités elles s'engagent l'une sur l'autre.

Dressage.

Opération que subit la barre après avoir été étirée sur le travers de l'enclume. On la redresse en la martelant dans le sens de la longueur de la panne (Voyez *Forge*).

Dresser.

En serrurerie c'est planer, aplanir, rendre plan toutes les surfaces qui doivent l'être. On dresse à froid ou à chaud, au marteau et ensuite à la lime.

Drille.

Expression qui signifie un trépan ou fût. Ce mot est très vieux.

Ductilité.

Qualité du fer qui le rend propre à être étiré. (*Voy.* 71.)

Durcir.

Le fer se durcit à la trempe (*Voyez* 118) ainsi que l'acier. Le fer se durcit en devenant acier par la cémentation. (Voyez *Acier*, *Cémentation*, 85.)

Dureté du fer et de l'acier.

Le fer est le quatrième métal dans l'ordre de la dureté. *Voyez* 5. — Manière de la reconnaître, 90, 120, 147. — Moyen de l'obtenir, 123. — Son maximum, 125.

E.

Eau.

Celle qui convient à la trempe, 118, 125.

Ébaucher.

C'est mettre une pièce au premier trait, au premier tracé, au premier dessin.

Écacher.

Se dit des faucilles, faux et croissans qu'on écache, c'est-à dire qu'on dresse sur la meule. Dans certaines provinces on emploie le mot écacher ou écrabouir, dans le même sens que nous avons donné ci-dessus au mot dépecer. On dit que le fer s'écache sous le marteau.

Écouvette.

C'est un balai dont on se sert pour réunir et mouiller le charbon sur la forge. On dit aujourd'hui goupillon. *Vieux mot.*

Écouvillonner.

C'est mouiller l'extérieur du charbon au feu. Cette opération l'aide à s'agglutiner, empêche la flamme de se porter au dehors, et concentre la chaleur en causant une sorte de rayonnement.

Écran.

Plaque de fer suspendue devant la forge, pour garantir la figure des forgerons : ils avaient autrefois un masque percé d'un seul trou entre les deux yeux, d'où la fable des Cyclopes. L'usage de l'écran est devenu très rare.

Écrier (le fil de fer).

C'est le nettoyer lorsqu'il a été oxidé en le chauffant.

Écrou.

Morceau de fer taraudé, qui se visse au bout d'un boulon pour le retenir ; en un mot l'écrou est le trou de la vis.

Écrouir.

Est synonyme de corroyer.

Écru.

On dit qu'un fer est écru quand il est brûlé, ou mal corroyé, ou mêlé de crasse à la fonte; les bouts des barres sont dans ce cas.

Écurer.

C'est nettoyer une surface et rendre au métal la couleur qu'il a perdue, par l'oxide ou toute autre cause.

Égrainer.

Se casser par grains, comme fait l'acier trempé trop dur.

Élasticité.

Effort que fait un corps comprimé, pour reprendre son premier état, 148. — Cette qualité appartient au fer, 5, et à l'acier, et elle varie avec la trempe, 147, ainsi que la dureté.

Embase.

L'embase d'une enclume est un ressaut qui sépare la table, de la bigorne; toutes les enclumes n'ont pas d'embase. L'embase d'une clef est la partie renflée de la tige que l'on nommait jadis balustre.

Emboutir.

Courber les platines de fer pour commencer à leur donner la forme creuse qu'elles doivent avoir. Cette opération se fait au marteau, à froid, sur des sortes de petites enclumes qu'on nomme *tas*. Cette opération tient au relevage en bosse, ouvrage qui ne se fait plus.

Embrasure.

En général c'est une ouverture plus grande d'un côté que de l'autre. L'embrasure en fortification a des côtés qu'on nomme *joues*, et qui sont divergens;

une fraisure est une embrasure; les fenêtres ont plus ou moins d'embrasure. Le trou pratiqué fraisé, pour recevoir une tête de vis ou de clou, et évasé, a de l'embrasure à l'endroit de son évasement. *Suranné.*

Embrassure.

On a formé assez improprement ce mot du verbe embrasser, pour désigner un lien, une ceinture de fer qu'on met autour d'une cheminée de brique pour l'empêcher de crever, ou qui embrasse toutes sortes d'objets.

Émeri.

Poudre terreuse et métallique qu'on obtient en broyant une roche très dure, et en lavant ensuite cette poudre. (*Voyez* 153, 154.) L'émeri sert à polir le fer et l'acier.

Empoule (ou Ampoule).

Soufflure formée sur la surface du fer cémenté, c'est de là que vient le nom d'acier poule. (*Voyez* 96, et *Ampoule.*)

Encastrement.

Enchâssement; un objet est encastré dans un autre quand il est placé dans l'entaille qui lui est préparée.

Enchevêtrure.

Barres de fer sur lesquelles posent les solives qui aboutissent sous les foyers.

Enchevêtré.

Embarrassé l'un dans l'autre; les fils de fer s'enchevêtrent tandis qu'on fait des treillis.

Enclume.

Masse de fer sur laquelle on forge. La masse de

l'enclume est recouverte d'une forte table d'acier bien soudée. L'enclume repose solidement sur un fort billot, bien enfoui, inébranlable; il y a des enclumes massives et carrées, d'autres sont façonnées en consoles, d'autres se terminent en pointes qu'on nomme bigornes, d'autres ont une bigorne pointue et une corne carrée. (*Voyez* 178 et *la fig.*)

Encoche.

Entailles qui sont à certaines serrures sur le pêne ou sur la gachette pour faire arrêt.

Encolure.

Réunion de plusieurs pièces de fer soudées les unes aux autres; *a vieilli*.

Engrenage.

Disposition de plusieurs roues dans les horloges, les tournebroches et autres ouvrages; disposition qui fait que les dents de ces roues s'insèrent les unes dans les autres, en sorte que l'une fait tourner l'autre, ou bien les dents s'engrènent dans un pignon pour faire tourner une autre roue éloignée, ou bien c'est une roue de champ dont les dents s'engrènent dans une lanterne pour faire tourner un arbre vertical ou horizontal.

Enlever.

Retirer d'une barre ou d'un morceau de fer ce qu'il faut pour faire la pièce voulue; enlever un palastre d'une feuille de tôle; enlever une clef d'un fer de fenderie.

Enlevure.

Nom que les ouvriers donnent à la pièce forgée, séparée de la pièce d'où on l'a tirée.

Enroulement.

Contour d'ornement qui ressemble à la volute ou à peu près.

Enseigne.

Tôle à enseigne, sorte de tôle. (79.)

Entrée (de serrure).

C'est l'ouverture par laquelle la clef entre dans la serrure; cette entrée correspond à une ouverture à peu près semblable qui traverse la porte ou le meuble sur lequel la serrure est posée, et comme ce trou est assez mal fait d'ordinaire on le cache par un morceau de métal découpé, orné, doré, ciselé, sculpté, etc., qui décore cet endroit; cet ornement se nomme aussi entrée, et le passage de la clef y est ménagé avec précision. Les entrées à la mode aujourd'hui sont un simple filet dans la forme du panneton. On les encastre dans le trou de l'entrée fait dans le bois avec précision.

Epargner.

On dit qu'on épargne une partie quelconque d'un ouvrage, lorsqu'on la laisse subsister en travaillant le reste, soit à la forge ou à la lime.

Eprouvettes.

Petits morceaux de fer qui du dehors du fourneau pénètrent dans l'intérieur de la caisse de cémentation, pour qu'on puisse, par elles, juger du degré d'aciération. (*Voyez* 94, 95.)

Equerre.

Deux petites barres de fer qui se réunissent sous un angle de 90°; cet instrument est fait pour s'assurer de l'angle droit; deux surfaces qui s'intersectent à l'équerre, forment entre elles un angle droit; être à l'équerre, c'est être sous l'angle droit; si l'angle n'est pas droit on dit qu'il y a fausse

équerre ; on a aussi des équerres de 60 et de 45° qui
sont utiles dans bien des assemblages, mais c'est
improprement qu'on leur donne ce nom qui n'appartient qu'à l'angle droit.

Equerre en T.

Equerre à T, double équerre à angle droit des
deux côtés ; il y a une autre équerre double qui consiste en deux équerres à angle droit aux deux bouts
de la même branche. (*Voyez* fig.)—Il y a aussi le T
double. (*Voyez* fig.) Ces équerres servent à consolider des assemblages. — Equerre de bascule. (*Voyez*
224.)

Escaliers (à l'anglaise).

Voyez 196 (*a*).

Espagnolette.

Fermeture de fenêtre. Cette fermeture consiste en
une verge ronde, terminée par les deux bouts en
crochets, qui entrent dans des gâches quand la verge
tourne, et qui en sortent quand elle tourne dans le
sens opposé ; la verge passe dans deux ou trois lacets
terminés en pitons qui l'attachent sur celui des deux
battans qui reçoit l'autre dans la feuillure ou la
gueule de loup, et qui lui laissent la liberté de tourner ; des embases des deux côtés de la tête des pitons empêchent la verge de hausser ou baisser, et
ne lui laissent que le mouvement giratoire. A la
portée de la main, un levier de 6 ou 7 pouces fa-
çonné en poignée avec un bouton, est attaché sur
le cul de poule, de manière à pouvoir se mouvoir
horizontalement et verticalement. Dans son mouvement horizontal, il tourne la verge et ouvre ou
ferme la fenêtre ; dans le mouvement vertical de son
extrémité, on l'accroche à un crochet nommé support, placé sur l'autre battant ; au moyen de quoi
la fenêtre reste fermée.

On ajoute à l'espagnolette des petits tenons nommés pannetons, en ailerons, qui servent à tenir les vo-

lets fermés, en sorte que cette ferrure retient tout, et d'un seul coup de main on ouvre la fenêtre et les volets. (237, 265.)

Esponton.

Vieux mot qu'on emploie en parlant d'une grille dont les barreaux se terminent en haut par une forme de lance ou de hallebarde.

Essayer.

C'est s'assurer d'une chose; on essaie un minéral comme nous l'avons dit, nº. 22 et suiv.; on essaie le fer et l'acier pour reconnaître leurs qualités, comme nous l'avons dit. (90, 120, 147.)

Estibois ou estibot.

C'est le bois à limer. (*Voyez* ce mot.)

Etabli.

Sorte de table faite d'un fort madrier bien scellé dans la muraille et sur lequel travaille le serrurier. C'est sur le devant de l'établi que sont attachés les étaux; c'est sur l'établi que l'ouvrier place tous les outils dont il a besoin et les pièces qu'il travaille; l'établi doit être plus haut que les reins de l'ouvrier, et ne pas dépasser le nombril, il faut que, pour travailler, l'ouvrier ne soit pas ployé; il faut qu'il ne lève pas ses bras au-dessus du téton quand il travaille sur l'étau. (*Voyez* 181.)

Etampe.

Forte semelle en fer très acéré, et dont la surface supérieure porte en relief ou en creux, des formes, des ornemens, des dessins, qu'on imprime sur le fer rouge d'un fort coup de marteau; la partie supérieure de l'étampe est emmanchée, et c'est sur cete partie que porte le coup du marteau. (*Voyez la fig.*)

Etang.

Réservoir creusé en terre, auprès d'une grande forge, pour y tremper les enclumes quand elles sont forgées.

Etau.

Machine de fer destinée à saisir, serrer et fixer solidement tout ce qu'on met dans ses mâchoires. Il fallait imaginer cette machine, faite de telle sorte qu'elle présentât à l'ouvrier toute facilité pour travailler la pièce saisie; en même temps la machine devait être assez simple pour qu'on pût rapidement et à volonté serrer ou lâcher l'objet à travailler, et on a réussi; l'étau est un des instrumens les plus parfaits de la serrurerie; ses deux principales pièces sont les deux mâchoires qui se ferment au moyen d'une grosse vis, dont la tête est traversée d'un levier de fer assez long pour imprimer à la vis toute la force nécessaire; ce levier se nomme manivelle; l'intérieur de ces mâchoires est grillé comme une lime, afin que l'objet saisi ne puisse glisser. Ces mâchoires font l'extrémité de deux jumelles qui se joignent à charnière par leur petit bout qui descend depuis l'établi jusqu'à terre. Ces jumelles sont reçues entre deux joues, et on place entre elles-deux, un ressort qui tend à les écarter, afin que les mâchoires s'ouvrent quand on lâche la vis. C'est dans le haut de ces jumelles et immédiatement au-dessous des mâchoires, que dans un renflement, se trouve percé un œil dans lequel entre une douille qui reçoit la vis; cette douille prend ici le nom de boîte de l'étau. L'étau est fixé à l'établi par un collier ou bride qui saisit une des jumelles, et qui la rend immobile; ce collier se termine en une ou deux branches solidement attachées sur l'établi; mais comme on applique beaucoup de force au levier, et que la direction de cette force tend à faire lâcher les attaches de la bride, on prévient cet accident par une bride double, dont les deux bouts, après avoir embrassé la jumelle et traversé une entretoise qui la presse, se terminent par deux tarauds garnis de leurs écroux, à l'aide desquels on resserre l'étau à volonté, quand il prend du libre dans sa bride.

On fabrique de grands étaux, depuis 100 jusqu'à 600 livres pesant; de moyens, depuis 50 jusqu'à 100 livres; de petits sans jumelles, et qui se fixent par dessous l'établi par une patte et une vis de pression à manivelle; enfin, il y a de petits étaux à main, dont on se sert comme de pinces. (Voyez *Pinces*, *voyez les figures*, et 181.)

Etirer (le fer ou une barre).

C'est la forger dans le sens de sa longueur; tout dépend dans cette opération du coup de marteau; c'est lui qui donne la direction à l'étirage; quand il est bien fait il donne du nerf au fer et le rend meilleur. (*Voyez* 63, 71, 72, 184. Voyez *Forger*.)

Etirer (le fil de fer).

(*Voyez* 81). C'est passer le fil de fer à la filière. Un trenil horizontal, traversé de deux leviers en croix, est enveloppé d'une forte bande faite de plusieurs doubles de cuir fort, piqué; cette bande aboutit à une tenaille qui saisit le bout du métal qu'on a *apointi* à la lime pour le passer au trou de la filière. Cette filière inébranlable est percée de plusieurs trous bien acérés, qui ne laissent passer le métal étiré, que de leur grosseur.

Etoffe.

Mélange de plusieurs aciers et fers reforgés ensemble, en quantités et proportions relatives, variables selon la quantité de l'étoffe qu'on veut faire.

Les ouvriers en fer font eux-mêmes leurs étoffes; ils réunissent les bouts d'acier non employés, les limes rompues ou usées, leurs pièces et aciers de rebut, ils les lient avec une barre d'acier commun; cela fait, ils couvrent le tout avec un cément de terre-glaise et le mettent au feu; cette glaise ou argille fait l'effet de l'herbue, c'est un fondant qui soude si bien toutes ces pièces séparées qu'elles ne font plus qu'une masse qui n'est pas tout-à-fait désacié-risée, parce qu'étant en paquet, le carbone ne brûle presque pas ; cette masse se forge ensuite, et s'étire sur l'enclume ; la barre qui en résulte se nomme étoffe. Pour faire de l'étoffe en petit, le serrurier se borne à souder du fer et de l'acier.

Etoquiau.

Petite cheville de fer, ronde ou carrée, destinée à porter, soutenir ou arrêter d'autres pièces. Dans la serrure, c'est l'étoquiau qui réunit le palastre à la cloison.

Etrier.

Bande de fer plat qui embrasse une pièce de bois pour la suspendre ; une poutre dont le bout me-nace, se soutient et se fortifie avec un étrier.

Evider.

C'est enlever, avec un ciseau à froid ou autrement, des morceaux dans une plaque, pour y faire des jours ; on évide une entrée, on évide des ornemens dans leur pourtour, en ébauchant leurs dessins ou formes rentrantes ; l'évidement se continue jusqu'au fini, on évide une pièce et on achève l'évidement.

Extension (du fer).

(*Voyez* dilatation et les numéros 9, 97, 119.) Le fer s'étend, s'étire, s'allonge par sa ductilité (71) ; il s'allonge par la chaleur.

F.

Fabrication.

Ce mot ne s'emploie guère dans son acception di-recte, qui veut dire forger, et vient de *faber;* on l'applique à presque tous les ouvrages de la main ; ainsi, on fabrique du drap et du fer, etc. ; en serrurerie, on fabrique le fer, on fabrique l'acier, la tôle, les limes, le fil de fer, et tous les ouvrages massifs ou d'assemblage. (*Voyez* 5 et suiv. ; 74 et suiv. ; 69, 81, 83 et suiv. ; 163 et suiv.)

Face.

Toute surface d'un corps. Rigoureusement, la surface est la face de dessus ; mais par abus on dit quelquefois la surface latérale, etc., pour dire la face latérale, etc.

Façon.

Un ouvrage est de façon quand le serrurier le fait et qu'il n'est pas fait en fabrique.

Faix.

Quand on étire à la filière, on dit qu'on donne trop de faix si on passe le fil par un trou trop étroit.

Fanton.

Espèce de fer aplati en verge, d'environ 10 lignes d'épaisseur sur 50 de largeur, et qu'on refend dans les fenderies. (77, 169 *b*, 169 *e*.)

Faux.

Instrument d'acier avec lequel on coupe l'herbe ; la faux paraît avoir existé de toute antiquité, et telle est la bonté de sa forme, que, sans altération sensible, elle a traversé les siècles depuis les plus anciens écrivains pour venir jusqu'à nous : les peintures, les sculptures la représentent telle qu'elle est aujourd'hui. Josué, Xénophon, Diodore, Tite-Live, Quinte-Curce, parlent de chars armés de faux ; Saturne, le Temps, la Mort, sont armés de faux par les poëtes les plus anciens. La faux, destinée à couper des masses de blé ou d'herbes, doit avoir un taillant très fin, et cependant très doux pour ne pas s'ébrécher sur les pierres et les terres qu'elle rencontre; cette qualité d'acier et celle de la trempe qui lui convient, sont des preuves certaines que les anciens connaissaient l'acier et la trempe, et qu'ils les connaissaient mieux qu'on ne pense. La faux n'a pas besoin de meule pour s'aiguiser; les faucheurs portent une petite enclume et un petit marteau à une tête carrée, ils battent le fil de la faux, quand il a été refoulé par le choc de quelque corps dur; ils ont en outre une petite pierre à aiguiser qu'ils frottent à la main très peu de temps sur les parties amincies au marteau pour leur donner le fil.

La faux est faite d'une étoffe de divers aciers soudés, de telle manière que les bandes des différens aciers soient placées parallèlement à la face de la lame, afin que le taillant ait constamment une dureté égale; de cette manière de traiter le taillant des faux, il résulte deux avantages, 1°. le martelage ondule un peu le tranchant qui ressemble alors à une sorte de dentelure, ce qui le rapproche de la scie, et facilite son usage; 2°. le martelage écrouit, par conséquent durcit un peu le tranchant. (*Sidérotechnie.*)

Les Allemands ont long-temps été les seuls en Europe qui fabriquassent des faux; aujourd'hui on en fabrique d'aussi bonnes en France, en Suède et en Angleterre.

On distingue dans la faux trois parties, le dos, la crosse, la lame; le taillant se fait avec l'acier le plus fin, le reste avec des étoffes plus ou moins bonnes, jusqu'au dos qui est fait de la plus mauvaise. (Consultez le *Journal des Mines*, tom. XIII, *fol.* 194, et les *Annales des Arts et Manufactures*, tom. XI et XII, *pag.* 10 et 113.)

Fauchet ou faucille.

Petite faux recourbée.

Faucillon.

Moitié de la pleine croix posée sur les rouets d'une serrure. (*Voyez* 205.) — Petite lime pour achever dans le panneton de la clef le passage des gardes de la serrure.

Fenderie.

Usine à refendre le fer; celui qui en résulte prend le nom de fer de fenderie. (*Voyez* 77, 169 *b*.)

Fenton ou plutôt *fanton*.

Voyez *Fanton*.

Fer.

Métal que nous avons fait connaître dans la première partie. (*Voyez* son histoire, 3; ses qualités physiques, 5; sa fabrication, 16; d'où on le retire 19, 20, 21; sa compression, 71; dans le commerce, 74, 169; sa conversion en acier, 83; sa soudure, 111; sa trempe, 118; sa fusibilité, 124; son recuit, 241; son poli 153; son prix, 169, *e*, *f*; son poids, 5, 169.) — Fer à rouet, morceau de tôle enlevé pour faire un rouet de serrure. — Fer d'outil, de rabot, de varlope, etc., est un fer plat à un biseau; c'est à proprement parler un ciseau renfermé dans un outil de bois destiné à le guider sur les surfaces qu'on veut unir, ou réduire, ou mouler.

Ferment.

Substance qui fait fermenter celle à laquelle on l'ajoute.

Fermentation.

Mouvement intérieur qui produit la chaleur et forme des composés nouveaux.

Fermeture.

Terme générique par lequel on entend tout ce qui

ferme, comme pêne, verroux, etc.; une serrure à deux ou trois pênes est dite à deux ou trois fermetures.

Fermoir.

Fort et gros ciseau, dont on se sert comme de coin, comme de levier, pour séparer, enlever ou joindre; c'est un outil très en usage chez les menuisiers, mais il ne sert aux serruriers que pour la pose.

Ferrage.

Mot hors d'usage que l'on a remplacé par le mot pose.— Des voitures, 189.—Des portes et fenêtres, 259.

Ferraille.

Vieux fers dont on fait les étoffes. — Vieux fers qu'on emploie dans les affinages, 54, 55.

Ferremens.

Mot vieilli par lequel on entendait les outils et instrumens de fer à l'usage des ouvriers.

Ferrer.

Appliquer les pièces de fer qui garnissent les autres objets ou ouvrages de bois, ou de toute autre nature. — On dit même ferrer en parlant d'autres métaux; un cheval ferré d'argent, un chapeau ferré pour dire galonné. Un chemin ferré est celui qui est bien garni de pierres. (*Voyez* 260.)

Ferreurs.

Ouvriers chargés de poser les ferrures. (259 et suiv.)

Ferron ou Ferronier.

Qui travaille ou vend du fer.

Ferronaye ou Ferronnerie.

Usine à travailler le fer.

Ferrure.

Garniture en fer d'un ouvrage. La ferrure d'une porte comprend toutes les pièces de fer qui la garnissent.

Feu.

Indispensable au serrurier, lui indique souvent ce qu'il lui est utile de connaître ; la flamme du mauvais charbon de bois est blanche. (46.)

La couleur que le feu donne à la chaude indique l'intensité de la chaleur. (Voy. *Chaleur.*) La flamme, dans l'affinage, annonce par sa couleur le degré de chaleur jusqu'à même la liquéfaction, n° 60 ; le feu donne au métal, dans le recuit, des couleurs diverses selon sa chaleur, 142. Le feu brûle et chauffe moins bien dans les temps humides.

Feuillard.

Sorte de fer plat en verge d'environ 12 lignes d'épaisseur et 36 lignes de largeur.

Feuille-d'eau.

Pièce d'ornement, qui dans les balcons, grilles, etc., se pose dessus ou dedans les rouleaux ; cet ornement est un travail de relevage, et ce travail ne se fait plus.

La feuille de palmier, la feuille de laurier et la feuille de revers, sont pareillement des ornemens de relevage.

Feuille de ressort.

L'une des lames qui font un ressort pour les voitures.

Fibreux.

Fer qui présente des filamens dans la cassure.

Fiche.

Mot générique qui emporte l'idée de ce que l'on fiche, que l'on fait entrer par la pointe.

La fiche, en serrurerie, est une espèce de gond qui porte une lame qu'on enfonce dans le bois comme un tenon; c'est ce gond qui fait la fiche. (234, 262.)

La fiche à broche à bouton, est une sorte de gond à charnières; tous les nœuds sont enfilés par une seule et même broche. (235.)

La fiche à vase n'a que deux lames et deux charnons terminés haut et bas par un petit ornement qui a du rapport avec la forme d'un vase. (234.)

La fiche de brisure, est une fiche à nœuds qu'on met aux brisures des ouvrages brisés en plusieurs parties.

La fiche à chapelet, est une fiche dont les nœuds sont nombreux, et tous enfilés avec la même broche.

Ficheron.

Cheville de fer carrée et endentée, dont la tête est percée d'un trou; on l'emploie pour les affûts. (*Encyclopédie.*)

Fil (d'archal).

C'est un fil de fer passé à la filière. (*Voyez* 81, 82. *Encyclopédie.*)

Fil de fer.

Voyez 81, 82.

Filet.

Petit cordon d'ornement au bout d'un bouton. — Pas, en parlant de vis; on dit le filet du pas de la vis.

Filière.

Instrument d'acier trempé très dur, au travers

duquel on a percé des trous, dans lesquels on passe
les fils métalliques pour les allonger. (81.)

Par abus du mot, on a donné le nom de filière
à une plaque d'acier, dans laquelle on a fait des
trous de diverses grandeurs, qu'on a ensuite taraudés
pour y faire des vis de toutes grosseurs.

Filon.

État du minerai. (18.)

Flamme.

C'est un bon indicateur à consulter dans la forge.
(*Voyez* 59, 60.) Il y a des charbons qui n'en donnent pas, ou qui n'en donnent que difficilement.
(171.)

Fléau.

Barre tournante qui sert à fermer les grandes
portes des places de guerre et les portes cochères;
le fléau en se fermant, se place horizontalement, et
est reçu dans deux supports, l'un tourné en haut,
l'autre tourné en bas; quand il s'ouvre, il se place
verticalement; on le tient fermé avec une auberonière.

Flexibilité.

Propriété qu'ont les corps de céder, sans se rompre,
aux puissances qui les compriment; les ressorts sont
dans ce cas. La flexibilité cause le premier mouvement de l'élasticité; un corps peut être flexible sans
être élastique, mais il ne peut être élastique sans être
flexible. Le fer est flexible puisqu'il est élastique.
(*Voyez* 5.)

Fleuron.

Pièce d'ornement qui se met aux grands ouvrages
de serrurerie; rampes, balcons, grilles, etc.; c'est
encore un ouvrage de relevage hors d'usage à présent.

Flux.

Substance employée pour faciliter la fusion. (Voy. *Fondans, Borax, Castine, Herbue*, 49.)

Foliot.

Les serruriers écrivent fouyeau; l'*Encyclopédie* écrit foliot. Bascule à deux branches qui fait mouvoir le demi-tour d'une serrure. Le foliot est percé d'un trou carré dans lequel passse la tige du bouton dont il reçoit le mouvement.

Foncet.

Pièce qui remplace la couverture d'une serrure.

Fond-de-cuve.

Garniture de serrure. C'est un rouet . (205.)

Fondans.

Substances terreuses employées pour aider la fusion des minéraux et des métaux. Voyez *Flux*, c'est la même chose. (*Voyez* 48.)

Fondu.

Fer fondu, c'est la fonte. — Fer de gueuse, c'est le régule ou fer cru, 15. On le moule sous différentes formes pour l'employer d'une manière utile à nos besoins. (*Voyez* 49.)

Acier fondu, c'est de l'acier obtenu à la fonte, 101, 109. On l'obtient aussi par la fusion de l'acier, 106. On l'obtient encore par la fusion du fer forgé. (*Voyez* 107.) L'acier fondu se polit bien, 152.

Fonte.

Fer obtenu par la fusion du minerai, 44, 50, 169 *f*. Différence entre la fonte et le fer, 14.

Forces.

Puissances qui font mouvoir les machines ; le serrurier ne les emploie guère que dans les horloges et
les tournebroches ; en mécanique, on emploie comme
puissance motrice, le vent, l'eau, les gaz, les poids
suspendus, et précédemment, on employait des animaux, des chevaux, des bœufs, des mulets, et
même des chiens.

On donne encore ce nom à de fortes pinces à
charnière qu'on emploie dans les cheminées pour
mouvoir les grosses bûches.

C'est aussi un outil dont les extrémités sont des
ciseaux, et qui est recourbé dans le milieu de sa
longueur pour que les deux pointes puissent se cor-
respondre ; ce milieu coudé est aplati comme le haut
des pinces de cheminée ; cet outil se ferme par la
compression de la main, et s'ouvre par l'élasticité
du ressort, cela fatigue moins que des ciseaux ordinaires ; le serrurier s'en sert souvent, on s'en sert aussi
pour la tonte des moutons.

Forée (clef).

C'est celle dont la tige s'enfile par une broche.

Forer.

Percer avec un foret. (187.)

Foret.

Outil d'acier propre à percer le fer ; cet outil est
taillant par un bout et trempé dur, il perce en tournant avec une grande rapidité ; sa tige traverse ce
qu'on appelle la boîte, qui n'est autre chose qu'un
petit cylindre de 3 ou 4 pouces de long sur 1 pouce
et demi ou 2 pouces de diamètre, ayant à chaque
bout un bourrelet d'une ou 2 lignes d'épaisseur ; ces
proportions sont celles des forets ordinaires ; il y en
a de plus gros comme de plus petits. Le moteur,

dans ce cas, est un archet auquel est attachée une courroie qui enveloppe de trois tours la boîte de bois, et qui la fait tourner avec vélocité; la tête du foret repose sur un solide de révolution encastré dans une plaque de bois qu'on nomme conscience, et que l'ouvrier applique sur sa poitrine, pesant ainsi sur le foret, dont la pointe acérée porte sur l'endroit qu'on veut percer; de la main gauche l'ouvrier dirige et contient la pointe du foret, tandis que de la main droite il promène l'archet d'aller et de venir pour faire tourner le foret alternativement des deux sens, c'est-à-dire à droite et à gauche.

Cette manière de forer a long-temps été la seule; aujourd'hui on se sert d'une machine qui fore verticalement, et c'est avec cette machine qu'on fore tout ce qui est foré dans l'atelier; l'archet et la plaque de poitrine ne servent plus que pour forer en place, ou de très petits objets.

Forer (machine à).

Il y a plusieurs de ces machines; nous allons décrire celle qui nous a paru la plus ingénieuse. La machine est destinée à opérer sur des pièces prises dans l'étau; en conséquence, elle est établie à portée de cet étau; la pièce principale est une potence à une branche ou bras, dont le montant est fixé dans le mur par deux pitons à œil dans lesquels il passe, et qui lui laissent la liberté de tourner; par conséquent le bout du bras décrit dans l'air une portion de cercle dont le rayon est le bras; un petit arc de cercle horizontal de 180° et à peu près 6 pouces de rayon, fixé par les deux bouts dans la muraille, passe immédiatement au-dessous du bras qui frotte dessus; une broche à vis, terminée par une poignée placée à la face supérieure du bras, traverse ce bras, et sa pointe porte sur le cercle; elle sert à fixer la rotation de la machine, et permet d'amener le bout du bras verticalement au-dessus de l'endroit à forer; mais la pièce prise dans l'étau peut être construite de telle sorte que le trou à faire ne soit pas dans l'étau; il faut donc allonger ou raccourcir le bras; ce qui se fait au moyen d'une allonge mobile qui se meut dans le bras comme dans une douille, ou, si l'on veut, comme une longue vue. Une vis de pression fixe l'allonge au point nécessaire; le bout de cette allonge est traversé d'une tige à écrou dont la poignée est au-dessus; cette tige reçoit le bout d'un trépan dans lequel le foret est ajusté; au moyen de cette tige, on presse le foret sur le lieu où il doit opérer, et on a soin de tourner la vis de pression à mesure que le foret avance son chemin; le mouvement se donne par le trépan. Cette machine fatigue peu, et le foret étant toujours bien vertical, on perce mieux. Il y a d'autres machines à forer de diverses espèces, c'est-à-dire construites de différentes manières; il y en a de portatives, et qui dans le besoin se fixent sur la pièce même ou sur le tréteau; l'effet en est toujours le même. Il en est une autre que l'on fixe dans l'étau et qui se met en jeu avec l'archet.

Forge.

C'est, en terme générique, l'usine où l'on fond le fer; dans l'acception plus commune, c'est l'atelier du forgeron ou du serrurier; dans le sens étroit, c'est le lieu où l'on fait le feu pour chauffer le fer et le forger. Dans la seconde partie de cet ouvrage, nous sommes entrés, sur la forge, dans des détails qui nous dispensent d'en parler ici. (*Voyez* 177.)

Forgeage.

Action de forger et manière de forger. On dit c'est un bon ou mauvais forgeage; le forgeage de l'acier est difficile.

Forger.

Battre, comprimer le fer avec des marteaux. De tout l'art de travailler les métaux, l'opération de forger est une des principales et peut-être la plus difficile; mal forger corrompt le fer, le détériore, lui retire du corps et le rend cassant. Bien forger, étire le fer, lui donne du nerf et le rend meilleur; la pièce forgée est d'autant meilleure qu'elle a moins été mise au feu; car en allant souvent au feu, le fer finit par se brûler, et devient rouverain. (63, 71, 72, 184.)

Forgeron.

Ouvrier qui forge. Les Dactyles, les Cyclopes, les Titans étaient des forgerons, et surtout les derniers. Ti-tan veut dire maison de feu ou forge; telle est l'onomatopée de ce mot, qu'il imite le bruit des marteaux.

Forgis.

Tringle de fer étirée pour les trefileries.

Forure.

Ouvrage fait au foret. Trou pratiqué dans le bout, et parfois dans toute la longueur de la tige d'une clef pour recevoir la broche de la serrure. La plus simple est un seul trou rond qui se fait d'un seul coup de foret; avec huit trous de foret, on fait une croix de chevalier; avec trois, on fait un tiers-point; on fore aussi dans la forme d'un trèfle; enfin, l'ouvrier peut à cet égard suivre l'impulsion de son talent, mais la broche est d'autant plus difficile à faire, que sa forme est plus composée. Au surplus on fait peu d'usage de ces manières de faire les forures tourmentées, on les fait au mandrin. (*Voyez* 199, 200.)

Fouillot (*ressort à*).

C'est une pièce de fer montée par un bout sur un étoquiau, et qui sert à renvoyer l'effet d'un ressort (*Encyclopédie*). Ce mot n'est pas généralement connu des serruriers de Paris. Il est à croire que c'est ce que nous nommons ressort de rappel. (*Voyez* ce mot.)

Fourbir.

Donner du brillant à un métal, soit au brunissoir,

soit à la sanguine; aujourd'hui ce mot en désuétude ne s'applique plus qu'aux vieilles armes qu'on veut réparer.

Fourchette.

Petit appui bifurqué.

Fourchu.

Le pêne fourchu se montre en dehors de la serrure avec deux têtes, mais ce n'est qu'une bifurcation sur le même corps de pêne.

Fourgon.

Instrument pour attiser les charbons; c'est le tisonnier; on donne aussi ce nom à un croissant de fer emmanché, dont les boulangers se servent pour attiser leur feu et diriger la chauffe.

Fourgonner.

Remuer le charbon embrasé.

Fourneau.

Massif de maçonnerie à l'usage des fondeurs et des exploiteurs de mines; rarement les serruriers s'en servent-ils, si ce n'est pour tremper à paquet; encore cela est-il rare. — Massif de maçonnerie dans les cuisines, le serrurier les ferre d'une ceinture de fer scellée dans le mur, il y ajoute une bande de fer à chaque évent d'une grille et une boîte pyramidale renversée à chaque trou; ces garnitures s'achètent à la quincaillerie.

Fouyeau.

Voyez *Foliot*. Nous serions disposés à adopter fouyeau de préférence.

Foyer (de la forge).

Partie de la forge dans laquelle est percé le trou de la tuyère; un serrurier de Paris veut le composer d'ardoises superposées et liées avec de l'argille bien pure; un autre serrurier a les siens faits d'une plaque de fonte qui résiste plusieurs années à un feu constant; un autre préfère la brique. (Voyez *Forge*. *Voyez* 177.)

Fragilité.

Facilité qu'ont les parties d'un corps à se désunir. L'acier l'acquiert par une trempe trop dure, le fer aigre la possède, les ouvrages très délicats l'éprouvent.

Fraise.

Instrument pour fraiser, sorte de poinçon conique, qui quelquefois est strié.

Fraiser.

C'est évaser un trou pour y loger la tête d'une vis ou celle d'un clou.

Frasier, ou frasil, ou fraisil.

Ce dernier est dans de bons auteurs. C'est le résidu poudreux de la combustion des charbons, ou seulement la poussière de charbon; mais sur la forge des serruriers, les battitures, les bluettes se mêlent à la poussière des charbons, et le tout ensemble forme ce qu'ils appellent *frasil*.

Friable.

Propriété qu'ont les corps de se réduire en poudre; l'acier peut devenir friable par une trempe excessivement dure. (125.)

Friand.

L'ouvrier dit qu'un instrument coupant est friand quand il mord trop facilement.

Frisé.

Le fil de fer est frisé quand sa superficie est inégale; on dit aussi friser le fer pour lui donner une sorte de poli par un mouvement circulaire de la lime.

Frittes.

Est synonyme de scorie. (Voyez *Scorie*.)

Fuligineux.

De la nature de la suie.

Fumée.

Gaz, vapeur, provenant de la combustion; l'odeur, la couleur de la fumée, indiquent la nature des corps en combustion; la fumée offense l'organe de la vue, et voile les objets qu'elle enveloppe; raisons pour lesquelles les serruriers s'attachent à ce que leur atelier ne fume pas. Les serruriers sont souvent appelés pour empêcher les cheminées de fumer; ils emploient pour y réussir divers ouvrages de tôle, tels que conduits, chapeaux fixes et tournans, etc.; dans Paris ces travaux sont confiés à des poêliers, à des fumistes, mais ce n'en est pas moins du ressort de la serrurerie, et l'ouvrier fait bien d'apprendre à connaître ces ouvrages.

Fumeron.

Charbon de bois qui n'est pas assez cuit. (46.)

Fusée.

Voyez *Tambour*.

Fusibilité.

Propriété qu'ont les corps de se liquéfier par l'action du feu; c'est la fusibilité du fer qui fait qu'on obtient la fonte avec le minerai. (124.)

Fusion du fer.

S'opère à une température de 120 à 150° du py-

romètre de Wedgwood, 49, 124; aussi ne pousse-
t-on la chaleur dans la cémentation qu'à 80 ou 90
au plus.

Fût.

C'est le manche du virebrequin ; c'est le trepan.

G.

Gâche.

Pièce dans laquelle s'engage le pêne de la serrure
pour tenir la porte fermée. Cette pièce est plus ou
moins compliquée selon le degré de force et de sûreté qu'on veut lui donner; ce n'est quelquefois
qu'une simple crampe de fer, et quelquefois c'est
une forte et élégante boîte attachée par des vis;
d'autres sont enveloppées d'une bande d'armature
attachée par des clous à écroux, écroués de l'autre
côté de la porte; en un mot, dans toute serrure,
dans toute gâche, la condition nécessaire est qu'on
ne puisse ouvrir, violer, forcer; la perfection est
d'arriver à ce but; ce qui est à peu près impossible
quand la porte est abordable des deux côtés. La
gâche la plus sûre est celle qui dans les portes à un
seul battant, est tellement noyée dans l'épaisseur
du mur, qu'on ne peut ni la voir, ni l'aborder, et, si
elle est encastrée dans une forte pierre et scellée,
elle sera inviolable, mais dans ce cas, ce sera la serrure que l'on pourra forcer, si elle est abordable des
deux côtés.

La partie de la gâche qui reçoit le demi-tour est
garnie d'un biseau qui reçoit celui du pêne, le fait
glisser facilement, c'est ce que l'on nomme sautillon.

On donne aussi assez improprement le nom de
gâche à des pièces de fer destinées à retenir des
corps contre un autre, tuyaux de descente, boîtes
de lanterne, etc.

Gâchette.

Partie du ressort à gâchette, qui fait l'arrêt du pêne par-dessous. (219.)

Gangue.

Substance dans laquelle le fer est enfermé en état de minerai. (18.)

Garde-feu.

C'est le cendrier du serrurier, mais pour le forgeron, c'est un petit carré massif de briques relié en fer mobile à volonté, et qui se met devant le feu à peu près à 10 pouces ou 1 pied du feu. — C'est une pièce d'ornement au devant des cheminées pour empêcher le feu de rouler dans l'appartement; ce dernier est de tôle; on en fait de fer-blanc et à feuilles; enfin, on en fait en fil de fer pour empêcher les enfans et les papiers de tomber dans le feu.

Garde-fou ou mieux garde-corps.

Barrière de fer pour empêcher de se précipiter d'un endroit élevé. (9.)

Gardes.

Ce sont les garnitures d'une serrure; ces pièces sont placées dans son intérieur pour s'opposer au mouvement de toute autre clef que celle dont le panneton est fendu pour laisser passer les gardes.

Garnitures.

Ce sont les gardes; on leur donne divers noms, tels que boutcrolles, pertuis, planches, râteaux, rouets. (*Voyez* 203 et suivans.)

Gerçure.

Fente que contracte l'acier à la trempe trop brusque; le fer lui-même est quelquefois gercé par le cinglage ou l'étirage, alors on l'exclut de la cémentation, il ne ferait que de mauvais acier. Le fer gercé peut revenir sous le marteau s'il est bien traité et chauffé convenablement à la forge. (131.)

Ginguet.

Voyez *Linguet*.

Gisement.

Direction des veines d'une mine de fer; manière d'être du minerai dans la terre. (17.)

Gîte.

Lieu où se trouve le minerai de fer dans la terre. (17.)

Gond.

Pièce de fer qui soutient une porte, c'est sur le gond qu'elle pivote; cette ferrure se compose de deux parties, le gond et la penture; le mamelon appartient au gond, c'est la penture qui reçoit le mamelon; la penture s'attache sur la porte. Le gond se scelle ordinairement dans le mur; les gonds ne s'appliquent qu'aux fortes portes, les autres se ferrent avec des fiches. (*Voyez* 232.)

Gorge.

Partie du ressort d'une serrure, que le museau de la clef soulève, en accrochant une barbe du pêne. (*Voyez* 218.)

Gouge.

Sorte de ciseau en demi-douille, fait pour couper dans les cavités rondes.

Gouger.

Faire une engougeure, tailler avec la gouge.

Goujon.

En serrurerie, c'est toute broche saillante; dans les arsenaux de la marine c'est une cheville qui se rive sur une virole, qu'en terme de marine on nomme rouelle.

Goulues.

Sorte de tenailles dont les mâchoires ont l'intérieur concave. (Voyez *Tenailles*.)

Goupille.

Dans les arts il n'y a pas conformité de langage; le serrurier nomme goupille une petite clavette ou broche ronde, qui sert à plusieurs usages; par exemple, la tige de la pomme d'un bec de canne est percée par le bout d'un petit trou, et la broche que l'on place dedans pour l'empêcher de se dépasser se nomme goupille. Dans la marine la goupille est ce que nous avons décrit au mot clavette. (*Voyez* ce mot.)

Grain.

Le grain du fer s'observe dans la cassure, 121. Le fer à grains durs est difficile à limer; il en est de même de l'acier. — Chez les serruriers, le grain est la menue féraille.

Graisse.

Voyez *Gras*.

Graphite.

Combinaison de fer et de carbone.

Gras.

Epaisseur que l'ouvrier conserve au-delà du trait quand il ébauche, afin de ne pas manger le trait en travaillant. Cette graisse disparaît à mesure qu'en finissant, on s'approche du trait.

Gresiller.

C'est dans le fer l'action de se mettre en petits grumeaux. Ce vice le détériore et empêche de le forger. (171.) Les charbons sulfureux, la présence du cuivre, occasionnent ce défaut. — Le fer se gresille au feu. (172.)

Griffe.

Outil de serrurerie composé d'une tige plus ou moins longue, à la tête de laquelle sont deux forts tenons très saillans et carrés qui servent à cintrer le fer.

Tout instrument qui sert à gratter avec des pointes, à accrocher comme les griffes des animaux, se nomme griffe. Le chat des canonniers est une griffe. — Etampe, dont on se sert comme d'un timbre, et qui imite une signature officielle ; on s'en sert dans les premiers bureaux des ministères.

Grillage.

Opération qu'on fait subir au minerai avant de mettre au fourneau. (31.) — Ouvrage de barreaux de fer croisés. — Ouvrage de fils de fer en mailles.

Grille.

Grand ouvrage fait de barreaux de fer, destiné à fermer un passage en laissant pénétrer la vue ; il y a des grilles très simples et d'autres très chargées d'ornemens ; on en fait assez souvent un objet de luxe. On a cité celle du Palais de Justice à Paris ; on peut citer celle du Jardin d'été à Pétersbourg, surtout pour ses dorures qui résistent depuis long-temps aux variations de l'atmosphère, dont la température, en ce pays, parcourt 55° de l'échelle de Réaumur. On cite avec éloges les belles grilles polies du chœur de Notre-Dame à Paris. (Voyez 193, 195.)

Petit grillage au fond des cheminées, poêles et

fourneaux pour recevoir le feu.—Grande fermeture
du chœur et des parloirs des communautés de
femmes.

Grillots.

Enfoncemens multipliés et grenus que l'on aperçoit à la surface des fers aigres qui n'ont pas été
bien chauffés.

Gros fer.

Ce sont les fers de gros échantillons. (75.) En
construction, on entend par gros fer, celui qui n'a
été que forgé, qui n'a pas été travaillé sur l'établi.

Gueuse.

Masse de fonte en prismes, ordinairement triangulaires; celles qui sont fondues pour le lest des vaisseaux sont quadrangulaires. (*Voyez* 49.)

H.

Hache.

Grand instrument tranchant qui a un manche et
qui coupe en frappant; la hache, proprement dite,
a le tranchant parallèle au manche; celle dont le
tranchant est transversal, par rapport au manche,
est herminette ou doloire. Le dos de la grande hache
est nu, il en est à pioche ou à marteau; cet outil
n'est propre qu'à couper du bois; le serrurier s'en
sert peu, il en a une petite pour le besoin dans la
pose.

Harpon.

Barre de fer qui retient des pièces qui ont besoin
de ce secours pour être solides; les uns sont faits
pour des murailles, d'autres pour retenir des pierres
ou des pièces de bois; on en place souvent dans les
encoignures des murs, et on les y noie dans le
plâtre. —Grande lame de scie avec un manche à

chaque bout; cet outil scie indéfiniment et partout où l'espace ne le gêne pas, tandis que la scie à refendre ne peut scier que longitudinalement les pièces qui ne sont pas trop grosses pour entrer entre ses montans; la scie montée ne peut pénétrer que jusqu'à sa monture; le harpon, au contraire, scie partout et sans fin.

Hart.

Instrument abandonné malgré sa grande commodité; c'était un manche qui recevait à volonté, et les uns après les autres, tous les outils tranchant le fer, poinçons, tranches, ciseaux, burins, etc.; c'était un manche fendu près d'une de ses extrémités et renforcé de deux viroles; on plaçait dans ce manche l'outil dont on voulait se servir, mais peut-être l'a-t-on trouvé trop mobile, on l'a remplacé par un manche ad hoc pour chaque outil.

Hasture (ou hâture).

Portion de fer en saillie qui aboutit à un verrou ou à la tête d'un pêne. — Second coude d'un morceau de fer déjà coudé. — Raboutage de deux pièces ensemble. (*Voyez* 220, 203.)

Hayve.

Petite éminence, filet en relief dans le panneton des clefs à bouton des serrures benardes; son objet est d'empêcher la clef de traverser la seconde entrée de la serrure.

Herbue ou arbue.

Nous l'avons fait connaître à la première partie. (*Voyez* 49. Voyez *Arbue*.)

Herminette.

Voyez *Hache*.

Hétérogène.

Dont les parties intégrantes sont dissemblables. (*Voyez* 149.)

Heurtoir.

Toute pièce qui heurte ou qu'on heurte. — Marteau de porte cochère.

Homogène.

Dont les parties intégrantes sont semblables. (*Voyez* 149)

Homogénéité.

Etat d'un corps homogène. Homogénéité de l'acier. (*Voyez* 147.)

Houille.

Nom que dans le pays de Liége on donne au charbon minéral. (Voyez *Charbon de terre*, 171.)

Houssette.

Serrure de coffre ; elle se met en dedans, entaillée à demi-bois, le rebord recouvre l'épaisseur du bois du coffre, et est percé d'un ou plusieurs trous pour recevoir les auberons de l'auberonière qui est attachée sous le dessus du coffre; ils entrent dans la serrure en laissant tomber ce dessus ; la houssette s'ouvre avec une clef, mais souvent elle se ferme sans clef, le pêne étant taillé en biseau, et chassé par un ressort comme le demi-tour; le couvercle tombant avec force, se ferme de lui-même. *Très vieux mot.* (Voy. *Serrure à auberonière* et *Pêne en bord.*)

Huile.

Substance nécessaire pour aider les mouvemens des fers qui glissent les uns sur les autres. — Pour éclaircir, dérouiller, prévenir la rouille. —Le charbon de terre contient une huile qui lui est propre, et qu'on en retire en Franche-Comté. (171.)

Hure ou *Mouton*.

Morceau de bois dans lequel sont encastrés les tenons d'une cloche ou d'une sonnette; la hure a un tourillon à chaque bout; c'est sur ces tourillons que roule la cloche pour sonner. (*Vieux mot.*)

I.

Incinération.

Réduction en cendre. (*Voyez* les charbons qui ont cette qualité, 172.)

Intensité.

De la chaleur des chaudes. (*Voyez* 125 et *Chaudes.*)

L.

Lacet.

Voyez *Lasseret.*

Lait.

On emploie le lait dans le décapage des métaux.

Laitier.

Les laitiers sont des verres terreux qui se forment dans les fourneaux où l'on fond le minerai, ils surnagent sur le métal en fusion, ils entrent dans la composition de la fonte, et se trouvent quelquefois dans l'acier; ils ne sont pas sans influence sur la fonte, dont ils enlèvent le manganèse; diverses analyses bien faites (le fourneau allant bien) ont donné des résultats divers comme suit:

OXIDE DE		SILICE.	CHAUX.	ALUMINE.	MAGNÉSIE.
Fer.	Man- ganèse.				
0,072	0,072	0,53	0,15		0,08
0,05	0,11	0,50	0,210	0,04	0,08
0,03		0,496	0,300	0,150	
0,093	0,115	0,530	0,150	0,010	0,080
0,040	0,198	0,600	0,100	0,030	0,030

Lame.

Fer en lames ; c'est celui dont la largeur est plus
que double de l'épaisseur ; il y a des lames de fenderie, des lames ou feuilles de ressort, et des lames
d'instrumens tranchans ; on dit lame d'épée, lame de
fleuret, lame de fiche, etc.

Lamelleux.

Le fer est lamelleux, lorsque dans la cassure on
voit de petites feuilles ou lames ; lorsqu'il est à l'extérieur comme strié de petites lames qui se lèvent
en le martelant à froid.

Laminage.

Réduction en lames, par la compression de deux
cylindres, qui étendent le fer.

Laminer.

Passer au laminoir.

Laminoir.

Réunion de deux cylindres d'acier trempé dur,
qui tournent en sens contraire, qui sont inflexibles,
et dont l'écartement, fixe à volonté, est invariable
quand on l'a fixé. On présente par le bout un mor-

ceau de fer entre ces deux cylindres qui le compriment, l'aplatissent, le réduisent à l'épaisseur voulue, et le rendent par le côté opposé à celui par lequel ils l'ont reçue; il y a des cylindres de toutes grosseurs, et dès qu'ils sont au-dessus de petites proportions, on leur applique des moteurs puissans, des chevaux, des moyens hydrauliques, des roues à vapeur, etc. La tôle est un résultat du laminoir, c'est avec cette machine qu'on la réduit en feuilles.

Landier.

Ustensile de cuisine que les serruriers fabriquaient autrefois, et qui est relégué dans les campagnes, qui même est devenu rare malgré sa grande commodité. Le landier est un grand chenet dont la tête se prolonge à peu près à 30 pouces de hauteur; cette tige se termine en trois petites branches surmontées d'un cercle; on y accroche tous les ustensiles de cuisine, utiles à la cheminée. La tige du landier est taillée par derrière en crémaillère, et des bagues mobiles dans cette tige se recourbent par devant, et se fixent où l'on veut, afin d'y placer deux ou trois broches pour faire plusieurs rôtis à la fois.

Languette.

C'est un fer aplati et doublé pour la fabrication de la tôle. — En terme général, une languette est une petite lame mince, étroite et courte, par rapport à l'objet qui lui est relatif. (Voyez *Barre de languette*.)

Langue-de-carpe.

C'est un ciseau qui sert à faire des entailles dans le fer; son tranchant, très acéré et trempé dur, est étroit et de figure losange un peu arrondie. (*Voyez la fig.*)

Lanterne.

En mécanique, la lanterne remplace le pignon;

c'est une cage ronde au milieu de laquelle passe
l'arbre qui pivote, l'extérieur de cette cage, ou
pour mieux dire son pourtour, est composé de bâtons ronds que la roue de rencontre accroche en
tournant, ou pour mieux nous expliquer, la cage,
dont se compose la lanterne, est faite de deux plans
circulaires réunis par des barreaux de bois ou de
fer ; les dents d'une autre roue s'engrènent entre ces
barreaux, et font tourner la lanterne, qui fait elle-
même tourner l'arbre, et avec lui, la meule, roue,
ou tout autre objet.

Lardon.

Morceau de fer ou d'acier que l'on met aux crevasses qui se forment aux pièces en les forgeant.
Le lardon sert à rapprocher les parties écartées et à
les souder.

Lasseret ou plutôt *lacet*.

Nous définissons ici ce mot, parce que c'est celui
que les anciens auteurs ont employé, mais aujourd'hui il est abandonné, on dit *lacet ;* c'est une espèce de piton à grosse tête percée dans laquelle passe
et pivote un corps mobile, tel, par exemple, qu'une
tige d'espagnolette. C'est le lacet qui la fixe sur le
battant auquel elle est attachée ; une boucle à lacet
s'attache à des portes ou tiroirs. Ce lacet est à double
pointe qu'on écarte en dedans pour retenir la boucle ;
le lacet est quelquefois à olive sur platine, et quelquefois à pattes, quelquefois aussi il est à écrou et sa
queue est taraudée.

Lavage.

Opération qu'on fait subir au minerai avant de le
mettre au fourneau, 30. C'est aussi l'opération que
subit l'émeri pour être mis en poudre propre à polir.
(154.)

Levier.

Barre ou verge inflexible qui se meut sur un point
d'appui ; presque tout est levier dans les machines,

et dans l'emploi des outils avec lesquels on fait effort; il y a des leviers de trois espèces; dans ces trois espèces, on distingue deux bras et un point d'appui.

Dans la première espèce, le point d'appui est entre la puissance et la résistance.

Dans la deuxième espèce, la résistance est entre la puissance et le point d'appui.

Dans la troisième espèce, la puissance est entre la résistance et le point d'appui.

La distance du point d'appui aux bouts du levier se nomme les bras. Dans tout levier, la puissance est à la résistance comme leur distance à l'appui. Donc, si un bras a 6 pieds et l'autre 1 pied, la puissance sera à la résistance comme 1 est à 6, c'est-à-dire qu'avec une livre d'effort au bout du grand bras, on balancera six livres appliquées au bout du petit bras.

Lien.

Un lien sert à lier, ainsi tout fer qui remplit cette destination est un lien. Le lien ordinaire est une bande de fer plat qui enveloppe l'objet qu'il lie.

Le lien, dans les grilles, dans les rampes, ou autres grands ouvrages de ce genre, lie les rouleaux ensemble là où ils se touchent, et fait ornement aux panneaux. Ces liens peuvent être ornés de moulures ou cordons; ce dernier lien tombe en désuétude comme tous les ouvrages en relevage.

Limaille.

Poudre fine obtenue avec la lime; s'emploie dans l'affinage, 54. La limaille de fer, combinée avec le soufre, peut faire explosion, 7. Combinée avec l'acide sulfurique, fermente et donne un gaz inflammable.

Lime.

Petite masse d'acier couverte d'aspérités et destinée à user, à ronger le fer. (*Voyez* les articles 165 et suiv. et *Dosseret*.)

Lime à refendre.

Voyez 186.

Limer.

C'est employer la lime. (*Voyez* 185.)

Limon.

Pièce de charpente d'un escalier; il y en a cependant en pierre. Dans les escaliers le limon emboîte les extrémités des marches, et c'est sur lui que s'établit la rampe; les escaliers dits à l'anglaise n'ont pas tous de limon apparent.

Linguet.

Arc-boutant employé à faire contre-effort sur un treuil pour l'empêcher de tourner dans le sens où il est sollicité; cette pièce porte le nom de linguet dans les grandes machines, tels que cabestan, et virevaut; mais dans la serrurerie et l'horlogerie, elle prend le nom de cliquet ou détente. Le linguet, cliquet, ou détente, est engrené dans une roue d'où on le retire pour laisser dévider le treuil. (Voyez *Cliquet, Détente.*)

Linteau.

Le linteau d'une porte est l'opposé du seuil; on en fait quelquefois de fer, quoiqu'en général ils soient de bois; par contraction du sens, par une sorte de synecdoque, on a nommé linteau la pièce de fer placée au haut des portes et grilles pour recevoir les tourillons et verroux verticaux. Le linteau des grilles se nomme aussi traverse.

Lippe.

Partie d'ornement plus renversée que les autres; ouvrage relevé sur le tas. (*Vieux mot.*)

Loquet.

Diminutif du mot anglais *lock*, qui signifie ser-

rure; ainsi dans la stricte acception du mot, loquet
est une petite serrure.

Dans l'acception ordinaire, le loquet est une fermeture qu'on met aux portes qui n'ont point de
serrures, ou à celles dont les serrures sont dor-
mantes. On distingue les loquets sous les noms de
loquet à bouton, à la capucine, à vielle et poucier.

Le loquet est ce que nous avons décrit au mot battant de loquet; c'est pour lever ce battant de loquet
que l'on emploie, ou bien un bouton rond ou en olive
qui, en tournant, fait mouvoir une petite bascule placée sous le battant, ou bien une clef plate qui entre
horizontalement, et qu'on lève pour soulever le battant, ou bien c'est une bascule qui traverse la porte,
et qu'on fait mouvoir avec le pouce en le mettant sur
une petite tablette qui fait partie de la bascule, ou
bien, enfin, c'est une clef qui fait lever une manivelle, dont la queue soulève le battant; c'est ce
dernier qu'on nomme loquet vielle ou loquet à vielle.

Loqueteau.

Petit loquet à ressort qu'on attache au haut des
croisées à des endroits où la main ne peut atteindre,
et qu'on ouvre en tirant un cordon attaché à sa
queue; le loqueteau entre quelquefois dans un mantonnet, quelquefois aussi, il porte lui-même son
mantonnet qui accroche un étoquiau; dans ce dernier cas, c'est un loqueteau coudé ou à mantonnet.
Le loqueteau s'enlève dans une chaude.

Loupe.

Masse de fonte affinée qui se coagule dans les fourneaux d'affinerie; ce mot vient du saxon, *lop*, morceau détaché d'où nous avons fait *lopin*; en anglais
lop veut dire élaguer, *lopping*, morceau élagué
détaché.

M.

Mâchefer.

Scories du charbon et du fer, qui se forment à la forge. Quand le charbon est tout-à-fait réduit en mâchefer, il faut le retirer vers les bords de la forge, car dans le feu il diminuerait la chaude.

Machine à forer.

Voyez *Foret*, *Forer*.

Mâchoire.

Ce sont les deux parties d'un étau, qui serrent entre elles la pièce qu'on veut tenir et serrer fortement. — Partie de la tenaille qui saisit, serre ou arrache.

Main.

Poignée. — Main courante, partie d'une rampe sur laquelle glisse la main.

Malléable.

Que l'on peut forger sans le rompre. — Faculté d'obéir au coup du marteau sans se briser, et de prendre la forme imposée par le marteau.

Manche.

Partie par laquelle on saisit les outils. Poignée par laquelle on prend les vases qui n'ont pas d'anses. Le manche des outils à percussion est un levier (voyez *Marteau*), dans les autres outils ce n'est qu'une poignée.

Mandrin.

C'est l'opposé de la matrice. Cette dernière est

un moule extérieur, le mandrin est un moule intérieur. Le mandrin est un calibre avec lequel on
perce des trous d'une grandeur déterminée; c'est
sur le mandrin qu'on fait une douille, etc.

Manivelle.

Bras de levier pour mouvoir une roue, ou un
treuil, ou un cylindre. (Voyez *Cicogne*.)

Manteau de cheminée.

Pièce de fer qui porte sur les jambages ou sur les
corbeaux, et qui soutient la partie antérieure de la
cheminée, soit qu'elle soit évasée ou non.

Mantonnet.

Pièce qui reçoit le bout des battans de loquet et
loqueteaux pour tenir la porte fermée; la partie
principale du mantonnet se compose d'un plan incliné et du sinus de ce plan; le premier lève le battant de loquet qui glisse dessus, le second forme un
redan derrière lequel tombe le battant, et où il est
retenu pour tenir la porte fermée.

Manture.

Fil de fer qui a été chauffé inégalement et qui a
brûlé en quelques endroits.

Marbre.

Dans quelques roues c'est le treuil; je le crois
corrompu du mot *arbre*; dans la marine on dit le
marbre de la roue du gouvernail, on devrait dire
l'arbre.

Marchand (fer).

C'est le fer livré au commerce. (*Voyez* 74.)

Mardelle.

Voyez *Margelle*.

Maréchal.

L'un des noms du fer marchand. (*Voyez* 75.)

Margelle ou *Mardelle.*

Pièce qui termine le haut d'un puits, soit qu'elle soit de fer, de bois ou de pierre.

Marlin.

Hache propre à fendre, elle ressemble à la coignée du bûcheron. C'est un coin emmanché.

Marmouzet.

Petit chenet de fonte terminé par une figure ou tout autre objet d'ornement.

Mars.

Nom du fer en métallurgie.

Marteau.

Masse de fer emmanchée d'un bâton, et dont l'usage est de frapper; ce manche est un levier de troisième espèce dont la puissance est dans la main et l'appui dans le bras de l'ouvrier. Or, les vitesses étant proportionnelles à la longueur du bras du levier, plus le manche sera long, plus le marteau aura de vitesse. La loi du choc est, la masse multipliée par le carré de la vitesse, donc plus le marteau sera gros, et aussi plus son manche sera long, plus le coup sera fort. Cet instrument de la plus haute antiquité est une de ces choses simples qui du premier coup touchent à la perfection; on n'a rien ajouté et on n'ajoutera rien à cet outil; beaucoup de masse et un long manche, voilà tout le marteau.

Le marteau, sans égard au manche, se divise en deux parties, la tête et la panne; la tête est la partie ronde ou carrée avec laquelle on frappe à plat, la panne lui est opposée, et se termine en coin ou à peu près. Nous répétons ici qu'il est à regretter que les arts n'aient pas un langage uniforme; l'*Encyclopédie* dit, et sans doute sur bonne autorité, que la panne parallèle au manche est dite marteau à panne, et que si elle est transversale, c'est-à-dire perpendiculaire au manche, le marteau est dit à traverse; nous avons trouvé tout le contraire dans les ateliers que nous avons visités; le marteau dont la panne est parallèle au manche est dit à traverse, parce qu'il frappe le fer en travers; l'autre est nommé marteau à panne. — Quelquefois dans le marteau à panne, la panne est fendue pour engager la tête des clous et les arracher. — Le marteau a quelquefois une tête de chaque côté sans panne, il prend le nom de marteau à tête. — Le tailleur de pierres a deux marteaux, l'un n'a ni tête ni panne; il a une pointe de chaque côté; l'autre a les extrémités à panne, et l'une des pannes est dentelée : ces ouvriers ont aussi le marteau à tête.

Le serrurier emploie à la forge des marteaux de devant dont se servent les frappeurs devant l'enclume; ils sont indifféremment à panne ou à traverse, il y en a toujours des deux genres. Le marteau du maître forgeur est le même, mais beaucoup plus petit; c'est le marteau à main (184).— Le marteau à têtes rondes a deux têtes arrondies longitudinalement, sert à cintrer, à courber les fers. — Le marteau un peu moins fort que celui à main se nomme marteau à bigorner. — Parmi les marteaux d'établi, le plus fort se nomme rivoir, le plus petit est le marteau à pleine croix.

La tête et la panne sont acérées.

Le serrurier forge avec des marteaux depuis quatre jusqu'à douze livres, travaille à l'établi et pose, avec des marteaux depuis deux livres jusqu'à deux onces.

Marteler.

C'est battre une surface à coups répétés.

Martial.

Qui appartient au fer, qui est de la nature du fer.

Martinet.

Très gros marteau employé à cingler. — Qualité du fer qu'on nomme fer de martinet. (*Voyez* 75, 76.)

Martoire.

Marteau à deux pannes qui sert à relever les brisemens.

Masse.

Gros marteau à deux têtes.

Matter.

Cette opération se fait avec le mattoir. C'est en quelque façon sertir, c'est resserrer, refouler à coups de marteau sur un mattoir, le fer dans les endroits où il en a besoin; par exemple si une broche, un boulon entre trop librement dans un trou percé dans le fer, on le rend plus solide en mattant le fer tout autour, en refoulant, resserrant sur ce boulon les lèvres du trou, et même l'intérieur jusque-là où la percussion peut se faire sentir.

Mattoirs.

Petits barreaux d'acier qui servaient à relever la tôle sur le plomb dans les ouvrages de relevage. (*Encycl.*) — Poinçon qui sert à matter le fer.

Mèche.

La mèche d'un foret, et surtout celle d'une vrille. C'est la partie qui entre la première dans le corps qu'on perce.

Meplat.

Corrompu de mi-plat, à moitié plat, plus mince

que large, c'est un nom qu'on donne à une sorte de fer. (75.)

Métaux.

Peuvent servir à la trempe du fer et de l'acier. (*Voyez* 13, 127.)

Meule.

Roue de grès qui sert à dégrossir, à blanchir, à polir. (*Voyez* 146, 165.)

Minerai.

Etat du fer dans la mine. (*Voyez* 16, 19, 20, 21 et suiv.)

Mise.

Morceau de fer ou d'acier qu'on ajoute à un autre que l'on soude à un endroit qu'on veut fortifier. La mise doit être bien amorcée, bien nette de frasil; les deux morceaux doivent être à la chaude suante.

Mispickel.

Pyrite ou fer arsenical; le grillage l'évaporise.

Moine.

Vide formé dans le fer qui n'a pas été soudé. (Voyez *Paille.*)

Moraillon.

Morceau de fer plat qui sert à fermer une malle et autre chose; l'un des bouts est joint à une platine par une charnière ou par un lasseret, l'autre bout est percé d'un trou oblong dans lequel entre le crampon qui reçoit le cadenas. Le moraillon de serrure porte un auberon au lieu d'être percé.

Mordache.

Instrument de bois que l'on place dans l'étau pour

saisir les pièces qu'on craint d'endommager avec les mâchoires de fer ; la mordache est composée de deux morceaux de bois plat réunis à charnière par le petit bout ; le gros bout forme la pince, et peut avoir un peu plus d'un demi-pouce d'épaisseur pour chacune des joues ; c'est cette partie qu'on place entre les mâchoires de l'étau ; il y en a de plomb et de cuivre. (*Voyez la fig.*)

Moufle.

C'est la jonction de deux barres de fer plat, ou des deux bouts d'une barre de fer plat, comme par exemple un cercle ; on fait des cercles de cuves à moufle ; on lie un dôme avec des cercles à moufle ; l'un des deux bouts du fer porte deux œils, et l'autre bout n'en porte qu'un ; ces œils ne sont pas ronds, mais aplatis ; ils s'engrènent les uns dans les autres, et une clavette qui fait office d'un coin, les réunit et fait force pour les serrer ; quand on veut conserver beaucoup de chasse pour serrer, on fait les œils longs et la clavette large ; ce sont les œils et la clavette qui constituent la moufle.

Mouiller.

Les ouvriers qui planent avec le marteau à main une pièce après l'avoir forgée, ont l'usage de mouiller leur marteau en le plongeant dans l'eau.

Il est à propos de mouiller le charbon de terre à la forge ; ce mouillage le dispose à se coaguler plus facilement, et à former au-dessus de la pièce forgée une sorte de voûte qui fait rayonner la chaleur. (Voyez *Chauffer le fer*, 183.)

Moule.

Vide disposé dans la forme qu'on veut donner à un objet en fusion ; cet article appartient plus particulièrement au fondeur, surtout pour ce qui concerne le moule de potée dont nous ne parlerons pas.

On fait des moules dans le sable, dans de la terre et avec des métaux.

Le moule en sable est contenu par un châssis de fer ou de bois, que l'on remplit d'un mélange de sable sec et d'argile ; il faut qu'il ait assez de liant pour se réunir fortement par la compression, et qu'il soit assez siliceux pour ne point se gercer en se chauffant. Il y a à Fontenay-aux-Roses, près Paris, d'excellent sable propre à faire des moules ; on rend à volonté le moule argilleux ou siliceux, plus ou moins, en ajoutant l'une de ces substances au mélange.

Le moule en terre est d'une très haute antiquité ; c'est celui des statuaires, des artilleurs, des faiseurs de cloche ; c'est une argille qu'on trouve toute formée à la surface de la terre ; c'est un composé de silice, d'alumine, d'oxide de fer, et quelquefois d'un peu de chaux ; pour éviter qu'elle ne se gerce, on la mêle avec de la paille hachée, du crottin de cheval, du poil de vache et des étoupes.

Les moules de métaux doivent être faits avec les moins fusibles, et ne peuvent mouler que les plus fusibles ; l'étain, le plomb, le zinc, peuvent être coulés dans les moules de fer ou de bronze.

Les moules en sable découverts ne s'emploient guère que pour couler des plaques de fonte ou des contre-cœurs de cheminée et des poids à peser.

Les ouvriers nomment souvent moule ce que nous avons indiqué au mot calibre.

Moulée.

Résidu qui se trouve au fond de l'auge d'une meule ; c'est un composé de particules de grès qui se sont détachées de la meule, et des particules du fer et de l'acier qu'on a rongés par le frottement de la meule. La moulée est à la meule ce que la limaille est à la lime ; la moulée peut être utile dans les céments ; la médecine en fait usage aussi.

Mouler.

Jeter au moule ; on dit aussi improprement mouler, pour dire passer sur la meule.

Mouton.

Machine à compression par le choc. Pièces d'assemblage fortement reliées en fer et qui retiennent les anneaux d'une cloche pour la suspendre. Le mouton tourne sur ses tourillons pour mettre la cloche au vol. (Voyez *Hure.*)

Mouvement (de sonnette).

Triangle de fer ou de cuivre qui roule par le sommet d'un de ses angles, sur une petite broche placée à la tête d'un étoquiau piqué dans un mur ou cloison ; le fil de fer s'attache aux deux bouts des côtés de l'angle de rotation. Ce mouvement a pour objet de changer la direction de la force imprimée au cordon de la sonnette ; quelques uns de ces mouvemens se meuvent horizontalement et d'autres verticalement ; au moyen de ces mouvemens et des ressorts de rappel, on transmet l'impulsion du cordon d'une extrémité à l'autre d'une maison, et même d'une cour.

Mozaïque.

Nom qu'on donne à plusieurs croisillons en nombre indéterminé dans un balcon ; ces barreaux se croisent et font plusieurs petits carreaux entre eux. Le balcon prend le nom de balcon à mosaïque. (*Voyez la fig.*)

Mufle.

Bandes de fer, espèces de gouttières sous les bouts des ressorts pour empêcher que par leur frottement ils n'usent les parties sur lesquelles ils s'appuient.

Museau d'une clef.

C'est ce petit évasement qui termine le panneton ; c'est dans le museau que sont faites les entailles qui donnent passage aux râteaux.

Il y a des museaux plats et unis, d'autres creusés

et fendus, ce sont autant de moyens d'ajouter à l'inviolabilité de la serrure. (216.)

N.

Nerf du fer.

Filamens intérieurs formés par la malléation à froid ; on donne aussi du nerf en forgeant convenablement à chaud, mais cela est plus difficile.

Quoiqu'en général le nerf ne soit pas toujours une preuve de bonne qualité du fer, cependant il lui donne de la flexibilité. Si le marteau donne difficilement du nerf dans un bon forgeage à chaud, en revanche un mauvais forgeage le lui retire bien facilement. (*Voyez* 24, 72.)

Niveau.

Instrument souvent utile au serrurier pour tracer et surtout poser les pièces. Le niveau d'eau est bien fragile pour un atelier de serrurerie ; à son défaut on se sert d'une règle d'acier inflexible sur laquelle on place un aplomb ; toutes fois que le fil du plomb est dans la trace de la verticale, la règle est de niveau.

Au surplus, bien des serruriers liront ici avec étonnement qu'en définition rigoureuse, le niveau étant la ligne décrite par la surface des eaux tranquilles à la surface du globe, une ligne de niveau ne peut être rigoureusement droite.

Noir ployant.

Tache brune du fer qui indique qu'il est ductile.

Noirs.

Les fers noirs sont les tôles. (79.)
L'ouvrage noir est celui qui n'a pas été blanchi.

Noircir.

C'est frotter le fer au rouge brun et au-dessous, avec quelques substances animales, plume, laine, et surtout corne. On nomme très improprement cela bronzer; on noircit les pièces grossières et non limées pour retarder la rouille; on y met un peu d'huile quand elles sont noircies avant qu'elles ne soient entièrement froides.

Nœud.

Le nœud d'une charnière, d'une fiche, etc., est la partie qui reçoit la cheville, qui tient lieu du mamelon d'un gond; on les a jadis nommés boîte et charnons, mais aujourd'hui on dit nœud; nous l'avons dit au mot boîte.

Newcastle.

Nom que dans l'usage habituel on donne au charbon de terre qui vient de la ville de Newcastle. (172.)

Noix.

Entaille pour placer les fiches. (*Voyez* 262.)

O.

Obron.

Voyez *Auberon et Auberonière.* Obron est une fausse orthographe.

Odeur.

Le fer a une odeur qui lui est propre. (*Voy.* 8.)

Oreilles.

Partie saillante qu'on laisse excéder le corps d'un ouvrage et qui sert à guider une autre pièce.

Oreille d'âne est une pièce plate que l'on force dans l'anneau d'une clef pour la tenir dans l'étau pendant qu'on lime le panneton.

Ecrou à oreilles. Cet écrou porte une ou deux petites branches qui servent à le tourner à la main.

Organeau.

C'est dans les ports de mer un anneau ; une boucle ronde mobile.

Ouvrir.

C'est percer une pièce qui doit avoir une ouverture.

Outils.

Ce sont tous les instrumens dont on se sert dans une profession.

Les outils du serrurier se divisent en deux classes, ceux de la forge et ceux de l'établi. — Les outils de la forge sont la forge et ses soufflets, l'enclume, la bigorne, pinces, broches, les marteaux de toute espèce, les tenailles de toute espèce, les tisoniers, les cendriers, le garde-feu, le tas, l'écran, les pelles, le goupillon, les chasses rondes et carrées, chasse à biseau, dégorgeoir, casse-fer à froid, mandrin, étampes, poinçons divers, tranches, clavettes, clouière, pointeau, perçoirs, tranchet, le baquet à charbon et l'auge au goupillon, la meule et son auge. (178)

Les outils de l'établi sont l'étau, l'étau à main, le bigorneau, les ciseaux à froid, burins, mandrins, martoires, langues de carpe, filières et tarauds, machine à forer, forets, fraises, trepans, mèches, tour en l'air et le tour à main, limes de toute espèce, marteaux, vrilles, ciseaux à ferrer, becs d'âne, poinçons, tenailles, tenailles à vis, pinces de toute espèce, rivoirs, arçons et leurs cordes, et tréteaux des ferreurs, tenailles à chanfrein, mordache, chasse-pointe, pointeau, pied de biche, règles, compas. (*Voyez* 182.)

22

Oxidation.

Combinaison de l'oxigène avec un corps. (*Voyez* 145.)

Oxide.

Substance combinée avec l'oxigène et qui n'est pas acide ; la rouille est un des oxides du fer. (Voy. *Rouille. Voyez aussi* 153, 158.)

P.

Paille.

Petite lame qui se détache du fer, qui ne se soude pas, et empêche de souder. Les pailles dans le fer le font exclure de la cémentation. (88.) La paille se forme en étirant le fer, parce qu'il y est resté de l'oxidule non dissous ; il faut chauffer de nouveau et écrouir avec attention, pour faire rentrer la paille dans la masse du fer et l'incorporer à lui par la soude.

Paillette.

Petite pièce d'acier sous un verrou pour lui servir de ressort de compression.

Paillettes, ou *bluettes*, ou *fraisil*.

Voyez ces mots. Voyez aussi *Battiture*.

Pailleux.

Qui a des pailles.

Palastre.

Plaque de fer battu sur laquelle est bâtie la serrure et qui supporte la broche, la bouterolle, etc.; la pièce opposée au palastre est la couverture, ce qui environne les quatre faces de cet assemblage se nomme cloison ; mais le côté de la cloison que traverse le pêne se nomme rebord. (*Voyez* 212.)

Palette à forer, ou *Conscience.*

Morceau de bois souvent dans la forme d'un violon ; dans le milieu de la palette on entaille de toute son épaisseur un dé d'acier, c'est sur ce dé que porte la tête du foret quand on fore à l'archet. L'ouvrier applique la palette sur son estomac, et presse sur le foret tandis que son archet le fait tourner ; on emploie cette manière de forer, quand on est obligé de le faire horizontalement, ou quand on ne peut mettre la pièce sous la machine à forer.

Pâmer.

Un fer, un acier, se pâment, quand ils se désaciérisent ; cela peut arriver en les forgeant. (*Voyez* 135.)

Panier (anse de).

Ornement dans la forme des anses d'un panier.

Panne.

La panne d'un marteau est le dos, le derrière de la tête. (Voyez *Marteau.*)

La panne de l'enclume est sa table, c'est l'endroit sur lequel on pose le fer pour le forger.

Panneton.

La partie de la clef qui fait le pavillon ; c'est le panneton qui ouvre la serrure. (*Voyez* 202.)

On nomme aussi panneton d'espagnolette un petit tenon qui entre dans une agrafe d'un des volets, et qui pose sur l'autre, afin de les tenir fermés sur la croisée.

Paquet.

Trempe en paquet, trempe que l'on donne à l'acier

après l'avoir chauffé dans un cément. (*Voyez* 136.)

Parer.

On dit qu'on pare le fer quand on dresse ses faces ; on pare une pièce noire en l'éclaircissant, en travaillant à la blanchir.

Passe-partout.

Clef faite pour plusieurs serrures quoique différentes, mais composées de manière que leurs garnitures puissent passer dans les évidemens du panneton du passe-partout que l'on fait en conséquence.

Passe-perle.

Qualité de fil d'archal. (*Voyez* 82.)

Pâté.

C'est une sorte d'étoffe.

Patte.

Toute patte est une partie plate, recourbée à vive équerre et attachée. Une forte crampe a deux pattes attachées avec des clous ; il y a cependant des pattes droites. (*Voyez* l'article suivant.)

Patte à pointe.

C'est une fiche dont la tête recourbée est plate et percée d'un trou pour la clouer ; il y a des pattes droites qui ne diffèrent des premières que parce que la tête n'est pas recourbée. Dans beaucoup d'endroits on les nomme *patte-fiche*.

Paumelles.

Voyez *Pomelles*.

Pelle.

Ustensile de cheminée; les serruriers les prennent chez les quincailliers; la poignée en est souvent enrichie d'une boule, ou d'un anneau, ou tout autre ornement de laiton doré d'or moulu. Le serrurier se sert d'une pelle pour retirer son fraisier et le mâchefer, et pour prendre ou manier son charbon.

Pêne.

C'est ce petit verrou, ce morceau de fer que la clef fait aller et venir. (*Voyez* 217.)

Le pêne en bord fait toute sa course intérieurement, dessous le rebord; il entre dans un auberon qui traverse le bord; pêne en bord signifie pêne en dedans du bord.

Le pêne à demi-tour est presque toujours taillé en biseau, pour que la porte se ferme toute seule. Ce pêne est poussé par un ressort que la clef repousse en faisant un demi-tour. Le demi-tour s'ouvre aussi avec un simple bouton, ou avec une pomme, ou une olive.

Le pêne dormant n'a de mouvement que celui qu'il reçoit de la clef.

Le pêne fourchu est un pêne dormant qui a deux têtes sur une seule tige.

Enfin, le pêne à pignon, est mis en mouvement par un pignon qui en meut plusieurs à la fois.

Il y a un autre pêne à pignon que nous avons décrit 224 et 226.

On dit aussi, pêne de verrou, de targette, etc.

Penture.

C'est la seconde partie du gond, c'est celle qui reçoit le mamelon.

La penture à la flamande a deux branches qui embrassent l'épaisseur de la porte ou de la fenêtre, coffre, caisse, etc. Les trous de ces branches se correspondent, et on les attache avec des clous

qu'on rive et qu'on fraise, pour assurer leur inviolabilité. 233.

Percer (le fer).

Voyez 187.

Perçoir ou *Perçoire*.

Morceau de fer dont on forme une porte-à-faux,
quand on veut percer du fer, soit à froid ou à chaud.
Il y a des perçoirs parallélipipèdes qui sont percés de
plusieurs trous, on place le burin ou le poinçon sur
le fer à percer immédiatement au-dessus d'un de ces
trous, le morceau enlevé pour laisser le trou vide,
entre dans le trou du perçoir, d'où on le retire ensuite. C'est aussi une frette.

Persiennes.

La persienne est une croisée à la façon de Perse,
pays où l'on ne se sert pas de vitres. C'est un composé
de petites lattes de bois dans un châssis ; ces lattes
sont à peu de distance l'une de l'autre, et disposées en
abat-jour, au moyen de quoi l'air passe au travers, et
la vue est interceptée. Les croisées persiennes sont
très commodes dans les expositions au grand soleil ;
on met un certain luxe à les ferrer à espagnolettes et
à ressorts à bascules, qui les tiennent ouvertes, et
qui les saisissent sans qu'on y mette la main.

Les persiennes à lames mouvantes sont celles dont
les lattes pivotent à volonté à l'aide d'un mécanisme.
(*Voyez* 242.)

Il y a des persiennes montées sur des rubans. Ce
sont les jalousies.

Pertuis.

Garniture d'une serrure. Le pertuis tient à la
planche. Il y a des pertuis de plusieurs formes.
(*Voyez* 206.)

Phosphate de fer.

Combinaison d'acide phosphorique et de fer. Il rend le fer cassant.

Phosphore.

Substance combustible qui luit dans l'obscurité et qui a beaucoup d'affinité avec le fer, avec qui elle se combine et le rend cassant.

Phosphure (de fer).

Combinaison de fer et de phosphore ; il existe dans un grand nombre de corps , et rend le fer cassant.

Picolets.

Petits crampons qui embrassent et assujettissent le pêne d'une serrure, et dans lesquels il a la liberté de glisser et de faire sa course. Il y a des picolets à pattes, et d'autres à rivure.

Pièce ou *Lardon.*

Voyez *Lardon.* — On donne aussi le nom de pièce à la loupe après avoir été cinglée. (*Voyez* $\frac{7}{3}$.)

Pied (de biche).

Outil dont le bout en chanfrein fendu sert à arracher du bois les clous et les pointes. — Barre de fer qui ferme en arc-boutant les portes cochères; un bout est scellé dans la muraille, l'autre bout se fourche en deux crampons qui entrent dans les ferrures de la porte.

Pied de broche.

Plaque de fer qui se met en dehors du palastre ou

en dehors de la couverture d'une serrure pour consolider le pied de la broche et l'attacher solidement.
Lorsqu'il est sur la couverture, il n'est pas abordable
tant que la couverture est en place; ainsi on se con-
tente de l'attacher par dehors avec deux vis mises en
dehors ; mais quand il est sur le dehors du palastre,
on peut l'attacher de deux manières, ou par deux
tétions que l'on serre avec deux écrous en dedans de
la serrure; ou par deux vis que l'on tourne par dedans la serrure, et qui entrent dans un pas de vis
ménagé dans l'épaisseur du pied de broche. Quant à
la broche, on l'assujettit par un petit tenon à épaulement qu'on noie dans une mortaise faite dans le pied
de broche avec bien de la précision, et dans lequel
on la brase ensuite.

Pignon.

Pièce d'engrenage qui, dans la serrure, sert à faire
mouvoir les verroux quand elles en ont. (*Voyez*
226.)

Pince.

Levier de fer dont un bout est en biseau rabattu, et
souvent fendu comme la panne des marteaux à main.
— Ustensile de cheminée qui sert à prendre les ti-
sons, la pince est faite de deux manières; à charnière ou seulement à sommet de fer plat et coudé,
qui par son élasticité ouvre les pinces.
— Petits outils propres à saisir le fer et le fil de
fer.

Piquer.

C'est dessiner sur le palastre avec une pointe,
l'emplacement de toute la garniture; c'est ce qu'on
appelle mettre au trait. (*Voyez* 214.)

Piton.

Cheville dont la tête porte un œil. La tige est à
pointe, ou à vis, ou à scellement, etc.

Pivot.

En serrurerie, comme partout, c'est une pièce qui tourne sur son axe.

Plan.

Est en serrurerie ce qu'il est partout, une surface sur laquelle il n'y a ni éminence ni cavité ; nous employons souvent ce mot qui n'est pas usité en serrurerie, mais qui devrait l'être, et nous le conseillons aux serruriers, comme plus précis que celui de plat dont ils se servent.

Planche.

Sorte de garniture dans une serrure. La planche partage le panneton en deux parties égales, et reçoit le pertuis ; on distingue les planches de la manière suivante : 1°. planches foncées ; 2°. planches hastées et renversées en dehors ; 3°. planches foncées et hastées en crochet ; 4°. planches foncées en fût de virebrequin ; 5°. planches hastées et renversées. (*Voyez* 206, 221.)

Planer.

Rendre le fer plan à coups de marteau ; cela se fait avec un marteau dont la tête est très large.

Plat.

Fer plat, plus large qu'épais.

Plate-bande.

Barre de fer plat. En œuvre, la plate-bande se pose sur les barres d'appui, et sur les rampes : si on y veut faire des moulures, elles se font à l'étampe.

Platine.

Morceau de fer plat sur lequel on attache une pièce quelconque, comme verrou, targette, loqueteau, etc. La platine de loquet est l'entrée. (Voyez *Entrée.*)

Pleine-croix.

Garniture intérieure d'une serrure, elle forme les deux bras de la croix, elle se met sur un rouet qui en fait le montant; on distingue les pleines-croix comme suit : 1°. pleines-croix renversées en dehors; 2°. pleines-croix renversées en dedans; 3°. pleines-croix renversées en dehors et en dedans; 4°. pleines-croix en fond de cuve, pleines-croix à bâton rompu; 5°. pleines-croix hastées en dehors, et renversées en dedans; 6°. pleines-croix hastées en dedans, et renversées en dehors; 7°. pleines-croix hastées en dedans; 8°. pleines-croix hastées en dehors et en dedans. (Voyez *Clef*, 199, 205.)

Poids des fers.

Voyez *Fer.* (*Voyez* 5, 169 g.)

Poignée.

Ce que l'on prend avec la main. Il y en a de plusieurs espèces; soit une branche de fer en forme d'anse, verticale ou horizontale, mobile ou fixe; soit dans l'espagnolette la bascule qui sert à l'ouvrir et à la fermer. Pour cette dernière *voyez* 238. Le manche est une poignée.

Poinçon.

Outil qui sert à faire un trou dans le fer à coups de marteau. Celui qui perce le fer chaud se nomme poinçon à chaud, il est souvent emmanché. Celui qui perce à froid se nomme simplement poinçon. Il y en a de toutes grosseurs, de ronds, de carrés, ovales, selon la forme du trou qu'on veut faire. Le poinçon est acéré et trempé; il doit être d'acier doux pour ne pas s'égrener.

Pointeau.

Espèce de petit poinçon qui sert à marquer sur le fer la place d'un trou ou de tout autre objet.

Pointer ou *Piquer.*

Marquer avec le pointeau. — Pointer une fiche, l'attacher avec des pointes. (Voyez *Piquer.*)

Pointe.

Petit clou rond et délié. — Clou sans tête qui sert à pointer les fiches. — Pointe à tracer sur le fer, elle est d'acier ou de cuivre.

Poli.

On polit le fer et l'acier, quand on fait disparaître, par le frottement, les aspérités de sa surface. (*Voyez* 153, *Trait picard.*)

Polissoir.

Voyez *Brunissoir.*

Pomme.

Vieux mot remplacé par le mot bouton.

Pommelle.

Espèce de ferrure composée de deux pentures, dont l'une porte un mamelon; ou bien d'un gond et de sa penture en pommelle. La pommelle n'est qu'une penture, il y en a de diverses formes, celles en T ou en S sont doubles; il y en a d'autres à scellement ou à pattes et qui sont simples. — La pommelle sert à ferrer les portes légères.

Ponton.

Clou de ponton; espèce de clou très doux.

Porte (ferrer une).

Voyez 260.

Pose (des sonnettes).

Voyez 246.

Pose.

Voyez *Ferrage* et 259.

Potée (d'étain).

Oxide d'étain qu'on emploie pour polir. — La potée, proprement dite, est faite avec l'oxide de fer, et sert aussi pour polir. (*Voyez* 155.)

Potence de fer.

Sorte de grande équerre dont une branche est fixée verticalement; l'autre branche horizontale est supportée par-dessous, soit par une console ou par un barreau. — Il y a de grandes potences de fer qui au lieu d'une branche horizontale, ont un grand enroulement en forme de crosse; ce sont des potences de ce genre qui supportent les réverbères des places publiques. — Il y a des potences tournantes, surtout dans les grandes forges. — Pour suspendre les ancres de vaisseaux, tandis qu'on les travaille.

Poudre d'os.

Poudre qu'on emploie pour adoucir l'acier en le cémentant.

Poule.

Nom d'une qualité d'acier cémenté. (96.) — On nomme cul de poule, la partie de l'espagnolette qui reçoit la poignée. — Quelques serruriers nomment cul de poule la forme creuse qu'on donne à la forge depuis le bord jusqu'à la tuyère.

Poucier.

Loquet poucier. (Voyez *Loquet.*) Généralement, c'est une pièce qui se meut en y posant le pouce.

Poulie.

L'une des six machines simples en mécanique. Le serrurier est souvent appelé à les faire, les poser ou les réparer. La poulie a pour objet de multiplier la puissance ou d'en changer la direction; le serrurier n'emploie guère que la poulie fixe.

Toute la poulie consiste dans le rouet que les serruriers nomment la roue; le reste n'est qu'accessoire pour l'envelopper et la suspendre.

Le rouet de la poulie est une succession de leviers dont l'appui dans la poulie fixe est au centre; les extrémités des deux bras sont à la circonférence; c'est le levier de première espèce; dans cette poulie, la puissance égale la résistance.

Dans la poulie mobile au contraire, le rouet est un levier de seconde espèce; la résistance est au centre au milieu de la distance de la puissance à l'appui, cette poulie double la puissance autant de fois qu'il y a de rouets.

La poulie que le serrurier attache dans les appartemens, sert à suspendre des lampes, des cages, des garde-manger; c'est le plus souvent un petit rouet de cuivre, et dans le cas contraire, le solide de révolution est de cuivre; les poulies des puits sont de fonte, mais quelle que soit la matière, c'est toujours le même principe; les serruriers en attachent aussi derrière les portes cochères pour suspendre les contre-poids qui les referment seuls. En un mot, on les place partout où cela est nécessaire, et suivant le besoin, elles sont à vis ou à pointe, ou à patte, ou à platine, etc.

Les serruriers emploient une autre espèce de poulie, soit dans les salles à manger ou dans les églises, pour suspendre des lampes ou des lanternes; dans ces poulies, la puissance est dans un poids de plomb taillé en cœur, d'où vient qu'on donne à ces poulies le nom de cœur. Ce poids de plomb contient plusieurs rouets; une barre suspendue à une hauteur moyenne contient aussi un pareil nombre de rouets;

la corde enveloppe tous ces rouets, de telle sorte, que le cœur a facilité de monter et de descendre; son poids est un peu supérieur à celui de la lampe, mais pour peu qu'on ajoute au poids de la lampe en l'attirant à soi, c'est alors le cœur qui est le plus léger, il remonte et la lampe descend; si au contraire on soulève un peu la lampe, on rend la supériorité de masse au cœur, il descend et la lampe remonte; la confection de cet ouvrage est fréquente dans les grandes villes. (*Voyez la fig.*)

Poussé.

Un ouvrage n'est que poussé, quand il n'est que blanchi à la lime sans poli; on dit en quincaillerie un bon poussé, c'est l'intermédiaire entre le poli et l'ordinaire. (*Termes de quincaillerie.*)

Poutis.

Vieux mot qui signifiait un guichet dans une porte. (*En désuétude.*)

Prisonnier.

Tige de fer contenue dans un trou matté. — La rivure prisonnière est celle du prisonnier.

Prussiate.

Sel qui a pour base l'acide qui donne la couleur bleue au fer.

Puisard.

Grille ou fermeture de puisard. — Forte grille de barreaux de fer, parallèles ou croisés. — Les puisards des rues sont fermés par un fort châssis, dont l'intérieur rond est couvert par une forte plaque de fonte portée par un épaulement, le tout assez fort pour supporter le passage des voitures les plus lourdes.

Pyrite.

Combinaison de soufre et de fer. La pyrite se trouve dans le minerai en très grande quantité ; c'est le sulfure de fer ; si l'on combine le fer et le soufre, en les mêlant simplement et en les imbibant d'un peu d'eau, ces trois substances pétries, réagissent l'une sur l'autre ; une d'elles se décompose, le mélange s'échauffe, et même quelquefois il s'enflamme ; de là, le danger pour le serrurier d'avoir des charbons trop sulfureux mêlés dans son atelier avec de la limaille de fer, un peu d'humidité peut incendier sa forge. (Voyez *Charbon minéral*.)

La pyrite n'est pas seulement martiale, il y en a de cuivreuse ; dans cette pyrite le cuivre est allié au sulfure de fer.

Toutes les pyrites, même les arsenicales, rendent le fer cassant. (14, 24, 68, 171.)

Pyromètre.

Instrument pour mesurer les hautes températures. Muschenbrock paraît avoir inventé le premier, on l'a regardé comme peu exact. Desaguilliers en a construit un autre susceptible de plus de précision (*Cours de Physique expérimentale*). L'abbé Nollet l'a perfectionné (*Leçons de Physique*, tom. IV, *fol.* 353). Le meilleur aujourd'hui est celui de Wedgwood, encore passe-t-il pour n'être pas parfait. (*Voy*. 5, 123. Voy. *Intensité, Chaleur, Chaudes*.)

Q.

Qualités (du fer).

Pour le commerce, 75. — Physiques, 5. — Espèces, 14. — Chimiques, 24.

R.

Rabattre.

Action de régler à la forge les coups de marteau à devant. — Effacer à petits coups de marteau sur une pièce finie de forger, les inégalités produites par les grands coups de marteau.

Rabouter.

Joindre deux bouts de fer par un ajustement.

Racle ou *Racloir.*

Petite machine qui dans bien des pays remplace le heurtoir aux portes des maisons du peuple. C'est un anneau de fer tortillé, mobile dans une main de fer pareillement tortillée, d'à peu près un pied de long, posée verticalement. Le bruit produit par ces deux fers tortillés, quand on les frotte l'un sur l'autre, équivaut au coup du heurtoir.

Ramener.

Terme du recuit; c'est donner par la chaude une couleur au fer. (*Voyez* 140.)

Rampe d'escalier.

Ouvrage très important, très cher, et qu'on a souvent beaucoup orné; c'est le garde-corps d'un escalier. Les rampes étant presque toujours à l'abri, sont, ainsi que les grilles d'église, les chefs-d'œuvre de la serrurerie. Les circonstances des derniers temps en ont fait beaucoup détruire; parmi les beaux ouvrages de ce genre qui sont restés, on cite la rampe du grand escalier de la Bibliothèque du Roi, rue Richelieu à Paris. Parmi les ouvrages modernes, on remarque celle de la chaire à prêcher de l'église

Saint-Roch ; les rampes aujourd'hui sont très simples. (*Voyez* 196.)

Rancette.

Tôle commune, bonne pour les tuyaux de poêle. (*Encyclop.*)

Ranguette.

Voyez *Tôle.*

Râpe.

Lime à bois. (163.)

Rapointir.

Refaire une pointe émoussée ou cassée, cela se fait en étirant.

Rapointis.

Sorte de clou de diverses forces, employés dans les constructions pour lier la maçonnerie à la charpente.

Rateau.

Gardes d'une serrure dont les pointes passent dans les entailles du museau de la clef. (*Voyez* 207.)

Ravaler.

On ravale un trou en lui donnant la forme qu'on veut; on ravale l'anneau d'une clef en le rendant à peu près ovale, de rond qu'il était.

Rebord de la serrure.

C'est le côté de la cloison que traverse le pêne. (Voyez *Cloison.*)

Réchaud.

Ouvrage le plus souvent de tôle et qu'on prend à la quincaillerie ; c'est un petit ustensile sur lequel on pose à la cuisine un plat pour le tenir chaud ; il y en a aussi en fonte ; on en fait pour le service des tables, en fer-blanc ou même en argent.

Recuire.

C'est passer au feu après la trempe, pour réduire la trempe au point que l'on veut ; le recuit se juge par la couleur du fer au feu. (140 et suiv.) — Chauffer au rouge cerise un fer non trempé qu'on a fini de forger et qu'on laisse ensuite refroidir. — — Mettre au feu et y abandonner jusqu'à refroidissement une pièce forgée. L'objet de ce recuit est d'adoucir le fer. — Chauffer doucement et laisser refroidir seul un fil de fer avant de l'employer.

Récurer.

Voyez *Ecurer.*

Redresser.

Voyez *Planer.*

Réduire.

Diminuer. — Une dimension, soit diamètre, largeur, longueur, épaisseur, etc.

Refouler.

Opération de la forge ; c'est marteler un fer rouge par le bout, comme pour le faire rentrer en lui-même. — On refoule aussi en frappant la pièce elle-même verticalement sur le tas ou l'enclume sans le secours du marteau. Refouler replie le nerf ; on refoule avant d'amorcer pour souder.

Réfractaire.

Rebelle ; qui se refuse au traitement, à l'impulsion donnée.

Refroidissement.

Le refroidissement d'un métal chauffé mérite l'attention de l'ouvrier ; trop prompt, il aigrit le fer et blanchit la fonte; très lent, il adoucit le fer et l'acier.

Règle.

Bande d'acier inflexible sur le champ; les ouvriers s'en servent avec succès pour dresser leurs pièces et les rendre plans.

Relever.

Former avec des mattoirs des reliefs et des creux sur de la tôle. Cet ouvrage n'a plus lieu, les orne-mens qui remplacent le relevage se font au moule en fonte.

Rencontre (broche de).

Voyez *Broche*.

Renfort.

Mise soudée, pour renforcer une pièce.

Renversure.

Voyez *Rouet*. (220, 203.)

Renvoi de sonnette.

Voyez *Mouvement*.

Ressort.

Corps qui se déforme par l'action d'une force, et qui reprend sa forme première quand la force qui l'a dérangé cesse d'agir. (Voyez *Élasticité*.) — On emploie les ressorts en serrurerie dans la construc-tion des serrures pour retenir ou mouvoir le pêne. (218.) — Dans la ferrure des portes et fenêtres, pour les repousser et les fermer d'elles-mêmes, ou pour les accrocher et les tenir ouvertes. — Le res-sort roulé en spirale par un bout, est dit ressort à boudin. — D'autres, roulés sur eux-mêmes, tendent à se dérouler en faisant rouler l'objet auquel ils sont fixés, tels sont les ressorts de montre; il y en a de rappel ou de renvoi, pour remettre en place un objet dérangé (252); il en est à pompe (258), à pincette, etc. — En serrurerie, comme partout, le ressort a pour objet de donner du mouvement par son élasticité; l'acier est la matière la plus propre à faire les ressorts.

Les ressorts des voitures sont des assemblages de feuilles minces d'acier, qui par leur élasticité adoucissent la transmission du choc des roues sur les corps durs. (*Voyez* 191.)

Restituer (se).

Se dit d'un ressort quand son élasticité le replace dans son premier état.

Retreindre.

Opération qui ne se fait guère que sur les bandes en cercle, qui recouvrent le champ des jantes des voitures. Retreindre c'est resserrer. La direction d'un coup détermine son impulsion; c'est le talent de l'ouvrier; on pousse ou l'on attire suivant que le coup est dirigé; l'ouvrier adroit peut donc en martelant un fer rouge, le frapper dans le sens de sa longueur; s'il dirige son coup vers l'extrémité opposée à la main, il étire : dans le sens contraire il retreint ou resserre, il donne au nerf un mouvement contraire comme s'il le refoulait : le fer trop rentré en lui-même perd de sa qualité.

Revenir.

Terme du recuit; le fer et l'acier reviennent par la chaude à la couleur qu'on veut leur donner. (Voy. *Recuit*, 141.)

Rinceau.

Terme et objet très anciens; c'était un ornement de tôle représentant de grandes feuilles.

Ringard.

Barre de fer avec laquelle on remue la fonte au fourneau; c'est aussi une petite barre de fer qu'on soude au bout d'une autre trop courte, qu'on veut allonger pour la pouvoir tenir en la mettant au feu. (*Voyez* 59.)

River.

Rabattre la pointe d'un clou pour l'empêcher de lâcher prise. — River une cheville ou un tenon, c'est frapper à petits coups, d'abord avec la panne, ensuite avec la tête d'un marteau sur le bout de la cheville, et refouler le fer, de manière à lui former une tête. Dans les gros ouvrages en bois, dans les constructions maritimes, on rive beaucoup sur rouelles ou viroles. La rouelle est un petit disque de fer percé d'un trou rond comme une bague; on y insinue le bout de la cheville, et on rive sur cette rouelle, la cheville a alors deux têtes; les serruriers nomment cela contre-rivure.

Rivet.

Clou pour être rivé, en usage chez les tôliers et les tonneliers. — Clou ou tout objet rivé.

Rivure.

Ce que l'on a fait en rivant. (Voyez *River.*)

Rivoir.

Marteau dont la panne transversale et bien acérée sert pour river.

Roche (fer de roche).

Nom d'un fer dans le commerce. (169 et suiv.) L'*Encyclopédie* dit que ce fer se tire de Champagne, et qu'on le nomme ainsi, parce qu'on le croit fait avec de la mine en roche.

Rognons.

Masses, amas de minerai qui se trouvent dans les gisemens. (18.) — Ce sont de petits amas séparés des filons; il y a des mines en rognons.

Rondelle.

C'est ce que nous avons nommé rouelle. (Voyez *River*.)

Rose.

Couleur d'une chaude. (155.)

Rosette.

Nom qu'on donne au cuivre rouge.

Rossignol.

Instrument dont le serrurier se sert pour ouvrir une serrure dont il n'a pas la clef; c'est une sorte de crochet qu'il essaie de passer entre les garnitures de la serrure pour attraper le ressort et les barbes du pêne. (Voyez *Crochet*.)

Roue.

Pour le serrurier la roue est une pièce d'horloge ou de tourne-broche; c'est une disque de fer plein ou évidé, et dans ce cas, on conserve des rayons qui se réunissent au centre où l'on brase le pignon ou l'arbre.

Le cercle de la roue est dentelé, ses dents s'engrènent dans une autre roue, ou dans un pignon, ou dans une lanterne, les roues sont des leviers; le système des roues consiste à en faire des moteurs, en appliquant les grandes aux petites pour augmenter leur effort.

Rouet (*ou* petite roue).

(Voyez *Poulie*). Le rouet de la poulie est ce que la corde embrasse.

Rouet (de serrure).

Garniture intérieure ; c'est un cercle attaché au palastre, ou à la couverture, ou à la planche. La tige de la clef est au centre du rouet qui entre dans le panneton. Le rouet est ouvert vis-à-vis de l'entrée pour laisser passer la clef. Comme on y attache beaucoup d'autres pièces, ce rouet prend différens noms selon les pièces qui lui sont unies ; ainsi on dit rouet en pleine croix, en bouterolle, à faucillon, à faucillon en dedans, renversé en dehors, renversé en dedans, à crochet, à bâton rompu, hasté en dedans, hasté en dehors, en croix de Lorraine, à foncet, en fût de virebrequin, en H, en S, en N, en Y, en fond de cuve, en 4, en flèche, foncé, etc. (*Voyez* 203, 204, 220. Voyez *Pannetons*.)

Rouge (à polir).

Voyez *Poli* et 155.

Rouille.

En latin *rubigo*, d'où l'on a tiré le nom d'oxide rubigineux qu'on a donné à la rouille ; le fer contracte rapidement cet oxide ; les plus beaux polis ne l'en garantissent pas, la plus légère humidité le fait paraître, et l'on n'en préserve les beaux ouvrages polis, qu'en les essuyant fréquemment pour leur enlever l'humidité que leur donne la constitution de l'atmosphère.

Rouleau.

Ornement en volute.

Rouverin ou plutôt *Rouverain.*

Défaut du fer qui brise à chaud quand on le forge; il y a des fers qui ont cette mauvaise qualité en sortant du fourneau, ils peuvent cependant la contracter; le cuivre la leur donne.

Les fers rouverains sont susceptibles de deux sortes de défauts; le premier, qui est particulier à quelques fers, consiste à se briser, à se pulvériser quand on les forge à une certaine température; ceux-là supportent le marteau et l'étirage, lorsqu'ils sont ou plus chauds ou plus froids, on les nomme fer de couleurs; le second défaut est de ne pouvoir être plié sans se rompre dans le pli, de ne pouvoir même être percé rouge sans se briser, sans se rompre autour du trou.

Il y a des fers rouverains qui ne se brisent pas à la première courbure, mais en se redressant, ou à une seconde courbure; quelquefois un fer paraîtra rouverain par quelque cause particulière, un autre morceau pris dans la même barre se ploiera facilement; on trouve dans le commerce bien moins de fers rouverains que des fers brisants à froid.

Au surplus, les caractères généraux des fers rouverains sont de se laisser forger, étendre et plier à froid, et ne pouvoir le supporter chauffés rouges; ils sont doux et liants à froid, ils prennent à la lime une couleur bleuâtre; leur cassure est fibreuse, inégale, de couleur claire et non compacte; à la chaude suante ils lancent de grosses étincelles rouges, et à la fusion ils exhalent par fois une odeur de soufre; ils sont très oxidables, se rouillent facilement à l'air, se dissolvent bien dans les acides, et produisent une tache grise avec l'acide nitrique; ce fer aimanté conserve bien son magnétisme.
(*Voyez* 63, 68.)

S.

Sable.

Terre quartzeuse réduite en petits grains; le sable peut servir au serrurier pour tremper à l'air (*voyez* 132); il est propre à faire des moules. (Voyez *Moule.*)

Il y a des sables bien différens les uns des autres; les cailloux, les silex, les quartz, donnent un sable siliceux, quartzeux. La décomposition du grès donne un sable différent; l'argille se réduit en sable, et fait des moules pour les fondeurs; le sable des mers est encore différent; les coquilles, les coraux, les détrimens des rochers, sont réduits en sable par le mouvement perpétuel des vagues. Ceux qui sont formés de débris de gangues métalliques, contiennent plus ou moins de métal; celui de l'Orient, de Blavet, contient de l'étain; la côte de Bretagne en offre de ferrugineux, on en trouve de cuivreux à Saint-Domingue, ceux de la Côte-d'Or sont aurifères.

Sabloner.

On sablone le fer au feu, c'est-à-dire on jette du sable dessus quand on veut le souder dans certains cas. (*Voyez* 114.)

Sabot.

Petite boîte de fer retenue par une chaîne à l'essieu d'une voiture, et qu'on engage sous la roue d'un côté pour l'empêcher de tourner et diminuer la chasse de la voiture dans une descente; on ensabote une voiture au lieu d'enrayer.

Entonnoir de tôle dans lequel on introduit le pied d'un pilot pour l'enfoncer dans un terrain capable d'émousser le bois. — Garniture du pied d'une table à roulettes.

Sanguine.

On s'en sert avec succès pour polir.

24

Sauterelle.

Fausse équerre qui sert à prendre l'ouverture de quelques angles.

Sautillon.

Petit massif de fer en talus posé sur le bord de la gâche pour recevoir et faire glisser le biseau du pêne du bec de canne.

Scellement.

Opération de sceller une barre de fer dans un trou de mur, soit avec du plomb ou avec du plâtre.

Le serrurier dispose sa barre en l'ouvrant en fourche par le bout pour le scellement en plâtre, et si le scellement doit être à plomb, il forme des barbes sur les arêtes du fer à sceller. — Dans les scellemens destinés, dans les ports, à souffrir de grands efforts, on fend le bout du fer qui doit être scellé, et on met dans le fond du trou, en queue de carpe, un coin de fer qui entre dans le fer fendu et qui l'élargit; cela se fait pour les organeaux que l'on peut forcer à coups de masse, on achève le scellement avec du plomb. — Scellement, partie de la barre préparée pour être scellée.

Scories.

Il y en a de plusieurs espèces; celles de la forge du serrurier sont des résidus de la combustion du charbon de terre, c'est le mâchefer. (*Voyez* ce mot.)

Celles des fourneaux sont des verres terreux qui tiennent de l'oxide de fer en dissolution; plusieurs métallurgistes pensent qu'elles sont distinctes des laitiers.

Scie.

Outil composé d'une lame mince d'acier, dont un des bords est coupé en dents que l'on aiguise à la lime; la scie sert à couper le bois, il y en a de trempées

plus dur qui coupent le cuivre et le fer doux non
trempé. La monture de cet instrument varie selon
l'usage qu'on en veut faire. (Voy. *Chemin*.) La scie à
guichet est une petite scie en forme de couteau dentelé. La scie à refendre du serrurier est ce que nous
avons dit au mot lime à refendre.

Sel (marin).

Son effet sur le fer. (66.)

Sergent.

On nomme ainsi un instrument qui sert à rapprocher avec force et à tenir fortement réunis deux
objets qu'on veut joindre; c'est une barre de fer au
bout de laquelle est une branche à l'équerre à peu
près d'un pied de long; sur cette barre glisse une branche de même longueur que le retour coudé du bout de
la barre, mais elle glisse un peu obliquement; on
saisit les objets qu'on veut joindre entre ces deux
branches, et l'on serre la branche mobile à coups
de maillet; les corps serrés tendent à s'écarter perpendiculairement à leur jonction, mais l'obliquité
de la barre mobile du sergent leur oppose un frottement tel qu'il surmonte leur effort. Le menuisier emploie très fréquemment le sergent, le serrurier l'emploie dans la pose.

Serrure.

Chef-d'œuvre de l'art du serrurier; machine très
ingénieuse qu'on attache aux portes pour les empêcher d'ouvrir. L'âme de la serrure est le pêne, c'est
le verrou perfectionné; tout consiste à fermer et
ouvrir à volonté ce verrou, et à interdire cette facilité à toute autre personne; on a donc imaginé de
le mouvoir avec une clef, dont on reste en posses-
sion, et l'on a fait la serrure de telle façon que
nulle autre clef ne peut l'ouvrir; sûreté, inviolabilité, simplicité, telles sont les conditions de la serrure. (*Voy*. section VI 211.)

La serrure est un parallélipipède dont la face principale se nomme palastre; le côté opposé se nomme couverture; les quatre autres faces forment l'épaisseur de la serrure, celle de ces faces que traverse le pêne se nomme le bord ou rebord, les trois autres ont le nom de cloison; ces six côtés forment une boîte qui contient tout le mécanisme; le pêne se meut sur le palastre, il est contenu par un ressort qui le comprime et s'introduit dans des coches qui lui sont destinées. Une clef introduite dans cette machine, accroche en tournant le ressort et le soulève, tandis qu'en même temps elle rencontre une barbe du pêne, la pousse et le fait marcher; ce pêne en sortant de la serrure entre dans une gâche qui retient sa tête fortement, au moyen de quoi la porte est fermée. Pour empêcher qu'une autre clef n'ouvre la serrure, on dispose dans son intérieur des pièces minces, qui sont autant de portions de diaphragmes, placés de telle manière qu'ils passent librement dans des ouvertures ménagées à la clef; voilà, en substance, en quoi consiste la serrure. Les artistes intelligens ont épuisé leur génie pour donner une inviolabilité absolue à la serrure, en multipliant et variant de formes diverses, les garnitures et les gardes; bientôt on craignit que des clefs artistement faites ne trompassent la combinaison des garnitures; on imagina les formes de clefs bizarres et forées, ce qui varia les entrées; on craignit qu'un pêne ne fût coupé, on les imagina doubles et triples; vint enfin le rossignol, aussitôt on s'opposa à son passage par le canon, ou la planche, ou le rouet, et par des garnitures verticales qui se croisent l'une et l'autre; on craignit ensuite que l'on n'enlevât la serrure, on la mit en dedans, et on la ferra de manière qu'elle fût aussi inébranlable qu'inabordable; à ces précautions de solidité, on voulut ajouter la commodité, et on imagina les serrures à ressort, les demi-tours, qui se ferment d'elles-mêmes; on a appliqué cette fermeture aux coffres, aux malles, aux caisses, cassettes et tiroirs, etc.; il en est résulté plusieurs formes de serrure dont les principales sont :

Serrure (à vielle).

Sert à ouvrir un loquet.

Serrure (à l'italienne).

Pour portes à coulisse ; les pênes sont à crochets qui s'engrènent dans une gâche.

Serrure (treffilière).

Ne s'ouvre que d'un côté. (*Encyclopédie.*) *Inusité.*

Serrure (bénarde).

S'ouvre des deux côtés, convient aux appartemens pour s'enfermer en dedans.

Serrure (à demi-tour).

Dont le pêne se pousse avec un bouton, une pomme, une olive, et s'ouvre aussi avec un demi-tour de clef ; la serrure peut avoir un et deux tours indépendamment du demi-tour. Cette serrure se ferme seule par le choc du pêne en biseau sur le sautillon de la gâche.

Serrure (à pêne dormant).

Celle dont le pêne ne se meut qu'à l'aide de la clef.

Serrure (à pêne en bord ou à auberonière).

Dans cette serrure le pêne ne sort pas ; il fait sa course en dedans du bord, et passe dans l'auberon de l'auberonière qui s'introduit par une entrée faite dans le rebord.

Serrure (à houssette).

C'est le demi-tour du pêne en bord, elle se met aux coffres, et se ferme par la seule chute du couvercle ; le pêne est en biseau (*ancienne*).

Serrure (à deux fermetures).

Qui se ferme à deux pênes par deux endroits dans le bord du palastre.

Serrure (à clanches).

On les met aux grandes portes des maisons; elles ont un grand pêne dormant à deux tours avec un ressort double par derrière. (*Encyclopédie.*) *En désuétude.*

Serrure (à bosse).

Sert pour les portes de caves et pour les coffres. (Voyez *Bosse.*) *Ancienne.*

Serrure (plate ou à moraillon).

Se met en dehors des malles et coffres; le pêne se meut dessous le palastre, et entre dans l'auberon du moraillon qui traverse le palastre dans lequel on lui a ménagé une ouverture.

Serrure (à secret).

Les grands ouvriers s'évertuent à faire des serrures tellement combinées que même avec la clef on ne peut les ouvrir, si on ne connaît le secret. Ce secret, cette combinaison, appartiennent à l'inventeur, et ne se publient pas; il en est de même des cadenas. (Voyez *Cadenas.*) Il est donc absolument inutile d'entrer dans aucun détail à cet égard.

Enfin, la serrure de sûreté est une serrure parfaitement faite, dont les garnitures répondent bien aux entailles du panneton, et dont les pièces, les rivures, les brasures, sont parfaitement finies; assez ordinairement, elles ont un pêne dormant et un demi-tour avec un verrou de nuit. Pour la pose *voyez* 263.

Serrurerie.

L'art de faire des serrures.

Serrurier.

On se tromperait si l'on pensait que le serrurier

n'exerçât son talent que sur les serrures; cet artiste fait tous les ouvrages en fer, excepté les très grosses pièces qui se font à la forge, et qu'il abandonne aux forgerons proprement dits, telles par exemple que les ancres des vaisseaux, et autres gros ouvrages qui s'emploient bruts, les grosses chevilles, les boulons, les fortes chaînes, etc.; cependant dans les lieux où il n'y a pas de forgeron établi, le serrurier en tient lieu, il est même horloger à l'occasion; c'est lui qui répare et entretient les horloges des villages; le serrurier qui entreprend de beaux et riches ouvrages, de belles rampes, de belles grilles polies, sort tout-à-fait de la classe des ouvriers; c'est un artiste doué très souvent de connaissances étendues, en géométrie, physique, chimie, architecture et dessin.

Sertir.

C'est réunir une pièce à une autre qu'elle contient, en rabattant sur l'une, une petite portion de l'épaisseur de l'autre, comme si c'était une sorte de petite lèvre qu'on étendrait sur l'autre; cette opération se fait principalement aux trous que l'on bouche, aux boîtes de montre, dont le fond est presque toujours de deux pièces; les lapidaires sertissent la monture sur la pierre, etc.

Seuil.

Pièce qui termine et traverse la porte par en bas; c'est sur le seuil qu'on marche pour passer dans la porte, c'est l'opposé du linteau; parfois le seuil est de pierre, il est de bois dans les appartemens; mais quand il est de pierre, on le garnit souvent de bandes de fer dans les portes cochères; on les fait même de fonte aujourd'hui pour les maisons de luxe.

Solière.

Fer aplati en barres de 6 lignes d'épaisseur sur 4 pouces ½ de largeur.

Sommier.

C'est ce que nous avons nommé traverse des grilles.

Sonnette.

Petite cloche qu'on attache au bout d'un ressort pour appeler un portier, un domestique, enfin, pour faire un signal d'un appartement dans l'autre. La pose des sonnettes est une partie des occupations du serrurier; il faut souvent percer les murailles, les plafonds pour faire passer le cordon de fil de fer ou de cuivre qui aboutit à la sonnette. (*Voyez* 246.)

Souchon.

Petite barre de fer de 4 pouces de large sur 18 lignes d'épaisseur.

Soudage.

Action de souder.

Souder.

Réunir deux métaux ou deux morceaux du même métal, de manière à n'en faire qu'un morceau par un assemblage solide; si on emploie un flux ou un autre métal, on nomme cela braser. (Voy. *Braser.*)

La soudure du ferblantier se fait à froid, on ne chauffe que le flux ou la soudure; celle de l'orfèvre, de l'horloger, se fait avec un flux, ordinairement c'est le borax, on chauffe seulement la soudure avec le chalumeau.

Le serrurier brase ou soude à chaud. (*Voy.* ce que nous avons dit art. 111, 113 et 84 a.)

Soudure.

État du soudage fait. — Substance employée pour souder ou braser, telle que laiton, étain, etc.

Soufflet.

Machine qui aspire et chasse l'air dans une direction donnée ; il y a des soufflets dans lesquels l'air est introduit par le secours de l'eau ; nous n'en parlerons pas au serrurier qui ne s'en sert jamais ; s'il désirait cependant en prendre connaissance, il trouverait des détails sur cette machine dans l'*Hydraulique* du père Schotte, dans le *Traité du mouvement des eaux*, par Mariotte, dans l'*Architecture hydraulique* de Belidor, dans le *Journal des Mines*, et, enfin, dans la *Sidérotechnie* de Hassenfratz.

Dans les autres soufflets, l'air s'introduit par une sorte de vide intérieur, c'est-à-dire un commencement de vide, une diminution de la pression extérieure. De ces machines, les unes sont à frottement, les autres à parois flexibles. Les soufflets à frottemens sont de véritables pompes ; ce sont des tubes dans lesquels se meut un piston à soupape ; on le meut indifféremment par en haut ou par en bas, il ne faut pour cela que placer la soupape en conséquence : cette soupape est en sens inverse de celle du fond du tube ; cette dernière s'ouvre pour laisser passer l'air pressé par le piston, de sorte que l'une s'ouvre quand l'autre se ferme.

Laisser la pression atmosphérique emplir d'air un espace, fermer ensuite cet espace, et forcer l'air renfermé de s'échapper par une issue, c'est tout le système des soufflets ; et la machine destinée à produire cet effet, s'est perfectionnée à mesure que les nations se sont instruites. Les Indiens ne font encore usage que d'une peau de cabri. (Voyez *Bouc.*) Ce soufflet consiste dans la peau d'un cabri bien cousue ; à l'un des orifices est attaché assez hermétiquement un canon de pistolet ou un bout de canon de fusil ; l'autre bout est considérablement ouvert, et cousu sur deux mandibules de bois bien dressées pour bien se joindre ; ces mandibules sont percées dans leur largeur d'un trou oblong dans lequel l'ouvrier passe ses doigts pour serrer les mandibules avec la main ; cette sorte de poignée fait suivre le mouvement de la main par les mandibules ; en conséquence, en ouvrant la main et en la fermant successivement, l'ouvrier ouvre et ferme successivement la peau, laisse entrer l'air et l'y comprime à volonté ; pour laisser entrer l'air, il tire à lui en ouvrant la main, et il le comprime en fermant la main et en poussant. Telle fut vraisemblablement l'origine de la machine actuelle ; ce soufflet très mobile se rapproche ou s'éloigne du feu à volonté ; aussi Homère dit-il, en parlant de Vulcain forgeant les armes d'Achille : « il retourne à la forge, approche ses soufflets du feu, etc. » Et quoique Strabon attribue l'invention du soufflet au Scythe Anacharsis, il est à présumer qu'il date de l'époque où l'on commença à fondre les métaux. (*Voyez* l'Introduction.)

Soufflet (du serrurier).

Le soufflet dont se sert aujourd'hui le serrurier, est une machine faite de deux plans de bois réunis par un cuir ; on nomme ces plans, volans ou bajoues, et l'un des deux est mobile ; mais si le soufflet est double, il y a trois plans, dont deux mobiles ; on nomme les premiers soufflets à un vent, les autres soufflets à deux vents ; dans le soufflet simple le plan supérieur est fixe, celui de dessous se meut à l'aide d'une chaîne ou corde attachée au bout d'une bascule qu'on fait agir avec la branloire ; c'est le plan inférieur qui est percé pour la soupape ; un poids suspendu à ce volant le fait baisser vivement quand la bascule le lui permet pour introduire de nouvel air entre les deux plans ; cet air comprimé par les deux plans fuit par le canon et la tuyère.

Dans le soufflet double le plan du milieu est immobile ; la bascule mise en mouvement par le cordon, soulève le plan de dessous pour donner aux volans le mouvement d'oscillation. On établit aujourd'hui ces soufflets aussi haut que possible pour qu'ils n'occupeut point de place dans l'atelier, et qu'on puisse faire au-dessous tous les mouvemens du service. (*Voyez la fig.*)

Soufre.

Substance dont l'affinité avec le fer est très grande et qui le vicie. (*Voy.* 15, 171.)

Soupape.

Diaphragme mobile qui, par son mouvement, permet l'entrée ou la sortie d'un fluide.

Soupente.

Morceau de fer qui suspend le faux manteau d'une cheminée.

Soupirail.

Ouverture ménagée dans les murailles d'une maison pour donner du jour dans les caves; le serrurier les ferre soit avec de simples barres à scellement, ou avec des portes de tôle munies d'un loqueteau à la disposition de l'intérieur.

Sourde (lime).

On appelle ainsi la lime qui ne fait point de bruit; elle est toute enveloppée de plomb, excepté la partie qui lime; cette lime n'est destinée qu'à refendre ou couper des barreaux sans bruit; on couvre pareillement avec du plomb le barreau qu'on veut couper. Le plomb qui est mou ne frémit pas sous la lime autant que le fer, et cède sans bruit au frottement. Les malfaiteurs se servent quelquefois de cette lime; on peut encore s'en servir à la guerre lorsqu'on veut dérober à l'ennemi la connaissance d'un travail.

Store.

On donne ce nom à un rideau roulé sur un tube dans lequel est enfermé un ressort à boudin; on roule sur ce tube une étoffe de soie ou toute autre, et on place tout cela à une fenêtre et surtout en dedans d'une glace de voiture. Quand cette sorte de rideau est baissé, une petite détente s'oppose à l'action du ressort à boudin, et quand on veut relever le rideau, on lâche la détente; alors le ressort à boudin fait vivement rouler le tube qui s'enveloppe du rideau et le fait disparaître. C'est le serrurier qui fait et place les stores; store est un mot étranger. (245.)

Stock.

Mot allemand qu'on donne quelquefois au gros billot de bois qui supporte l'enclume.

Suante.

Chaude suante, nom qu'on donne à l'état du fer chauffé à l'état le plus voisin de la fusion. Dans la chaude suante, le fer paraît laisser échapper des gouttes de métal. (*Voyez* 115, 123.)

Surchauffer.

Donner au fer une chaude forcée qui le décompose et le fond en oxide de fer qui le brûle.

Sulfate.

Nous avons quelquefois parlé dans notre première partie de sulfate de fer; c'est une combinaison d'acide sulfurique et de fer.

Sulfure.

Combinaison de soufre et de fer.

Synthèse.

Art de mettre ensemble, de composer un tout avec ses élémens, on divise par l'analyse, on réunit par la synthèse.

T.

Tableau.

Des fils de fer. (82 a.) — Du prix des fers. (169 e.)

Tache.

Sur le fer par les acides. (Voy. 90.)

Talon.

Extrémité du pêne vers le ressort, et qui fait arrêt contre le mantonnet. — Coude à l'extrémité d'une pièce de fer, au moyen duquel on la fixe fortement eu place. — En terme générique, c'est un épaulement; c'est le talon d'une lame de couteau fermant, qui reçoit le clou.

Tambour.

Pièce ronde et vide comme un tambour. — Le tambour renferme le ressort; c'est sur le tambour d'une montre que la chaîne se tourne; lorsque le ressort fait agir le tambour sur une corde ou sur une chaîne, la force agit comme traction sur une autre pièce qu'on nomme fusée; quand la fusée est toute dévidée, le ressort est détendu, il est au repos et ne tire plus, il faut remonter la fusée.

Taraud.

Cylindre acéré sur lequel on a creusé des pas de vis pour faire des écrous. (Voyez Vis.)

Tarauder.

Passer le taraud dans un trou pour y faire un pas de vis.

25

Targette.

Petit verrou monté sur une platine dont il prend le nom, ronde, carrée, etc.

La targette à panache a une platine découpée qui représente des fleurons; il y a des targettes à croissant, à cul de lampe.

La targette à valet est retenue, ouverte ou fermée, par son valet qui lui est perpendiculaire, et qui est un petit pêne à coulisse.

Tas.

Petit cube de fer dont la face supérieure est acérée; c'est une sorte de petite enclume que l'on place assez souvent sur l'établi. — Il est d'autres tas de formes différentes qui se mettent dans l'étau et servent à river.

Température.

Des chaudes. (*Voy.* 123.) — Des fusions. (*Voy.* 124.)

Tenacité.

Qualité que le fer possède. La tenacité est l'effort dont le fer est susceptible sans se rompre. (*Voy.* 5, 72, 122.) Le fer est le premier des métaux dans l'ordre de la tenacité.

Tenailles.

Outils qui servent à manier le fer soit rouge soit dans le feu. Cet instrument est composé de deux branches de fer dont la tête est diversement faite pour saisir de diverses manières; ces deux branches sont réunies par une rivure à une distance de la tête qui, dans les grandes, excède rarement six pouces, et bien moins dans les petites. La tenaille est l'assemblage de deux leviers de premier genre, dont le point d'appui est à la rivure; le grand bras est la branche depuis la rivure jusqu'à l'endroit que prend la main; le petit bras est depuis la tête jusqu'à la rivure. La puissance est dans la main de l'ouvrier, et la résistance sur l'objet serré. — La tenaille ordinaire sert dans toutes les professions à arracher des clous; leurs mâchoires coudées circulairement sont tout auprès de la rivure, et servent comme de bascule pour faire effort sur le clou saisi; on les nommait jadis tricoises. — Tenaille à vis, c'est l'étau à main. — Tenaille à chanfrein, se place dans l'étau pour faire un chanfrein avec précision. (*Voy. la fig.*) — Les tenailles de forge se nomment droites, croches, à fer carré, goulues, à bouton. (*Voy. les fig.*)

Terre.

Employée comme fondant dans la fonte du minerai. (Voyez *Castine*, *Herbue*.)

Tête (de marteau).

Partie opposée à la panne. (Voyez *Marteau*.)—Du pêne; partie qui entre dans la gâche.

Tige.

Toute partie d'un ouvrage qui par sa forme ressemble à la tige d'une fleur; c'est un cylindre plus ou moins long; c'est la partie de la clef depuis l'embase jusqu'au bout.

Tiers-point.

C'est le même que tire-point. (Voy. *Tire-point*.)

Tirant.

Barre de fer pour retenir deux poutres ou deux murailles, et les empêcher de s'écarter; le tirant est très-souvent retenu par deux ancres, et quelquefois il est à moufle au milieu. Une barre de fer qui rend le même service, n'importe comment quoique petite, prend le nom de tirant.

Tire-point.

Mot corrompu de tiers-point ; c'est un prisme triangulaire.

Tire-fond.

Outil des tonneliers qui, chez les serruriers, se dit piton à vis ; en effet, c'est une tige à vis dont la tête se termine en un œil ; il en est aussi dont la tête est carrée.

Tisonier.

Outil de fer pour attiser la forge ; les uns sont droits et pointus, les autres croches ou à crochet.

Titane.

Métal découvert en 1781, par Gregor ; il est rouge, cassant, se combine avec le fer, se trouve dans les minerais de Chatelaudren, dans le fer volcanique, et, en général, dans les minerais de fer ; quoique cassant il ne communique pas cette mauvaise qualité au fer.

Tôle.

Feuille de fer très mince faite de préférence au laminoir, et précédemment au marteau ; c'est ce qu'on nomme fer de batterie. L'usage des cylindres pour faire la tôle ne date que de la fin du siècle dernier, on se servait auparavant de marteaux ; la tôle paraît assez ancienne en France, et cependant les premières manufactures de fer-blanc ne datent que depuis 1726 ; on fabrique la tôle avec du fer et avec de l'acier ; il faut choisir le fer d'une bonne qualité, doux et mou ; il faut qu'on puisse facilement le travailler à froid et à chaud. Pour faire la tôle au marteau, on a trois marteaux : le premier est marteau à ébaucher, il pèse de trois à quatre cents livres, et

sa panne est plan de 25 à 30 lignes de large; le se·
cond est marteau à platiner, il pèse de sept à huit
cents, sa panne arrondie a de 4 à 5 pouces de large;
le troisième est marteau à parer, il pèse de quatre à
cinq cents, sa panne plan a de 9 à 10 pouces de
large. Leurs aires doivent être acérées et bien unies;
les enclumes sur lesquelles on les bat sont plates,
et dans la forme d'un prisme rectangulaire; celle
du marteau à ébaucher a un pied de côté, elle est
enchâssée dans une chabotte qui est elle-même fortement retenue dans un stock de bois relié en fer.
L'enclume du marteau à platiner a de 13 à 14 pouces
de côté, et celle du marteau à parer de 12 à 13
pouces; ces deux dernières n'ont pas de chabotte,
leurs stocks sont fortement liés en fer.

La tôle destinée à être étamée pour se transformer
en fer-blanc, est de 27 à 28 lignes de large sur 8 à 9
lignes d'épaisseur. La tôle plus forte, et que l'on
nomme *ranguette*, a 30 lignes de large sur 12 d'é-
paisseur; il est assez d'usage d'étirer les barres au
martinet avant de les présenter au laminoir, et de
ne les y présenter que dans l'état de semelles; quand
la tôle est faite, on la décape et on la livre au commerce. (*Voyez* 79, 169 *f.*)

Tombeau.

Grilles ou balcons à tombeau; c'est ainsi qu'on
nomme ces objets quand ils sont faits en forme de
console; ces ouvrages sont anciens et hors d'usage.

Tour.

Instrument pour donner aux objets la forme parfaitement ronde, quand on peut les placer sur le
tour.

Tourmentée.

Se dit d'une clef, lorsque le panneton au lieu d'être

droit, est contourné en diverses formes, en lettres et autres. (*Voyez* 202 et suivans.)

Tourillon.

Morceau de fer rond qui sert d'axe à plusieurs machines ; on donne aussi ce nom à un gros verrou rond à manche. (230.)

Tourne à gauche.

Instrument pour dévisser les tarauds qui tiennent trop fortement dans le pas de vis ; les armuriers en font usage pour déculasser les fusils. Le serrurier a un autre tourne à gauche qui sert à dégauchir ou chantourner le fer, qui se compose d'une tige recourbée. (*Voyez la fig.*)

Ce dernier tourne à gauche est ordinairement placé au bas de la griffe.

Tourne-broche.

Machine qui dans sa construction et la combinaison de ses roues, a du rapport avec une horloge, et qui sert à tourner les broches des cuisines. Le moteur est parfois un ressort renfermé dans un tambour ; plus généralement c'est un poids. Il n'y a point de balancier suspendu, il est horizontal et tourne perpétuellement dans le même sens. Sa tige est munie d'une vis sans fin que met en mouvement la roue de rencontre. Cela suffit pour modérer le dévidement des roues et le réduire à la vitesse nécessaire pour donner à la broche celle qui lui convient.

Tourne-vis.

Outil en forme de ciseau, mais sans biseau ; son tranchant s'introduit dans la tête de la vis pour la détourner. Le tourne-vis est acéré ; on en a en forme de mèche de virebrequin, et on les met souvent dans le trépan ou fût pour s'en servir plus aisément.

Tourniquet.

Morceau de fer plat percé d'un trou pour recevoir la tête rivée d'une fiche enfoncée dans une muraille; ce tourniquet retient les persiennes ou les volets ouverts quand ils ouvrent en dehors; quand le tourniquet est percé au milieu, c'est le double; s'il est percé par un bout, c'est le simple.

Trait picard.

Nom que l'on donne à des traces que l'on fait sur le poli des ouvrages soignés, soit revenus au rouge brun, soit à couleur naturelle. Ces traces se font en polissant avec un morceau de bois sur lequel il y a des aspérités de la figure qu'on veut donner à la trace; par ce moyen on figure des rubans, des ondes, qui plaisent à l'œil et qui sont insensibles à la main.

Tranche.

Ciseau dont se servent les serruriers pour couper le fer à froid et à chaud. (Voyez Ciseau.)

Tranchet.

Mot vicieux pour dire une petite tranche.

Trappe.

C'est le linguet du cric des voitures.

Travée

Génériquement, c'est l'intervalle entre deux corps d'ouvrages; dans les grilles c'est la partie dormante entre deux murs, entre deux piliers ou pilastres, même entre deux portes.

Traverse.

Toute pièce qui en traverse d'autres horizontalement ou diagonalement pour les marier ou les contenir.

Treillage.

Ouvrage de fil de fer à mailles plus ou moins grandes, pour garantir des vitres, intercepter des passages, etc.

Treillis.

Grosse grille à barreaux croisés en losange.

Trémie.

Bande de trémie, bande de fer plat, aboutissant sur les solives qui bordent le foyer des cheminées. La bande de trémie soutient l'âtre. Ce soutien est de fer, de peur qu'il ne s'enflammât s'il était de bois.

Trempe.

Opération par laquelle on fait passer un métal d'une très haute température à une très basse. (*Voyez* 118.)

Trépied.

Triangle de fer, ou même cercle de fer porté sur trois pieds, et sur lequel on pose les vases de cuisine sur le feu.

Trépan.

Mot venu du grec τρέπω, qui veut dire tourner.
Instrument fait pour tourner un cylindre. Ce cylindre mis en mouvement, peut se terminer de plusieurs manières; cela est indépendant du trépan. C'est ainsi qu'on peut tourner avec le trépan l'in-

strument de chirurgie fait pour percer un crâne. On s'en sert pour tourner un foret, un brequin, ou même un tourne-vis. Le trépan se compose de trois pièces principales : le tenon, dans lequel se place la tige du cylindre tournant ; la manivelle, que saisit la main pour tourner, et la pomme sur laquelle on pèse pendant l'opération.

Le trépan est ce que le serrurier nomme fût de virebrequin. (Voyez *Fût, Brequin.*) On ferait mieux d'adopter généralement le mot trépan.

On nomme aussi trépan un outil acéré à trois pans ou faces et qui sert à percer la pierre ; on le monte dans un trépan.

Tréteaux.

A l'usage des ferreurs, ils sont au nombre des ustensiles nécessaires dans un atelier, pour poser les portes, fenêtres, ou tous autres objets qu'on veut ferrer.

Triage.

Opération qu'on fait subir au minerai. (*Voy.* 29.)

Tricoises.

Voyez *Tenailles.* (*Mot en désuétude.*)

Tringle.

Petite barre de fer ronde ; c'est un ouvrage de tréfilerie, à moins qu'elle ne soit trop grosse. On s'en sert pour soutenir des rideaux, etc.

Tripoli.

Le vrai tripoli vient de Tripoli ; c'est une sorte de craie volcanisée ; on en trouve de bon en France, dans des terrains brûlés, surtout quand l'organisation est de grès. La montagne ardente éteinte de Poligné, près de Rennes, en produit de très bon.

On se sert du tripoli pour nettoyer les métaux, afin de commencer à les polir.

Trou renflé.

Trou fait au poinçon, et qui fait subir un renflement dans la pièce percée; cet effet se voit dans la traverse d'une grille. Le renflement se passe ensuite dans l'étampe. (Voyez *Grille* et 195. *Voyez la fig.*)

Trousses.

Réunion de lames de fer ou d'acier pour être chauffées, forgées, ou soudées. — Paquets de limes à reforger. — Sac du serrurier poseur.

Trusquin.

Outil pour prendre mesure et tracer la place d'une ouverture ou d'un tenon. Cet outil sert plus au menuisier qu'au serrurier; le trusquin est un calibre. (Voyez *Calibre*.)

Tuyère.

Tuyau qui conduit à la forge le vent du soufflet. L'orifice de ce tuyau prend plus particulièrement, parmi les ouvriers, le nom de tuyère; le bas du trou de la tuyère doit être placé à 18 lignes au-dessus du fond de la forge ou du foyer, et sans plus, afin que le vent ne soit pas intercepté par les cendres, le frazil, etc., et pour qu'il passe un pouce au-dessous de la pièce qui chauffe.

V.

Valet.

Barre de fer qui sert à appuyer le battant d'une porte fermée, c'est le fléau. — Outil que le serrurier fait pour le menuisier, pour tenir fortement une pièce sur l'établi; il sert parfois aux ferreurs. Sa résistance est l'effet du frottement. — Petit pêne ou verrou à coulisse des targettes à valet. (Voyez *Targettes.*)

Vase.

Fiche à vase. (Voyez *Fiche.*) — Dans les grandes usines où l'on fabrique le fer, les vases sont les fers de casserie.

Ventau.

Ouverture par laquelle le vent entre dans les soufflets. Dans l'ancien style, on disait vantau d'armoire, de porte, de fenêtre, etc., pour dire battant; on dit même encore vantail, et au pluriel vantaux.

Verge.

Branche longue, flexible, ronde ou carrée.

Vergette.

Petite verge.

Verrou.

Barre de fer qui glisse dans des cramponnets pour fermer une porte ou une fenêtre; le verrou peut être horizontal on vertical; il peut être mu avec la main, ou avec la serrure, ou avec une bascule; il y en a qu'on fait mouvoir avec une clef qui leur est particulière, et qui ne peuvent mouvoir qu'avec la clef. (229.)
Verrou de nuit. (228.) — A pignon. (231.)

Vertevelle.

Petit couplet. (*Mot hors d'usage*).

Vielle.

Loquet à vielle. (Voyez *Loquet.*)

Vilbrequin (ou plutôt *Virebrequin*).

Voyez le suivant.

Virebrequin.

Instrument qui fait virer le brequin. (Voyez les mots *Brequin*, *Fût* et *Trépan*.)

Vis.

Spirale sur un cylindre. La vis se place dans un trou dans lequel est gravée une spirale semblable ; la vis est le taraud, et le taraud est une vis ; mais en serrurerie, il est d'usage de donner à la vis pour entrer dans du fer, le nom de taraud, et celui de vis à celle qui est pour bois ; ces deux objets sont sur le même principe, et la théorie de l'un s'applique à l'autre.

La spirale en relief se nomme le filet de la vis, et l'intervalle entre les filets se nomme la gorge. Le filet est un plan incliné à la base du cylindre ; et quand il tourne dans son écrou, ce sont deux plans inclinés qui glissent l'un sur l'autre ; la hauteur de ce plan est le pas ; c'est la distance d'un filet à l'autre, et sa longueur est la circonférence du cylindre. Donc, chaque tour que fait le cylindre sur lui-même, le fait entrer de la hauteur du pas dans son écrou ; donc, la longueur du pas est à sa hauteur, comme la puissance est à la résistance. Et comme dans les grandes machines on fait souvent usage de leviers pour tourner la vis, comme, par exemple, dans les pressoirs ; alors la puissance est à la résistance, comme la circonférence tracée par le bout du levier est à la hauteur du pas de la vis, c'est-à-dire en raison réciproque des vitesses. (Nollet, *Leçons de Physique*, vol. III, p. 130.)

Le serrurier fait ses tarauds et les filières dont il a besoin pour faire ses vis et ses écrous ; mais il ne fait pas les vis à bois ; elles se font sur le tour et se vendent faites.

Vitrail.

Châssis de fer dans lequel sont montés les panneaux de vitrage, qui sont de petits morceaux de verre découpés dans les formes voulues, et retenus par de petites gaînes ou coulisses de plomb.

Quoique le mot vitraux soit le pluriel de vitrail, et que nous l'ayons nous-même employé ainsi, cependant, il est assez d'usage d'entendre par vitrail, tout l'ensemble des grilles et vitrages, et par vitraux, l'assemblage des vitrages peints de divers sujets tirés de l'Écriture-Sainte. Nos ancêtres nous ont laissé de beaux chefs-d'œuvre dans ce genre, et que nous n'avons point encore imités. (*Voyez* 194.)

Voie (de la scie).

C'est le chemin. (Voyez *Chemin*.)

Voiler.

On dit que l'acier se voile quand il se tourmente à la trempe. (*Voyez* 131.)

Volet.

Battant de bois qui recouvre les vitres d'une fenêtre pour intercepter le jour, et que le serrurier attache avec des ferrures diverses.

Vrille.

Petit outil qui sert à percer le bois en tournant, par le moyen d'une poignée transversale qui fait levier dans la main ; la tige de la vrille est en demi-douille dans la moitié de sa longueur pour loger le bois qu'elle enlève en perçant ; le côté qui suit la main en tournant est coupant. Cette gorge se termine à une vis pointue qui s'engage dans le bois, et qui y fait son chemin selon les lois de la vis. (Voy. *Vis*.) Il y a des vrilles dont la tige n'est pas gougée.

W.

Wootz.

C'est le nom qu'on donne à l'acier de Perse.

FIN DU VOCABULAIRE.

EXPLICATION DES PLANCHES.

PLANCHE PREMIÈRE.

Figures.

1. Forge double, vue de face.
2. Forge vue de profil.
3. Soufflet de la forge.
4. Branloire.
5. Orifices des tuyères.
6. Baquets à l'eau et au charbon.
7. Servante.
8. Goupillon.
9. Tisonier crochu.
10. Tisonier droit.
11. Tenailles droites.
12. Tenailles à boulon.
13. Tenailles croches.
14. Tenailles à fer carré.
15. Tenailles goulues.
16. Griffe.
17. Tourne à gauche. (*Voyez* 82.)
18. Clef d'écrou et à griffe.
19. Poinçon rond.
20. Tranche.
21. Chasse carrée.
22. Chasse ronde.
23. Chasse à biseau.
24. Marteau à devant.
25. Marteau à pleine-croix.
26. Marteau à traverse.
27. Marteau à main.
28. Marteau à bigorner.
29. Marteau d'étampe à arrondir.
29 *a*. Etampe à arrondir.

PLANCHE II.

Figures.

1 *a*. Feuille de ressort de voiture posée à plat.

1 *b*. Toutes les feuilles d'un ressort de voiture posées à plat l'une sur l'autre, ω le collier.

1 *c*. Toutes les mêmes feuilles posées l'une sur l'autre vues de profil, ω le collier.

2. Les mêmes feuilles formant un ressort en C; cintrées et en place, A le collier, B l'isoire, C la traverse de support, D le patin, E le cric.

3. Balcon moderne à barreaux droits.

4. Balcon moderne avec croisillons.

5. Balcon moderne en mozaïque.

6. Balcon à arcades simples.

6 *a*. Balcon à arcades redoublées.

7. Balcons de formes modernes.

8. Rampe très ornée.

9. Targette à valet.

10. Fiche à vase.

11. Bouton à bascule.

12. Mantonnet à double pointe.

13. Fléau sur platine avec support à pattes.

14. Panneton tourmenté.

15. Panneton entaillé pour une bouterolle.

16. — Pour un rouet.

17. — Pour un rouet et bouterolle.

18. — Pour un rouet à faucillon renversé en dedans.

19. — Pour un rouet à faucillon renversé en dehors.

20. — Pour un rouet foncé.

21. — Pour une pleine-croix.

22. — Pour une croix de Lorraine.

23. — Pour un rouet à bâton rompu.

24. — Pour une croix renversée en dedans.

25. — Pour une croix renversée en dehors.

26. — Pour une hasture en dehors.

27. — Pour un rouet à fond de cuve en dedans.

28. — Pour un rouet en N.

29. — Pour un rouet en H.

30. — Pour un rouet en Y.

31. — Pour un rouet en S.

Pl. II. Figures.

65. Pivot à tête carrée.

66. Equerre double.

67. Equerre en T.

68. Grosse crampe à pattes.

69. Crampon à pointes.

70. Coin.

71. Charnière à entailler et à branches.

72. Couplet à branches.

73. Fiche à brisure.

74. Charnière à pans.

75. Fiche à boutons.

76. Charnière carrée.

77. Couplet à queue d'aronde.

78. Crochet plat. *Voyez* 2 *bis*, *planche* III.

79. Cœur de suspension, ou poulie en cœur.

PLANCHE III.

1. Serrure à tour et demi et sa gâche.

2. Loquet.

2 *bis*. Crochet avec son piton. *Voyez* 78, *planche* II.

3. Loqueteau.

4. Cadenas ouvert.

5. Couverture du cadenas pour une clef tourmentée.

GRANDE MACHINE A FORER.

6. La potence de la machine avec les deux pitons à scellement.

7. La tige qui entre dans la douille.

8. Vis de compression du trépan.

9. Vis de compression de la tige.

10. Vis de compression sur l'arc de cercle.

Nota. Il n'y a point ici de perspective, on ne peut montrer que l'entaille de ce cercle qu'on a dessiné sous le numéro suivant.

10 *bis*. Cercle vu à plat avec les deux bouts à scellement.

11. Trépan.

12. Clef qu'on va forer.

13. Grand étau à chaud avec bride à scellement et écrou.

14. Chandelier d'établi.

Pl. III. Figures.

GRILLES ET RAMPES.

44. Traverse à trous renflés ronds.

45. Traverse à trous renflés en losange.

46. Rampe à barreaux droits à pointe. Plate-bande étampée.

47. Balustre de cette rampe.

48. Rampe à l'anglaise avec piton à vis-à-bois, main courante en bois.

49. Pilastre en fer.

5o. Profil du bouton avec la vis-à-bois et sa patère.

5r. Embase du barreau.

52. Barreau de rampe à l'anglaise avec piton à patte entaillée, posée sur la marche.

53. Barreau de rampe à patte coudée en cou-de-cygne, posée sur le côté de la marche.

ESPAGNOLETTES.

54. Espagnolette avec sa gâche, trois embases avec lacet à écrou, trois pannetons, et les crochets.

55. Poignée, son support à charnière et écrou.

56. Agrafe et panneton de volet.

57. Poignée évidée à la grecque, son bouton tourné et son clou.

58. Support évidé à charnière et écrou.

59. Autre poignée évidée.

6o. Détail de l'embase avec son lacet à écrou.

PERSIENNES.

6r. Persienne à lattes mobiles, à crémaillère et pignon.

a A le coq et son tourillon.

B le tourillon à embrassure.

C la crémaillère.

D le bouton.

e E les plates-bandes qui reçoivent les tourillons.

F le pignon.

62. Persienne à lattes mobiles, crémaillère en fer, à coulisse, avec bascules à pattes posées sur les lattes.

63. Détail de la bascule à patte.

64. Poignée.

Pl. III. Figures.

POSE DES SONNETTES.

65. Mouvement de tirage.
66. Mouvemens.
67. Ressort à boudin pour renvoi.
68. Ressort de renvoi à pompe.
69. Sonnette, son ressort à bascule et sa pointe.
70. Conduite à pointes.
71. Bascule avec ses bourdonnières à pointes.
72. Coulisseau.

TABLE DES MATIÈRES.

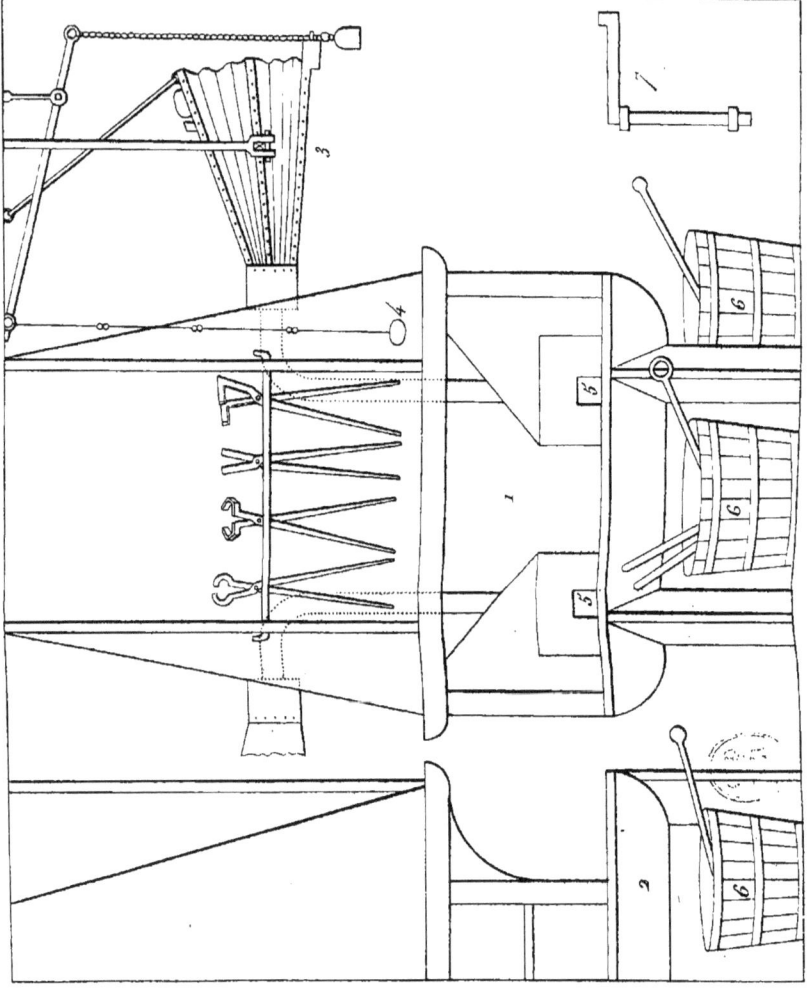

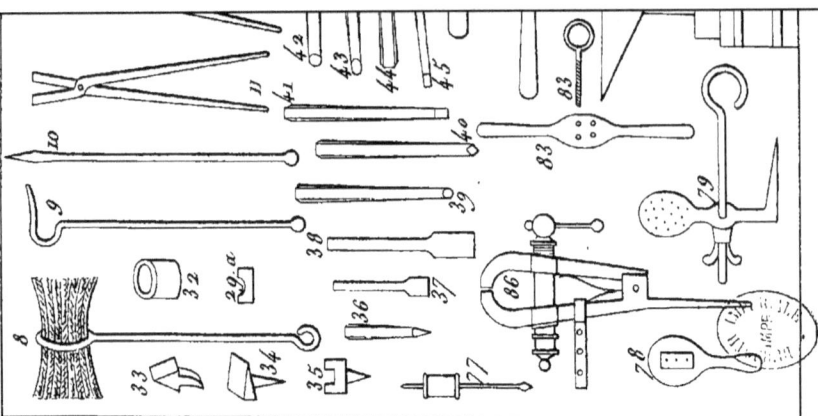

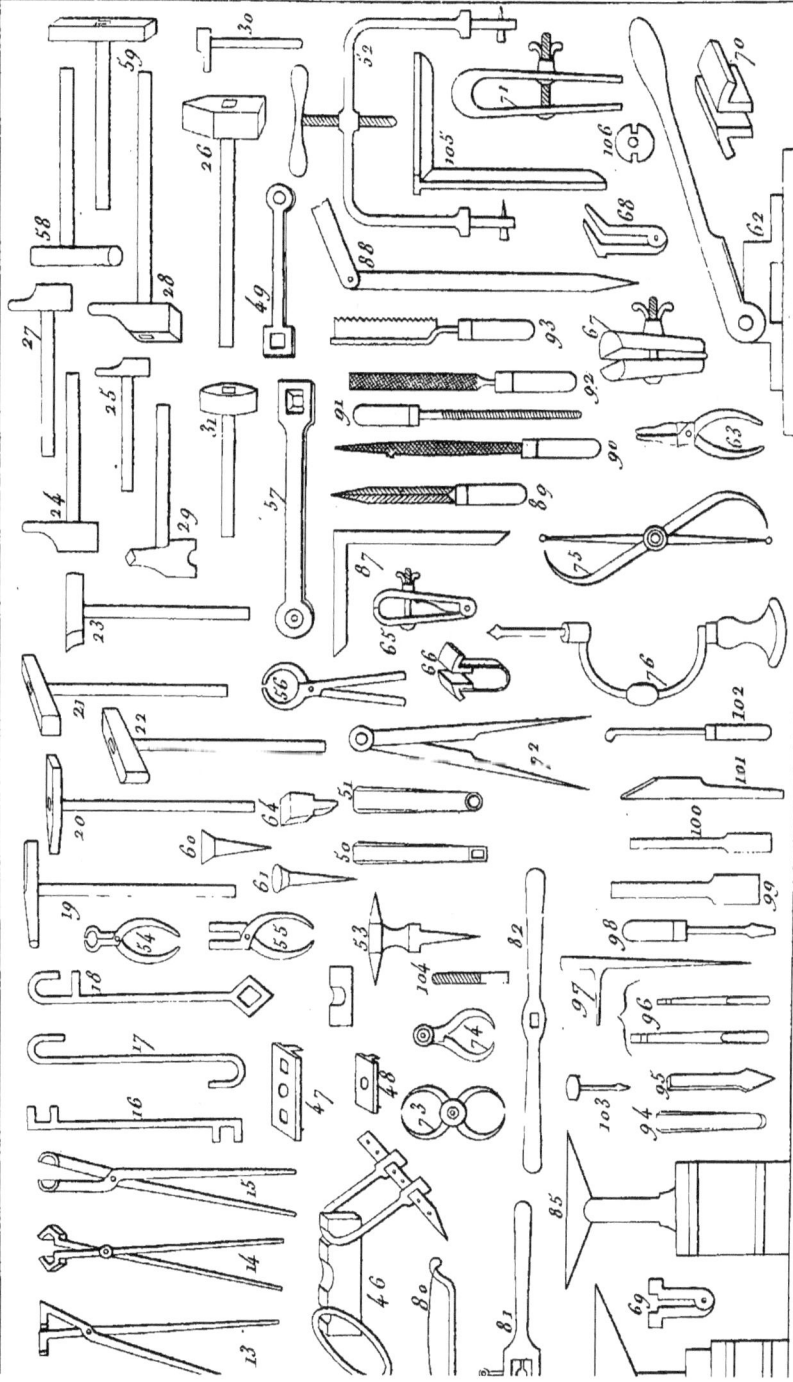

Gugnet Sculp.

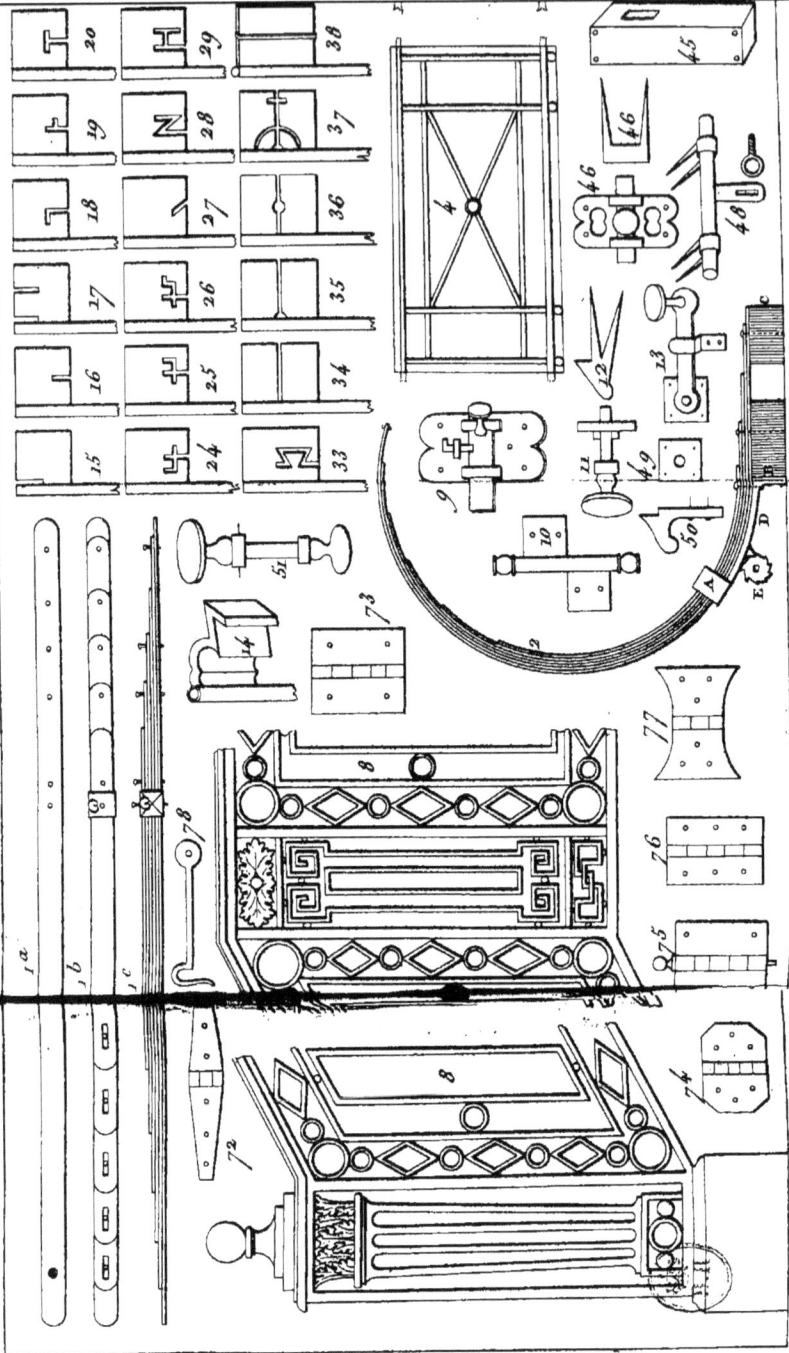

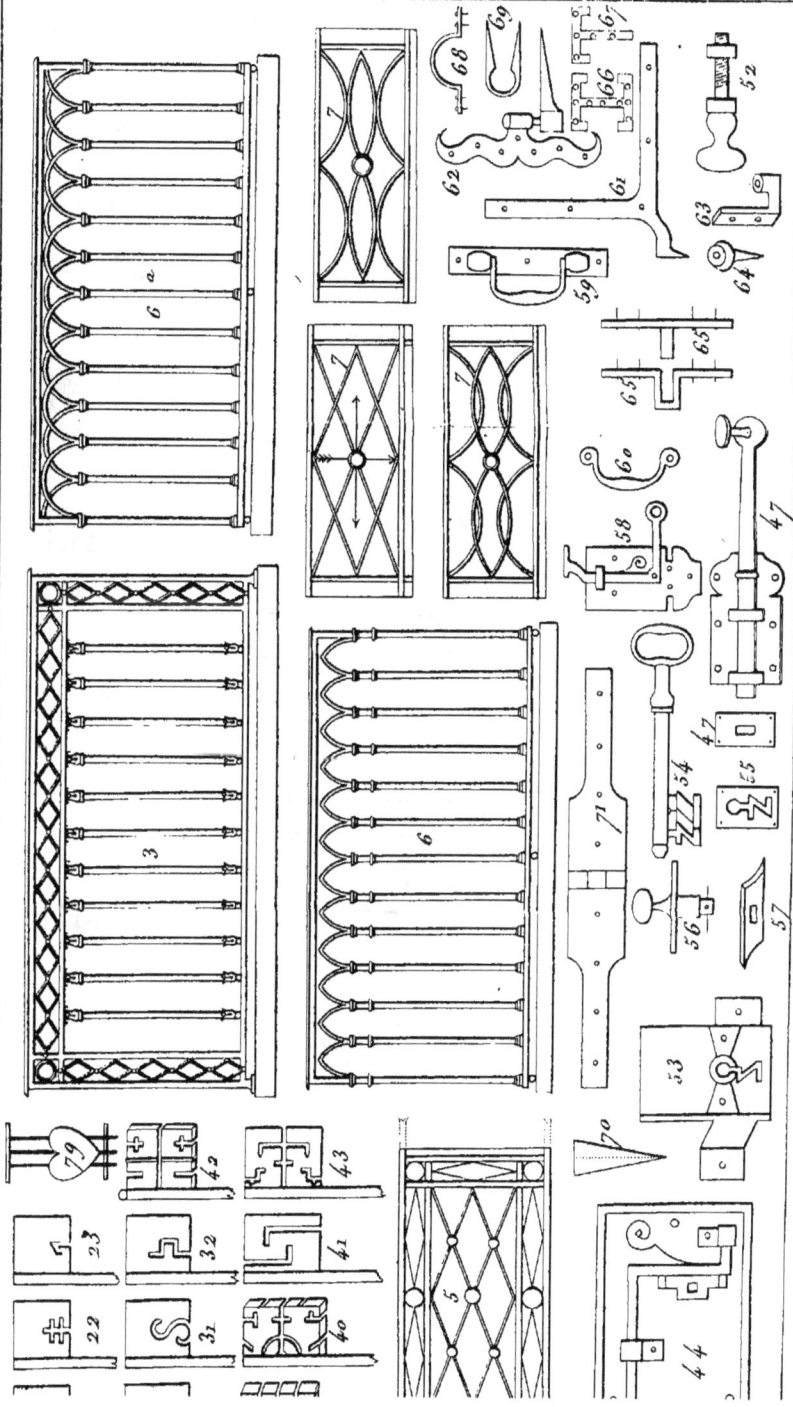

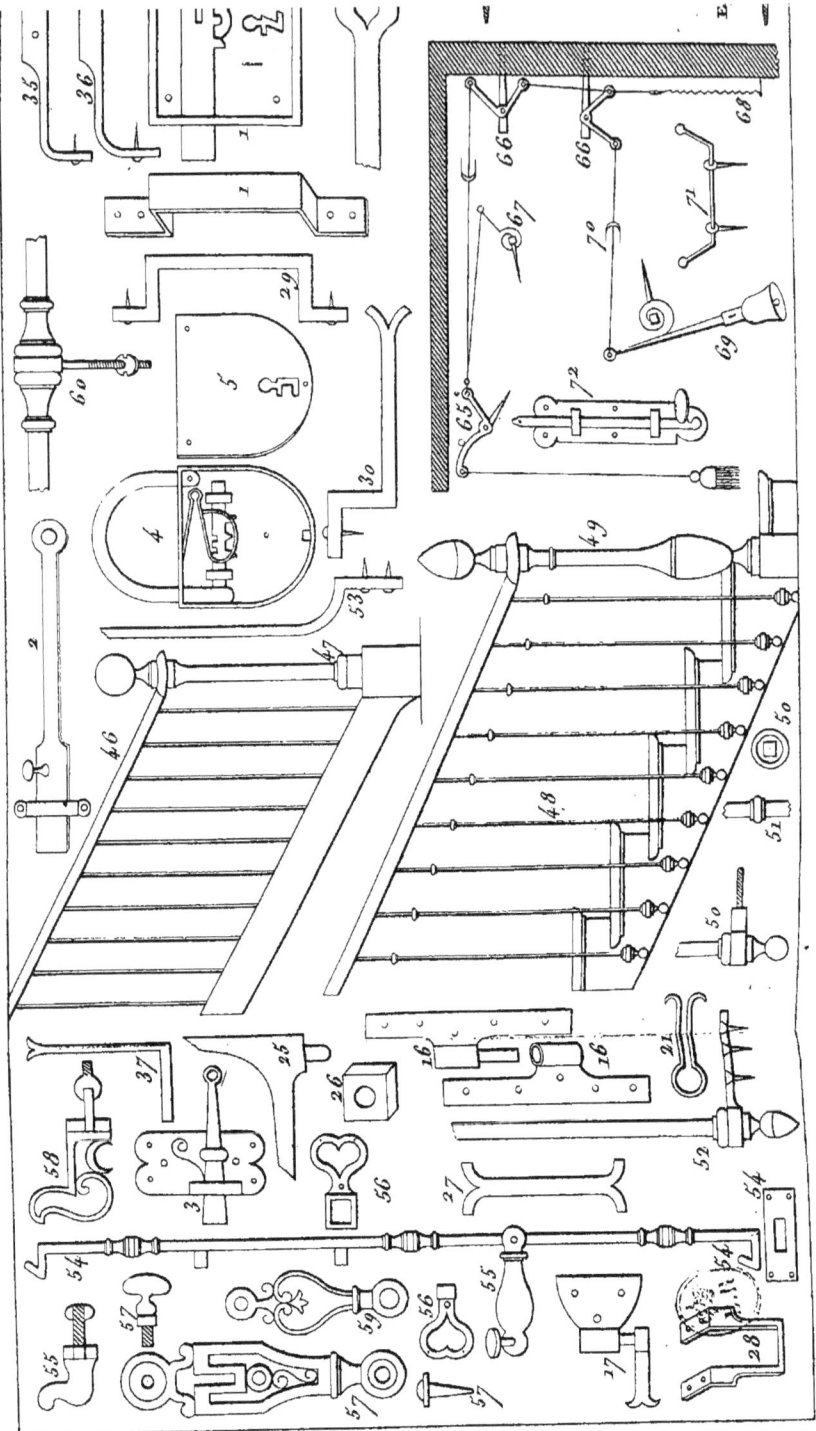

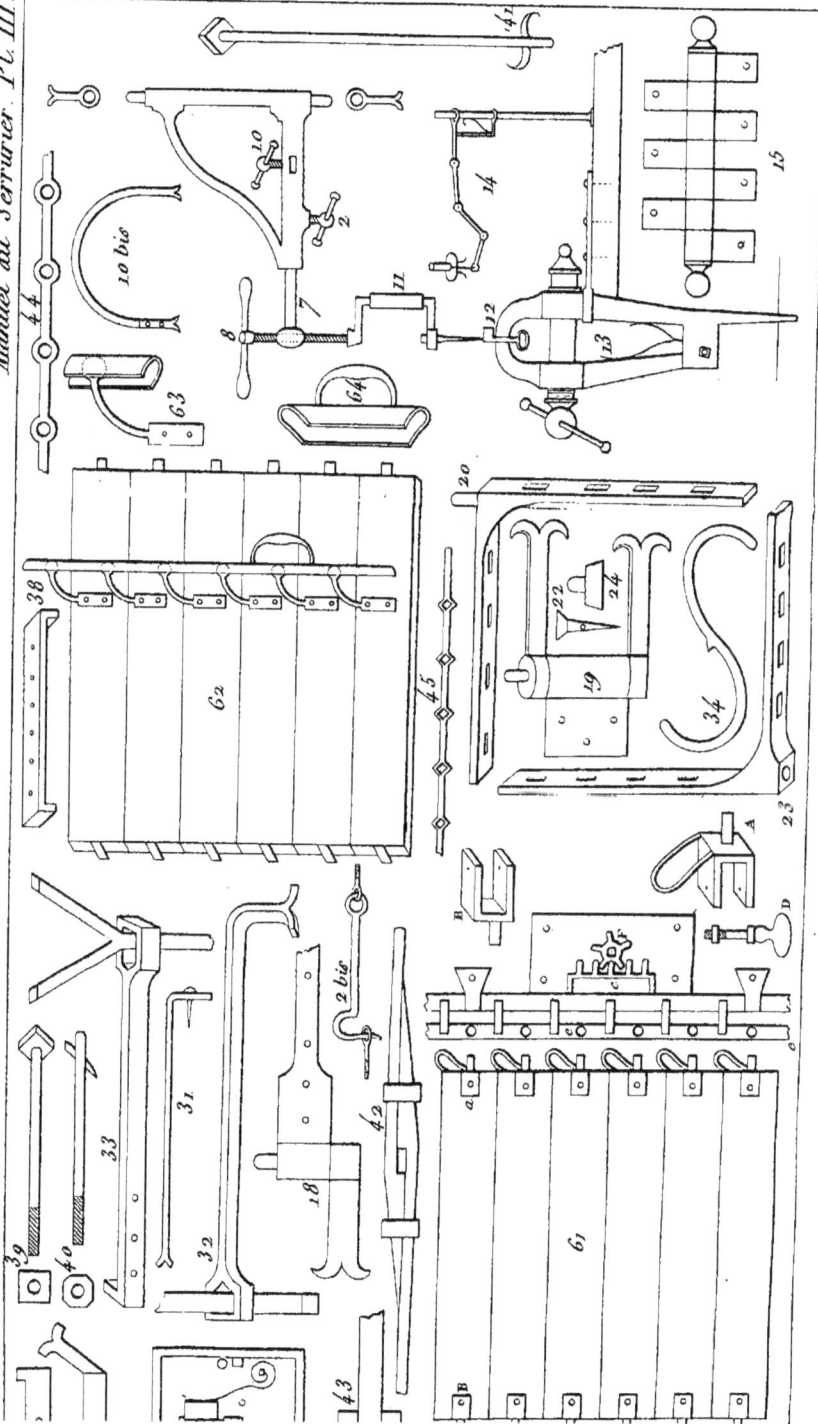

Guignet Sculp.t

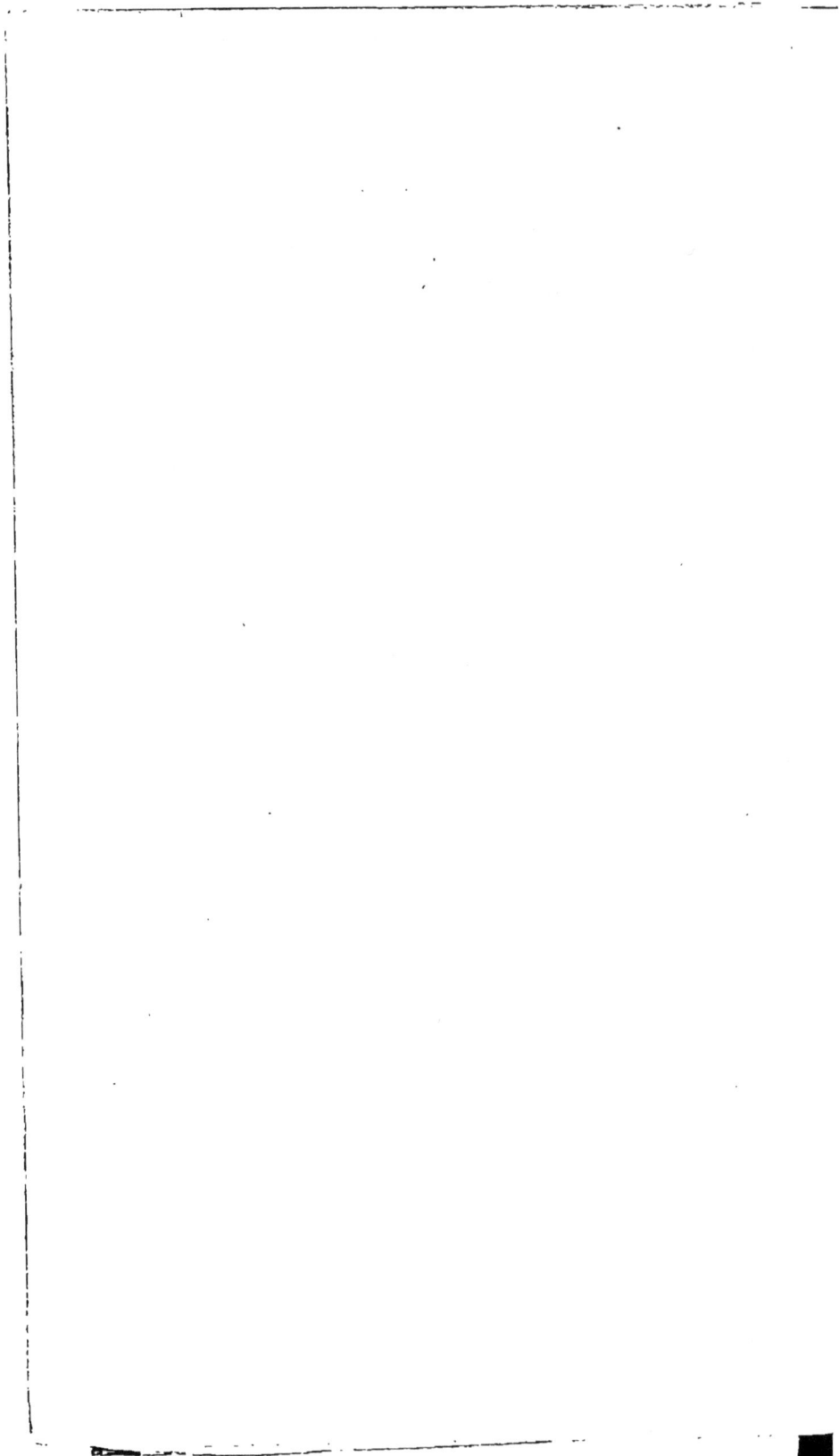

DEUXIÈME PARTIE.

DE L'IMPRIMERIE DE CRAPELET ,
rue de Vaugirard, nº 9.

ERRATA.

Page 10, lig. 11 et 13; au lieu de *gisement*, lisez : *gissement.*
75, lig. 36; au lieu de *rouverain*, lisez : *acérain.*
85, lig. 40; au lieu de *coude-cygne*, lisez : *cou-de-cygne.*
94, lig. 35; au lieu de *ces ouvrage*, lisez : *ces ouvrages.*
101, lig. 1; au lieu de *librement*, lisez : *librement ;*
Idem, idem ; au lieu de *forure ;* lisez : *forure,*
Idem, lig. 23; au lieu de *bois à lime*, lisez : *bois à limer.*
110, lig. 35; au lieu de *pate*, lisez : *patte.*
111, lig. 19; au lieu de *effleurer*, lisez : *affleurer.*
138, lig. 3; au lieu de *261*, lisez : 246.
154, lig. 25; au lieu de *trenil*, lisez : *treuil.*
155, lig. 18; au lieu de *argille*, lisez : *argile.*
210, lig. 19; au lieu de *trenil*, lisez : *treuil.*
258, lig. 6; au lieu de *une porte à faux*, lisez : *un porte-à-faux.*

www.ingramcontent.com/pod-product-compliance
Lightning Source LLC
Chambersburg PA
CBHW032326210326
41518CB00041B/1195